内 容 简 介

本书以市场为导向，以实用为宗旨。在第一至第四章回顾了我国蔬菜产销体制的演变，展示了我国十大蔬菜产区和 150 余种名特蔬菜产地的分布状况，并对如何实现蔬菜商品化的课题提出了可行的办法。同时简要介绍了蔬菜贮运保鲜和加工的基本原理和方法。

在第五至第二十章，重点介绍了我国目前出产的十六大类 130 余种蔬菜商品的贮运保鲜及加工技术。每种蔬菜都包括名称、类别和上市时间等经营概况以及采收要求、贮藏特性、贮运方法、上市质量标准和加工方法等方面的具体内容。本书涵盖广泛、内容丰富，技术实用，图文并茂。可供广大菜农和蔬菜运销、加工专业户阅读；也可供从事蔬菜生产、贮运、加工、经营、管理以及从事蔬菜研究、推广、教学工作的人员参考。

农产品产后技术丛书

蔬菜贮运保鲜及加工

张平真 主编

中国农业出版社

图书在版编目（CIP）数据

蔬菜贮运保鲜及加工/张平真主编. —北京：中国农业
出版社，2001.1（2009.1 重印）
（农产品产后技术丛书）
ISBN 978－7－109－06706－6

Ⅰ．蔬… Ⅱ．张… Ⅲ．①蔬菜－食品贮藏②蔬菜－食品保
鲜③蔬菜加工 Ⅳ．TS255.3

中国版本图书馆 CIP 数据核字（2000）第 73647 号

中国农业出版社出版
（北京市朝阳区农展馆北路 2 号）
（邮政编码 100125）
责任编辑 舒薇 范林

北京通州皇家印刷厂印刷 新华书店北京发行所发行
2002 年 5 月第 1 版 2009 年 2 月北京第 5 次印刷

开本：850mm×1168mm 1/32 印张：12.75 插页：5
字数：315 千字 印数：22 001～28 000 册
定价：26.80 元
（凡本版图书出现印刷、装订错误，请向出版社发行部调换）

主　　编　张平真

副　主　编　冯伯谊　常　敏

编　　者　（按姓氏笔画排列）

冯伯谊　苏　瑞　李少敏

张平真　赵素萍　常　敏

各章执笔人　第一章　张平真

第二章　常　敏

第三章　冯伯谊

第四章　赵素萍

第五至八章　冯伯谊

第九至十章　赵素萍

第十一章　李少敏

第十二至十四章　赵素萍

第十五至十八章　张平真

第十九至二十章　苏　瑞

出版说明

　　现代农业生产的目的是供给能在市场上出售的商品。农产品从其产地到消费者手中，要经历采收（屠宰）、保鲜、贮藏、加工、包装、运输等等一系列过程。农产品保鲜技术为新鲜农产品上市提供了保障；通过贮藏、运输，可使农产品反季节、跨地区供应；通过加工与精美的包装，过剩的农产品可转化为门类众多的商品，也为农产品在更大范围内流通提供了方便。所有这些农产品产后技术的应用都能促进农产品商品化，使农产品升值，使生产者获得更大的经济利益。

　　我社组织的这套《农产品产后技术丛书》共5册，包括《粮油贮运与加工》、《豆类 薯类贮藏与加工》、《蔬菜贮运保鲜及加工》、《实用肉品与蛋品加工》、《花卉产品采收保鲜》分册。每一分册都详细阐述了相应种类农产品的产后处理实用技术，内容丰富，可操作性强。希望这套丛书能为您的致富开辟新路。

2001 年 1 月

前言

　　蔬菜是人们日常生活所必需的农副产品，切实搞好蔬菜的采后贮藏、运输、保鲜以及加工等项工作，常年均衡地供应种类繁多、质地鲜嫩的各种蔬菜食品是蔬菜产销战线的共同职责。

　　为了推动蔬菜产销事业的发展，从 20 世纪 70 年代起，北京市兴建了 10 万米^2 的蔬菜冷库，其后又创办了北京市蔬菜贮藏加工研究所。20 多年来，该所深入实际，积累了较为丰富的实践经验；同时通过参加国家重点攻关项目课题的研究，也获得了一批具有先进水平的科技成果。其中关于蔬菜贮藏加工以及冷链运输的一些项目还分别受到国务院、国内贸易部以及北京市的嘉奖。这次应中国农业出版社的邀请，我们承担了编纂《农产品产后技术丛书》之一《蔬菜贮运 保鲜及加工》的任务。在北京市第二商业集团科技处的领导下成立了编辑小组。参加编写工作的人员大多长期从事蔬菜贮运加工技术研究，有的担任科研管理工作；他们都是蔬菜流通领域的专家、贮运加工科技战线的骨干。本书以北京市蔬菜贮藏加工研究所的研究成果为依托，结合参考国内外的先进经验和相关的技术标准，以市场为导向，以实用为原则，深入浅出、图文并茂、系统地介绍了 16 个大类 130 多种蔬菜的贮运保鲜与加工的实用技术，以期为 21 世纪我国的蔬菜产业可持续发展提供切实可行的技术依据。

在编写过程中得到了科技协作单位和相关专家学者的鼎力协助，在此谨致衷心的感谢！

限于作者水平，不当之处敬请批评指正！

2000 年 5 月

目　录

第一章

蔬菜流通与产品的商品化

一、我国蔬菜的产销体制和生产概况

蔬菜是人们日常生活所必需的副食品，切实搞好蔬菜的生产和均衡供应，提高全民的健康水平是蔬菜产销领域的光荣使命。新中国经过 50 多年的发展和演进到 20 世纪末，蔬菜的经营体制已由低水准的"地产地销"阶段进入较高水平的"全国统筹"阶段，从而完成了从产品经济向社会主义市场经济模式的过渡，并为在全国范围内开展蔬菜大流通创造了必要的条件。在 21 世纪到来之际，迎接广大蔬菜行业的生产者和经营者的将是一个崭新的局面。

我国蔬菜的种质资源十分丰富，栽培品种繁多，播种面积已逾 1 066.67 万公顷，年总产量约 3 亿吨，居世界首位。目前在祖国各地业已形成商品蔬菜的十大生产基地。这十大生产基地的情况是：

（一）大中城市郊区商品菜生产基地

这是从以"地产地销"为主的产品经济时期过渡而来的生产基地。它具有较为雄厚的基础，一般可以常年生产大路菜，也能栽培一些优质细菜。这些基地分布在北京、上海、天津和重庆等四大直辖市；哈尔滨、沈阳、长春、太原、石家庄、济南、郑州、西安、兰州、西宁、成都、武汉、合肥、南京、长沙、杭州、福州、南昌、贵阳、昆明、广州和海口等22个省会；呼和浩特、银川、乌鲁木齐、拉萨和南宁等5个自治区首府以及大连、鞍山、唐山、包头、十堰和攀枝花等6个重要城市总计37个大中城市的郊区。

（二）冀鲁大白菜商品生产基地

大白菜是一种北方冬春两季的主要蔬菜，也可以调剂南方某些地区的市场需求。它的主要产区分布在山东省的济南、泰安、德州、潍坊和胶东地区，以及河北省的唐山地区。

（三）南菜北运生产基地

我国南方的六个省区可以利用自身具备的"天然温室"条件进行"反季节"生产，每年从11月到第二年的三四月生产供应北方冬春淡季市场。上市种类包括番茄、黄瓜、青椒、辣椒、茄子等果菜；芹菜、韭菜、洋葱、洋白菜等茎、叶菜以及花椰菜、蒜薹等花菜。其主要产区有以下五处：

1. 福建沿海越冬菜产区　包括福州、厦门、漳州、泉州和晋江等地。

2. 广东、海南冬春果菜产区　包括广东省的湛江、茂名以及海南省的三亚和通什等地。

3. 四川成都平原越冬菜产区　包括成都、彭州、郫县、德阳、什坊和内江等地。

4. 云贵高原冬春菜产区　包括云南省的元江、元谋、昆明、通海、开远和弥渡；贵州省的罗甸以及四川省的攀枝花等地。

5. 广西越冬菜产区　包括南宁、玉林、柳州和桂林等地。

（四）黄淮流域春淡季商品菜生产基地

地处黄河和淮河流域。它主要生产调剂北方春淡季市场的番茄、青椒、黄瓜和菜豆等果菜以及芹菜、菠菜、韭菜和洋白菜等叶菜。产地分布在以下四个省区：

1. 苏北春淡季菜产区　包括江苏省北部的徐州、铜山和邳县等地。

2. 皖北春淡季菜产区　包括安徽省北部的蚌埠、砀山、怀远、萧县和五河等地。

3. 山东春淡季菜产区　包括潍坊、淄博、济南、泰安、菏泽、临沂和寿光等地。

4. 河南春淡季菜产区　包括郑州、开封和洛阳等地。

（五）西菜东运生产基地

地处西北两省、自治区。它每年从8月到10月可生产供应东部地区洋葱、大蒜、韭菜等葱蒜类以及番茄、青椒等果菜类蔬菜。其主要产区包括甘肃省河西走廊的张掖、酒泉以及宁夏回族自治区河套平原的银川和石嘴山等地。

（六）"三北"马铃薯商品生产基地

地处东北、华北和西北地区。可生产提供菜用马铃薯商品。主要产区包括黑龙江省的克山、拜泉和依安等地；内蒙古自治区的呼和浩特；河北省的张家口地区以及甘肃省的兰州和天水等地。

（七）北方保护地商品菜生产基地

利用各种类型的温室、拱棚进行保护地栽培。在冬春季节生产供应番茄、黄瓜、茄子、菜豆等果菜以及多种叶菜，可以调剂北方冬春淡季市场。地处北方的六个省中除辽宁因气候寒冷仅能以日光温室进行生产以外，其余各产区还兼有塑料薄膜拱棚的栽培方式。这六个省区是：

1．辽南保护地商品菜产区　包括位于辽宁省南部的大连、鞍山、营口和锦州等地。

2．河北保护地商品菜产区　包括石家庄、邯郸、保定、固安和永清等地。

3．苏北保护地商品菜产区　包括位于江苏省北部的徐州等地。

4．皖北保护地商品菜产区　包括位于安徽省北部的蚌埠和砀山等地。

5．山东保护地商品菜产区　包括菏泽、临沂、潍坊、淄博和泰安等地。

6．河南保护地商品菜产区　包括郑州、开封和洛阳等地。

（八）台湾商品菜生产基地

主要集中分布在台湾省的台中、彰化、台南和屏东等地。

以上我国八大商品蔬菜生产基地分布情况参见附图1：我国商品蔬菜主要产区分布图。

（九）出口蔬菜生产基地

改革开放以来在北京、上海、天津、重庆和各沿海省市以及湘、鄂、滇、桂、陕、豫等内陆省、自治区相继出现了一大批出口生产基地。其中著名的有京、津、沪等地的西菜产区以及山东潍坊和河北邢台等地的芦笋产区。

（十）名特蔬菜生产基地

目前我国约有150多种名特蔬菜。关于各种名特蔬菜的商品名称及其产地分布情况详见我国名特蔬菜主要产地一览表（表1）。我们从中又精选了90多种名特蔬菜纳入我国主要名特蔬菜产地分布图（附图2）。

二、如何实现蔬菜产品的商品化

党的十五届三中全会通过的《中共中央关于农业和农村工作若干重大问题的决定》指出："农业的根本出路在科技"，"科技兴农"给我们指明了农业（包括蔬菜业）的发展以及农民（包括菜农）致富的前进方向。在社会主义市场经济的条件下，每项科技和生产成果都必须进入流通领域并经过交易的实践检验，才能实现其自身的经济价值。因此，对于从事蔬菜行业的生产、贮运、加工、销售各项工作的广大菜农、菜户和菜商来说，只要围绕搞好蔬菜均衡生产和供应这个大课题，灵活把握市场导向，通过努力掌握各项蔬菜栽培以及采后贮运保鲜和加工技术，切实做好蔬菜产品的商品化工作，就能在多渠道经营的激烈竞争中创收增值，立于不败之地。

以市场为导向实现蔬菜产品的商品化应注意处理好科技手段和经营艺术这两个方面的问题。

（一）关于贮运保鲜与加工技术

人们对蔬菜食品的需求是多方面的：在初级阶段，主要是物质方面的需求，他们注重的只是摄取诸如维生素、矿物质等

表 1　我国名特蔬菜主要产地一览表

商品名称	产地	备注	商品名称	产地	备注
心里美萝卜	北京市		黑龙江松茸	黑龙江	松口蘑
北京大白菜	北京市		黑龙江猴头蘑	黑龙江	
北京刺瓜	北京市	黄瓜	吉林蕨菜	吉林梨树县	
北京酱菜	北京市	酱腌菜制品	延边圆蘑	吉林延边	
北京冬菜	北京市	大白菜制品	吉林白蘑	吉林梨树县	
卫青萝卜	天津市		海城大蒜	辽宁海城	
天津洋葱	天津市		辽阳红胡萝卜	辽宁辽阳	
上海甜椒	上海市	柿子椒	锦州蕨菜	辽宁锦州	
崇明金瓜	上海市	搅丝瓜	辽宁蕨菜	辽宁抚顺	
上海茅茶	上海市		辽宁剌嫩芽	辽宁本溪	龙牙楤木
上海朝鲜蓟	上海市	叶用芥菜	呼市圆白菜	内蒙古西部	结球甘蓝
上海金丝芥	上海市		口蘑	内蒙古锡林郭勒盟	蘑菇
涪陵榨菜	重庆市	茎用芥菜制品	内蒙古发菜	内蒙古西部	
阿城大蒜	黑龙江阿城		望都辣椒	河北望都	
冻粗菠菜	黑龙江双城		隆尧大葱	河北隆尧	
兑山红水萝卜	黑龙江克山		玉菜	河北玉田	大白菜

（续）

商品名称	产地	备注	商品名称	产地	备注
承德蕨菜	河北承德		章丘大葱	山东章丘	
口蘑	河北张家口		寿光盖韭	山东寿光	
应县大蒜	山西应县		胶州白菜	山东半岛	大白菜
大同黄花菜	山西大同		苍山大蒜	山东苍山	
东山百合	山西运城		莱芜生姜	山东莱芜	
临猗玉瓜	山西临猗	黄瓜酱制品	汉上荸荠	山东汶上	
平定黄瓜干	山西济源	黄瓜制品	北园蒲菜	山东济南	
怀庆山药	河南焦作		潍坊芦笋	山东潍坊	
开封玻璃脆	河南开封	西芹	无锡荠白	江苏无锡	
超化大蒜	河南登封		太湖莼菜	江苏太湖	
永城辣椒	河南永城		南京瓢儿菜	江苏南京	
淮阳金针	河南淮阳	黄花菜	宿迁金针菜	江苏宿迁	黄花菜
焦作香椿	河南焦作		宜兴百合	江苏宜兴	
济渎金针菜	河南济源		苏州南芡	江苏苏州	芡实
商丘什锦酱包瓜	河南商丘	菜瓜	宝应贡藕	江苏宝应	莲藕
卢氏猴头	河南卢氏	猴头菇	扬州乳黄瓜	江苏扬州	

（续）

商品名称	产地	备注
扬州酱萝卜头	江苏扬州	
如皋萝卜条	江苏如皋	萝卜制品
舒城大蒜	安徽舒城	
雪湖贡藕	安徽潜山	莲藕
太和香椿	安徽太和	
金寨黑木耳	安徽金寨	
涡阳蘽干	安徽涡阳	莴笋制品
湖州菱白	浙江湖州	
西湖莼菜	浙江杭州	根用芥菜
绍兴大头菜	浙江绍兴	
五指岩姜	浙江诸暨	生姜
湖州百合	浙江湖州	
南湖菱	浙江嘉兴	菱角
缙山黄花菜	浙江缙云、仙居	
浙江榨菜	浙江海宁	茎用芥菜制品
萧山萝卜干	浙江萧山	萝卜制品

商品名称	产地	备注
绍兴霉干菜	浙江绍兴	叶用芥菜制品
扬子洲苦瓜	江西南昌	菜瓜
萍乡白梢瓜	江西萍乡	莲藕
通心白莲	江西广昌	
会昌孝芋	江西会昌	
万载百合	江西万载	
江西雍菜	江西南昌	竹笋制品
宁冈玉兰片	江西宁冈	花椰菜
福州芥花	福建福州	
同安芦笋	福建厦门同安	
古岭佛手瓜	福建福州	
福鼎芋	福建福鼎	
宁化牛角辣椒	福建宁化	
福建香菇	福建明溪、长汀	
古田银耳	福建古田	
广州菜心	广东广州	菜薹

（续）

商品名称	产地	备注
广东芥蓝	广东广州	白花芥蓝
江门苦瓜	广东各地	
惠州梅菜	广东惠阳	薹用芥菜
张槎甜笋	广东佛山	竹笋制品
荔浦芋	广西荔浦	
玉林石瓜	广西玉林	冬瓜
南宁牛角椒	广西南宁	
桂林马蹄	广西桂林	荸荠
龙芽百合	湖南邵阳	
永州薄荷	湖南永州	
汉寿玉臂藕	湖南汉寿	莲藕
醴陵朱长椒	湖南醴陵	
湖南长辣椒	湖南新田	
洪山菜薹	湖北武汉	红菜薹
襄樊大头菜	湖北襄樊	根用芥菜
芝麻湖藕	湖北浠水	
孝感莲芋	湖北孝感	
石首尖辣椒	湖北石首	
十堰荆芥	湖北十堰	
长阳魔芋	湖北长阳	
荆州独蒜	湖北荆州	
华州山药	陕西华县	
汉中冬韭	陕西汉中	
沙苑金针菜	陕西大荔	黄花菜
关中秦椒	陕西关中地区	辣椒
潼关酱笋	陕西潼关	莴笋制品
宁夏枸杞	宁夏中宁	
宁夏发菜	宁夏同心、固原	
兰州百合	甘肃兰州	
陇东黄花菜	甘肃庆阳	
甘肃薇菜	甘肃武都、文县、康县	
甘肃发菜	甘肃古浪	

（续）

商品名称	产地	备注
青海蕨菜	青海民和	
青海发菜	青海化隆、循化	
昌吉大蒜	新疆昌吉	
阜康辣子	新疆阜康	辣椒
犍为白姜	四川犍为	
成都儿菜	四川成都	芽用芥菜
四川泡儿菜	四川成都	
川西大蒜	彭州	
南充冬菜	四川南充	青菜心(叶用芥菜)制品
玫瑰大头菜	云南昆明、通海	根用芥菜制品
云南根韭菜	云南大理	
云南红芋	云南昆明	
云南涮椒	云南思茅	圆锥椒
建水草芽	云南建水	雉
开远甜蒜	云南开远	
云南鸡枞	云南楚雄、大理	食用菌类
三都辣椒	贵州三都	
毕节大蒜	贵州毕节	
贵州藠菜	贵州各地	
贵州蕨菜	贵州各地	
贵州竹参	贵州盘县	竹荪
拉萨大葱	西藏拉萨	
拉萨冬萝卜	西藏拉萨	
海南黑籽南瓜	海南各地	
台湾隼人瓜	台湾省	佛手瓜
台湾九层塔	台湾省	罗勒
台湾西兰花	台湾省	青花菜
台湾芦笋	台湾省	

营养或保健成分；随着科技手段的进步以及生活水平的提高，在 21 世纪，人们还会增加对诸如吃新、吃鲜和吃奇等精神方面的需求。为了满足不同消费层次对于常年多品种均衡供应的要求，广大菜农除在生产领域利用纬度差、时间差、空间差等自然优势，通过育优种新、排开播种，分别采取保护地促成、露地延迟或反季节栽培等多种措施进行努力以外，还可以进入流通环节，通过贮运保鲜以及加工生产等途径开展工作。

　　"贮藏"是利用采后生理学的原理，通过延缓蔬菜商品的衰老、防止腐烂变质的进程，来达到延长供应期的保鲜增值手段。"加工"是指通过特殊的工艺处理，改变蔬菜原有的形态和特征，破坏酶的活性，杀灭或限制有害微生物活动，从而达到改进商品品质、延长供应期的目的的保质、增值手段。而包装和运输则是蔬菜类商品从产地到销区物流运动的"保镖"和"桥梁"。其中"冷链"运输更具有相当光明的前景。

　　（二）关于经营艺术

　　1. 经营策略　我国各地的蔬菜生产因受其栽培特性以及气候条件等因素的限制，常常呈现出淡季和旺季现象：在东北、西北以及青藏高原等地区，由于无霜期短，除夏秋季外，其余大部分时间都处于生产淡季；在华北，炎夏和冬春两季也处于生产淡季；此外在长江流域的早春和炎夏以及华南和西南地区每年的八、九月间也会程度不同地出现生产淡季。如果全面掌握供求信息，瞄准各地市场的需求动态，特别是要瞄准各地淡季市场的需求动态，充分利用全国各类蔬菜产区（包括各名特蔬菜产区）的商品资源，通过采取科学的贮藏、加工和运输手段适当加以调控，从而满足各销区对多品种、周年均衡供应的需求，最终就会获得优异的经营成果。为了扩大知名度，进而不断提高市场占有率，生产、经营者还应适当选择自己的品牌和标志。

2．经营方式　从事蔬菜产销业的人员可以根据自己的条件灵活选择经营方式。广大菜农既可选择自产、自贮、自运、自销的产销一体化经营方式，也可选择经栽培、贮藏或栽培、加工然后交由运销专业户经销的经营方式；而运销业者则可深入各名特产区组织收购、运销、经营。

3．交易方式　现阶段大多采用现货交易方式。随着市场的进一步发育，为满足市场的需求，以便更好地安排生产和贮藏活动，还可创造条件进而开展期货交易。

4．商品质量标准　为统一相关的技术规范、稳定蔬菜商品的品质，我国已系统开展了蔬菜商品的标准化制定工作。应该按照相关标准的具体要求认真贯彻、实施"净菜上市"。净菜是指蔬菜产品采后经过整修，在去杂、除劣的基础上尽量展现并适当保持其食用部位鲜活特性的蔬菜商品。它应具有色泽正常、外观完好、个体整齐、新鲜洁净的特征。不得出现诸如黄帮、老叶、败花、烂果等腐烂变质现象。净菜商品不得混入病虫害、机械伤以及杂草、泥土等夹杂物。为进入超级市场销售，净菜也可以分别利用铭带、泡罩、贴体或气调等方式进行适度包装。（详见第三章　蔬菜的运输与包装。）此外对于各种加工制品也应有相应的质量要求。

第二章

蔬菜贮藏的原理和方法

　　蔬菜商品原是植物体的一部分或是一个器官，采收后的蔬菜脱离了植株，得不到养分和水分的补充，成为独立的有生命的个体。它在采收后的商品处理、运输和贮藏过程中，仍进行着各种生理活动。蔬菜贮藏保鲜的目的，就是要通过控制这些生命活动，来保持其品质，延长供应期，减少因腐烂变质所造成的损失，提高经济效益和社会效益。

一、蔬菜贮藏的基本原理

（一）. 蔬菜采后生命活动与贮藏保鲜的关系

　　1. 呼吸作用　　呼吸作用是蔬菜采收后生命活动的中心。它可将蔬菜在田间生长阶段经光合作用生成和积累的各种复杂有机物（糖、蛋白质、脂肪等）分解为二氧化碳和水并释放出能量。这种生命活动的强弱，关系着蔬菜的品质变化和贮藏寿命的长短。

（1）呼吸类型　由于采收后的蔬菜所处的贮藏环境条件不同，其呼吸作用可表现为两种不同的类型：

①有氧呼吸　在正常的环境中，即在氧气充足的条件下，通过氧化酶的催化作用，将体内积累的糖、酸等有机物质充分分解为二氧化碳和水，并释放出热能。通常用下列化学反应式表示：

$$C_6H_{12}O_6 + 6O_2 \longrightarrow 6CO_2 + 6H_2O + 2\ 820.02\ 千焦耳$$
（葡萄糖）　（氧气）　（二氧化碳）　（水）　（热能）

②无氧呼吸　蔬菜在缺氧的条件下所进行的呼吸作用。在这种情况下，有机物质不能充分氧化，除产生二氧化碳外，还有酒精或乳酸等中间产物。可用下列化学反应式表示：

$$C_6H_{12}O_6 \longrightarrow 2C_2H_5OH + 2CO_2 + 100.42\ 千焦耳$$
（葡萄糖）　　（酒精）　　（二氧化碳）　　（热能）

（2）呼吸强度和呼吸系数　用来衡量蔬菜呼吸强弱的指数是呼吸强度，它的定义是指在一定的温度下，单位时间内单位重量的产品释放出的二氧化碳（CO_2）或吸收的氧气（O_2）的量。一般以1 000克蔬菜产品在1小时内释放出的二氧化碳的毫克数为标准。常用的表示方法为：CO_2毫克／（小时·千克鲜重）。呼吸强度是表示蔬菜新陈代谢的重要指标，呼吸强度越大，说明呼吸作用越旺盛，营养物质消耗得越快，就会加速产品的衰老，缩短贮藏寿命。而不同的蔬菜种类、品种，其呼吸强度不同。一般情况下，叶菜类呼吸强度较大，果菜类次之，而根茎类蔬菜的呼吸强度较小。通常呼吸强度大的蔬菜不易贮藏。

呼吸系数是蔬菜在呼吸作用中释放的二氧化碳和吸入氧气的容积比。呼吸系数也称为呼吸商。可用下式表示：

$$呼吸系数 = \frac{V_{CO_2}}{V_{O_2}}$$

通过观察呼吸系数的变化，可以大致分析呼吸基质和呼吸类型。当以糖为呼吸底物并完全氧化（即有氧呼吸）时，呼吸系数为1。若供氧不足，出现缺氧呼吸时，呼吸系数大于1。

（3）影响呼吸作用的因素 从内在因素考虑，首先介绍蔬菜的种类与品种：

在相同的外界条件下，不同种类、品种的蔬菜，其呼吸强度差异很大，这是由于它们本身的生物特性所决定的。一般情况下，叶菜类、花菜类的呼吸强度最大，果菜类的呼吸强度次之，作为贮藏器官的根茎类蔬菜呼吸强度最小，但是，结球的叶菜类，如大白菜、甘蓝、团叶生菜等，它们的叶已变态成营养器官，所以这类叶菜的呼吸强度也相对较弱。

继而介绍发育状况及成熟度：

在蔬菜生长和各器官发育过程中，通常生长期的呼吸最旺盛。所以，生长期采收的蔬菜呼吸强度较高。而老熟的蔬菜，新陈代谢缓慢，其呼吸强度较低。

从环境因素考虑，分别介绍：温度、湿度和气体成分。

温度是影响蔬菜呼吸作用最重要的外界环境因素。在正常的植物生活温度范围内（5～35℃），温度每上升10℃，呼吸强度增大1～1.5倍，温度超过35℃，会使蔬菜中的蛋白质和酶受到伤害而引起某种变性，致使正常的生命活动受到抑制或破坏。因此，蔬菜在进入过高的温度环境时，呼吸强度初期可表现为增高，接着就大幅度下降，一直到0。但也不是说为了抑制蔬菜的呼吸强度，贮藏环境的温度越低越好，有不少喜温蔬菜都有一个适宜的低温限度，低于这个限度，就会引起呼吸代谢失常，即引起"冷害"，当温度再升高时，呼吸强度增加得非常剧烈。

贮藏环境的空气相对湿度对呼吸作用也有一定的影响。不同种类的蔬菜，对湿度的适应性也不同。某些产品轻微失水有利于降低呼吸强度，如大白菜收获后要稍加晾晒有利于降低呼吸强度；洋葱、大蒜也需要在低湿度条件下贮存，既可以抑制呼吸强度，也有利于休眠。但有些薯芋类蔬菜却要求高湿条件，干燥反而会促进呼吸作用。

在空气中，氧气含量为21%，二氧化碳含量为0.03%。空气中的氧气和二氧化碳的浓度变化，对蔬菜的呼吸作用都有直接的影响；适当地降低氧气含量、升高二氧化碳含量，可以抑制呼吸作用，但不干扰正常的代谢。实践证明，当氧气浓度降低至10%时，就会明显降低蔬菜的呼吸作用。但氧气含量低于2%时，有可能产生无氧呼吸，造成低氧伤害。提高空气中的二氧化碳浓度，也可以抑制呼吸作用。一般对大多数蔬菜来说，1%～5%的二氧化碳浓度，可以使蔬菜正常生存，二氧化碳过高，会引起代谢活动失调。

2. 蒸腾作用　大部分新鲜蔬菜含水量高达85%～96%，在贮藏中很容易由于蒸腾脱水而引起组织萎蔫。植物的细胞只有在水分充足时，才能使组织呈现脆嫩的状态，并富有光泽和弹性。蔬菜只有在这种状态时才算是新鲜的，如果蔬菜水分蒸发过多，组织萎蔫、疲软、皱缩、光泽消退，蔬菜就失去了新鲜状态。同时，蒸腾作用也会使蔬菜的重量减轻，造成经济损失。

影响蒸腾作用的因素主要有以下几点：

（1）表面积比　是指单位重量所占的表面积比率。表面积比越大，蒸腾作用越强。不同的蔬菜，表面积比的差异很大。叶菜类表面积比大，在其他条件相同时，蒸腾作用造成的失重比果菜类快；而个体小的产品比个体大的产品表面积比大，蒸腾作用也要强一些。

(2) 表皮结构及保护层 蔬菜的水分蒸发主要是通过表皮层上的气孔和皮孔进行的。一般情况下，气孔蒸腾的速度比表皮层快得多。不同种类、品种和成熟度的蔬菜表皮结构不同，因蒸腾作用而失水的快慢也不同。如：植物已成长的叶片，有90%的水分是通过气孔蒸发的，而叶面上气孔多，保护组织不发达，所以叶菜类极易脱水萎蔫。

蔬菜的表皮常有蜡质层成为它的保护层。一般幼嫩的蔬菜表皮几乎没有保护层，因而容易散失水分；成熟蔬菜的表皮，气孔或皮孔往往被蜡质堵塞，因而不易失水。所以，蔬菜在贮藏中，应尽量保护表皮的蜡质保护层，这对保持蔬菜的新鲜度是有益的。

(3) 外界环境因素 影响蔬菜采后蒸腾作用的关键环境因素是空气中的相对湿度。它直接影响蒸腾作用的强弱，温度主要是通过对湿度的影响而起作用。通常在相同温度条件下，相对湿度越高，蒸腾速度越慢。在相同湿度条件下，温度越高，蒸腾速度越快。此外，空气流速（通风）也会改变空气的绝对湿度，从而影响蒸腾作用。空气流速愈快，水分散失也愈大。

3. 后熟与衰老 蔬菜采收后，在生理上经历着一个由幼嫩到成熟、衰老的过程。在这个过程中，其体内的营养物质也在不断地转化，即从蔬菜的食用部分向非食用部分的生长点转移。例如：大白菜在贮藏中的抽薹、裂球、外帮脱落；蒜薹的薹梗老化、糠心，以及薹苞发育成气生鳞茎；黄瓜贮藏中果柄端的果肉组织萎蔫、发糠，以及花端部分发育膨大，内部种子逐步成熟等。上述这些物质的变化，都是作为食用器官的蔬菜衰老的表现。此外，一些蔬菜虽然尚未完全成熟，并可以食用，但在贮藏中可以继续成熟。这种在贮藏期间完成成熟的过程，叫后熟作用。一些蔬菜在后熟过程中，同样会发生物质的转化。

在蔬菜的后熟和衰老过程中，乙烯是事实上的催化剂。它可以促进蔬菜的成熟和衰老。为了使蔬菜保持新鲜度，应该在贮藏中抑制乙烯的产生，或者采取适当的措施，去除贮藏环境中的乙烯。

4. **休眠** 是指一些块茎、鳞茎或根茎类蔬菜（它们都是植物的繁殖器官）采收后，新陈代谢明显降低，进入相对静止状态。在此期间即使有适宜的条件也不会发芽生长，而必须是经过一段时间后，如有适宜的环境条件，才能迅速发芽生长。在休眠期中，蔬菜有很好的耐贮藏性，如需要延长休眠期，可人为地创造一个不适于其生长的条件，如低温、低湿、低氧等，使其进入强制休眠，即可适当延长蔬菜的保存期。

（二）采前因素与贮藏保鲜的关系

蔬菜采收后的生命活动，是采收前生长发育过程的继续，与采前有着必然的联系。

1. **蔬菜产品自身的特性** 蔬菜产品来自植物的根、茎、叶、花、果实等不同的器官，种类和品种繁多。由于它们的生物学特性不同，新陈代谢的强弱不同，表现出的贮藏性能也不同。马铃薯、洋葱等根茎类蔬菜，由于有明显的休眠期，其新陈代谢缓慢，所以较耐贮藏。黄瓜、豆角、青椒等果菜类，它们大多原产于热带和亚热带地区，不耐寒，新陈代谢比较旺盛，易失水、老化或受微生物的侵害，较难贮藏。叶菜类的表面积大，含水量高，呼吸和蒸腾作用旺盛，极容易萎蔫、变黄，最难贮藏。所以，必须在事先了解各种蔬菜不同的特性后，再根据不同产品的特性，有针对性地确定贮藏方式和方法，才能收到较好的效果。

2. **地理与气候因素** 不同地区种植的蔬菜，由于所处的地理纬度、海拔高度不同，其生长环境的温度、雨量和光照等自然气候条件也会有较大的差异。

蔬菜贮藏的适宜温度条件与其原产地及相应条件下系统发育过程中形成的生物学特性有关。温度高，生长快，产品组织较嫩，糖分等可溶性固形物含量低；昼夜温差大，生长发育良好，可溶性固形物的含量高。不同季节种植的蔬菜，由于温度条件的差异，贮藏的环境条件也会不同。

阳光是绿色植物合成碳水化合物不可缺少的能源，光照温度直接影响干物质的含量。如果蔬菜在生长期间遇有阴雨天较多的年份，不仅日照时数少，而且光照强度也弱，蔬菜不但产量低，干物质含量也低，此类产品必然不耐贮藏。

降水和空气湿度的大小，直接影响蔬菜的成分和组织结构。例如，遇有干旱缺水年份，所种植的萝卜容易在贮藏中产生糠心，而在水分充足的年份或地区种植的萝卜，糠心较少，贮藏中出现糠心的时间也较晚。

3. 栽培条件因素 施肥、灌溉、整枝、打杈都是蔬菜栽培管理中必要的技术措施，如掌握不好，直接影响着品质和耐贮性。整枝、打杈对蔬菜自身的养分分配起着调节作用，由于营养状况的改变，也会直接影响耐贮性。施肥应注意增施有机肥和合理使用化肥，只有土壤的营养条件适宜，才可能生产出优良品质的蔬菜，并耐贮藏和运输。例如，氮肥对蔬菜的生长很重要，但如果过量施用，产品的耐贮性和抗病性会明显降低，而灌溉对蔬菜的生长发育、品质及耐贮性也有着重要的影响。土壤中水分过多，会使萝卜出现裂根，贮藏时易在裂根处发生霉烂。洋葱在生长的中期过分灌水，会加重贮藏中颈腐、黑腐、基腐等病害的发病率。另外，准备贮藏的蔬菜，临采前灌水会使蔬菜的含水量增高，也会降低耐贮性。

4. 成熟度与采收期 不同种类蔬菜的成熟度，都要以风味品质的优劣作为采收的首要依据；而作为贮藏的蔬菜，还要考虑贮藏后的风味品质及耐贮性。有些蔬菜，采收后有后熟过程，如番茄的贮藏，在绿熟期采收最为适宜，如果达到了完熟期，不仅不耐搬运，也不利于较长时间的贮藏。茄子、黄瓜的贮藏，采收时成熟度的控制，既不可太嫩，也不可太老，过嫩其营养与风味偏淡，容易萎蔫；过老，贮藏时易老化，而且风味差。再比如大白菜的贮藏，采收期十分重要。在"三北"（华北、东北、西北）地区，一般在立冬前后收获，以不产生冻害为原则。从生长情况看，八成包心程度比包心满的大白菜耐贮。对于生长在地下的一些根茎类菜，如洋葱、马铃薯等，在地上部分枯黄后开始采收为宜，耐贮性强。

（三）采后处理与贮藏保鲜的关系

蔬菜收获后到贮藏运输前，根据种类、贮藏时间、运输方式及销售目的，还要进行各种预备处理，也称采后处理。它包括整理、挑选、分级、预冷、愈伤、晾晒及化学药剂处理。通过处理，使作为商品的蔬菜既改善了外观，又尽量降低蔬菜的生命活动，对保持蔬菜的新鲜度，延长蔬菜的贮藏寿命，会起到很大的作用。这种采后处理越及时，贮藏保鲜的效果就越好。

1. 整理　蔬菜采收后，应根据不同种类的特点，及时将非食用部分和从田间采收时带来的残枝败叶、泥土等清除掉。如：叶菜类的根和枯黄的外叶，根茎类菜的地上叶部分，花菜多余的短缩茎和外叶等。

对于以贮藏为目的的蔬菜，其整理更重要。在整理后，可将附着在外层的残叶或黄叶上的病菌及孢子都清理掉，以减少贮藏中病害的传播源。就是说，如果把这些残枝败叶带到贮藏环境中去，这些已接近坏死的部分，遇到较高湿度等不利的环境，极易发霉腐烂；同时也不利于蔬菜在贮藏中的通风，并会带来很大的损失。

2. 挑选与分级　挑选与分级是蔬菜采收后进入流通环节所必需的商品化处理措施。

挑选是在整理的基础上，进一步剔除有病虫害、机械伤、发育欠佳的产品。一般情况下的挑选常与分级结合进行，操作人员应戴手套，在挑选过程中要轻拿轻放，以免造成新的机械损伤。

分级是将产品依据一定的规格质量标准加以区分，它是生产者将产品进入市场的重要措施，也是经营者便于质量比较和定价的基础。分级应根据事先制定出的质量标准。目前我国已初步建立了蔬菜商品专业标准体系。番茄、黄瓜、青椒、大白菜等主要新鲜蔬菜的商品标准已由标准出版社出版。现在推行的蔬菜商品标准多是按照规格和质量两方面因素将商品分为三级。主要依据坚实度、清洁度、鲜嫩度、整齐度、重量、颜色、形状以及有无病虫害感染或机械伤等分级。经分级后的蔬菜商品，大小一致，规格统一，优劣分开，从而提高了商品价值，降低了贮藏与运输过程中的损耗。随着蔬菜生产水平的提高和市场经济的日趋活跃，有关部门也正在制定批发市场交易中的蔬菜商品质量标准，等到健全蔬菜商品专业标准后，产品分级将会有更加科学统一的依据，就能适应蔬菜商品流通现代化的发展。

3. 预冷　采收后的蔬菜，在贮运、加工前，应迅速除去田间热，及时将其温度快速冷却到规定温度的过程称为预冷。通过预冷，可以防止因呼吸热而造成的贮藏环境温度的升高，借以降低蔬菜的呼吸强度，从而减少采后损失。不同种类、不同品种的蔬菜所需的预冷的温度条件不同，适宜的预冷方法也不同。

为了使蔬菜在采后能及时预冷，最好在产地进行。

蔬菜的预冷方法主要有以下几种：

（1）自然降温预冷　将采收后的蔬菜置于阴凉通风的地方，使产品自然散热达到降温的目的。这种方法简便易行，不需要任何设备，在条件简陋的地方，这是一种较为可行的方法。但是，这种预冷方法受当时的外界温度制约，不可能达到产品所需要的预冷温度，而且预冷时间较长，效果也较差。在北方，大白菜的贮藏一般采用这种预冷方法的较多。

（2）冷库预冷　将装在包装箱中的蔬菜产品堆放在冷库中，在垛与垛之间要留有空隙，并与冷库通风筒的出风口方向相同，以保证气流顺利通过时带走产品的热量。为了达到较好的预冷效果，库内空气流速应达到每秒1～2米，但也不能过大，避免新鲜蔬菜过分脱水。这种方式是目前较普遍的预冷方式，可适用于各种蔬菜。

（3）强制通风预冷（压差预冷）　是在装有产品的包装箱垛的两个侧面造成不同压力的气流，从而使冷空气强行穿过各个包装箱，并在每个产品周围通过，从而把产品的热量带走。这种方法比冷库预冷的速度快约4～10倍，而用冷库预冷只能使产品的热量从包装箱表面散发。此种预冷方法也适用于大部分蔬菜。

强制通风冷却的方法有多种。隧道式冷却方法，过去在南非和美国使用多年。我国经科技人员多年研究，设计了一种简易的强制通风预冷设施。具体方法是：将产品放在规格统一并有均匀通风孔的箱内，将箱码放成长方形的垛，在垛中心纵向留有空隙，在纵向的两端及垛顶部，用帆布或塑料薄膜盖严封好，其中一端与风机连接向外排气，这样垛中心的空隙处就形成了低压区，迫使未盖帆布两侧的冷空气从包装箱的通风孔进入低压区，把产品中的热量带出了低压区，再由风机排放到垛外，从而达到预冷的效果。这种方法必须注意包装箱的合理堆放和帆布、风机的合理放置，使冷空气只从包装箱上的通气孔进入，否则达不到预冷的效果。

（4）真空预冷　是将蔬菜放在密封的容器内，迅速抽出容器中的空气，降低容器中的压力，使产品因表面水分的蒸发而冷却。在正常的大气压下（101.3 千帕即 760 毫米汞柱*），水在 100℃蒸发，而当压力降低到 0.53 千帕时，水在 0℃就可以蒸发。温度每下降 5℃，就有约占产品重量 1％的水被蒸发掉。为了不使蔬菜的失水过多，可在产品预冷前适量喷些水。这种方法适用于叶菜类的预冷。另外，如石刁柏、蘑菇、抱子甘蓝、荷兰豆等也可以采用真空预冷方法。

真空预冷的方法，由于必须具备特殊的真空预冷装置才能实施，并且投资较大，目前国内采用此方法主要用于出口蔬菜的预冷。

（5）冷水预冷　是将冷却的水（尽可能接近 0℃）喷淋在蔬菜上，或将蔬菜浸入流动的冷水中，以达到蔬菜降温的目的。由于水的热容量比空气大得多，用水作热转移介质的冷水预冷方法，比通风预冷速度快，而且冷却水可以循环使用。但是，必须对冷水施加消毒措施，否则产品就会被微生物污染。因此，应在冷水中加入一些消毒剂，如加一些次氯酸盐，如次氯酸钠。

冷水预冷方法的设备是冷水机，使用中也要经常用水清洗。

冷水预冷方法，可与蔬菜采后的清洗、消毒等项工作结合进行。此种预冷方法，多适用于果菜类和根菜类，但不适用于叶菜类。

（6）接触加冰预冷　这种方法是其他预冷方法的补充。它

＊ 毫米汞柱为非法定计量单位，1 毫米汞柱＝133.322 帕。

是把细碎冰块或冰盐混合物，放在包装容器或汽车、火车车厢内蔬菜货物的顶部。这样可以降低产品的温度，也可以保证产品在运输中的新鲜度，同时起到预冷作用。但是，这种方法只能用于那些与冰接触不会产生伤害的产品。如菠菜、花椰菜和萝卜等。

4. 晾晒　晾晒一般是针对含水量高、生命活动旺盛的叶菜类，在运输前所采取的必要处理措施。这类蔬菜在采收时含水量高，组织脆嫩，运输中很容易造成机械伤。而且，刚采收后的蔬菜，呼吸与蒸腾作用都非常旺盛，如果直接入库贮藏，会使库内温度增高，有利于微生物的生长繁殖，导致产品的腐烂。

晾晒主要是针对秋冬季收获的蔬菜而言，特别是北方地区的大白菜，收获后必须经过晾晒才能入库贮藏。晾晒时，一方面要防止受冻，在另一方面也要防止晾晒过度。失水过多，会引起呼吸强度明显加强，损耗加大，不利于贮藏。大白菜晾晒失水一般在5%左右较为适宜。除叶菜类外，葱蒜类蔬菜在贮运前也要晾晒，使其外层鳞片充分干燥，形成膜质保护层，有利于贮藏和运输。

5. 愈伤　主要是针对块茎、鳞茎、块根类蔬菜在收获时受到机械损伤的治愈处理措施。如马铃薯、芋头、山药、生姜、洋葱、大蒜等。这些蔬菜的机械伤非常容易受到微生物的侵害，从而引起腐烂。因此，必须在贮运前进行愈伤处理。这种处理不仅可以使伤口迅速形成木栓层，而使表层愈合，而且可以提高贮藏性能。

大部分蔬菜的愈伤处理，需在高温高湿条件下完成。马铃薯采后在18.5℃下保持2～3天，然后再在7.5～10℃和90%～95%的相对湿度条件下经10～12天可完成愈伤。山药在38℃和95%～100%的相对湿度条件下愈伤24小时，即可完全抑制表面真菌的活动。有些蔬菜愈伤时不要求较高的温度。如洋葱、大蒜，收获后只要进行晾晒，使外层鳞片干燥、膜质化，促使鳞茎的颈部和盘部的伤口愈合即可，这样有利于贮藏和运输。

6. 化学药剂处理　蔬菜在贮藏中要解决两大关键问题，一是保鲜，二是防腐。化学药剂处理是解决这两个关键问题的辅助措施。

在保鲜方面，主要是使用一些植物激素，对蔬菜的生命活动加以抑制，以推迟其老化和后熟。国外研究人员早在1956年，就报道了花椰菜在采收前1～7天施用100～500毫克/升的2,4-D，可以减少贮藏中的脱帮。20世纪80年代，我国在大白菜贮藏中，也采取施用2,4-D的办法抑制大白菜贮藏中的脱帮问题。另外，采用赤霉素（GA）对番茄在采后进行处理，可以明显延缓后熟。它还对蒜薹贮藏中的"老化"有明显的抑制作用。

在防腐方面，我国已广泛使用杀菌剂，以减少采后的损失。常用的防腐剂主要有：

仲丁胺：它是具有高效低毒特点的化学防腐剂，有强烈的挥发性。如用0.1毫升/升仲丁胺熏蒸黄瓜和番茄，用0.1～0.025毫升/升仲丁胺处理菜豆，都达到了降低腐烂率的良好效果。

克霉灵：是含50%仲丁胺的熏蒸剂。目前多用于蒜薹的贮藏，用药量一般为每千克产品用60毫克，使用时应避免药物直接与产品接触。

以上两种药物是通过熏蒸的处理方式而使用的，其优点是使用方便，并可以使药物在库房内或容器里均匀地扩散。另外还有几种防腐药剂，如多菌灵、甲基托布津、苯来特等，在处理时需用其水溶液浸果，处理后又增加了蔬菜贮藏环境中湿度大的不利因素，所以目前使用得较少。但如果能和采后清洗、分级等处理结合进行效果会更好。

以上化学药剂的处理，对一些蔬菜在贮藏中防止衰老和病害的发生，会起到积极的作用，当然同时也会产生一些不利的因素，即蔬菜上的药物残留，对人身体健康势必有一定影响。因此，对蔬菜在贮藏中使用化学药剂处理应慎重：贮期长易发生病害或产生衰老的应按最低用量使用；短期贮藏、病害不严重的，可以主要以控制环境条件来抑制蔬菜的生理活动，从而达到保鲜的目的。

二、蔬菜贮藏的方式和设备

早在远古时期，我国就流传着不少民间的蔬菜贮藏方法。随着时代的变迁、科学技术的进步，贮藏保鲜技术也有了很大的发展。从民间的土法贮藏发展到现代贮藏技术，贮藏的方法也多种多样。但无论采取什么贮藏方式，抑制以呼吸代谢为中心的生命活动、延缓衰老，有效地防止微生物侵染而造成的腐烂，是最终的目的。不同种类的蔬菜，其生理特性不同，所适应和选择的贮藏方式也不同。另外，各地区的经济发达程度和设施条件不同，可以因地制宜，根据具体条件灵活选择应用。

（一）简易贮藏方式

简易贮藏方式是我国劳动人民在长期的生产实践中总结发展起来的。这些方式，虽然受外界自然气候的影响较大而贮期较短，但是由于它投资少、操作简便，目前仍是我国农村普遍采用的贮藏方式。

1. 假植贮藏　是我国北方地区秋冬季节经常采用简便、易行的一种贮藏方法。主要用于芹菜、油菜、芫荽及菠菜等绿叶菜类。具体方法是待蔬菜充分长成之后，连根收获，密集假植在沟、窖或阳畦中，使蔬菜处于极微弱的生长状态。采用这种方法，蔬菜仍可以从土壤中吸收少量的营养和水分，在不产生冻害和温度过高的条件下，可以较长时期地保持蔬菜的新鲜品质（约2个月左右）。在此期间，可根据市场的销售需要随时采收。

采用假植贮藏方法，首先必须是在外界气温已下降(约0℃左右)时，将蔬菜连根挖起，随即栽到阳畦内，适当浇水。其次是在贮藏中注意防冻与防热，即温度下降到0℃以下时，应及时用草席覆盖，温度有升高现象时注意调节通风量，使温度尽量降低，避免因温度偏高引起叶子变黄、脱帮、抽薹而造成损失。

2. 沟藏　也是适宜在冬春季利用外界冷凉气候条件所采用的简易贮藏方法。这种方法是将蔬菜放在沟内，沟的宽度一般为1～1.5米，深度从南方到北方逐渐加深，挖沟时一般应东西走向，并将挖出的土堆在沟南面，形成遮阳光的屏障。参见图1。如北京地区沟的深度一般为1～1.2米。以后可根据气温逐渐下降的具体情况，分次在菜上覆土。

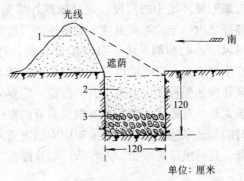

单位：厘米

图1　沟藏示意图

1. 土堆　2. 覆土　3. 萝卜

（引自《蔬菜贮藏加工学》）

沟藏的方法一般用于冬季贮藏萝卜、胡萝卜等根类菜较为普遍，这类产品在沟内可码放 2～3 层，约 50～60 厘米，各层之间填充挖出的底土。随着温度降低，在上面加土覆盖保温，而沟内产品的温度应控制在 0～3℃范围内。当春季温度开始回升时，应结束贮藏。

3. 冻藏　冻藏就是使蔬菜在冻结状态下贮藏。这种方法只适用于耐寒的绿叶菜。如菠菜、芫荽等。这种方法与沟藏类似，都是收获后将蔬菜放在沟内，沟底设通风道，沟的上面用土覆盖。所不同的是，沟藏的沟较浅，覆盖的土层也薄。

冻藏是在入冬封冻时，将收获的蔬菜放在背阴处的浅沟内，一般为 20 厘米深，上面覆盖一层薄土。随着外界气温的不断下降，蔬菜即可逐步冻结，并且在整个贮藏期间，始终保持冻结状态。用这种方法贮藏的耐寒绿叶菜，在低温情况下仍能保持最低而正常的生命活动。所以，采用冻藏方法，可较长时间地贮藏菠菜、芫荽等。出售前，将菜取出置于 0℃左右的环境中缓慢解冻，可以恢复其新鲜的品质。

以上三种简易的贮藏方式，都有一个共同的特点。即：不能人为地控制贮藏环境中的温度，而是根据外界温度的变化，来维持贮藏环境内一定的贮藏温度。维持所需温度的措施，就是覆盖和通风。入贮初期，蔬菜自身温度较高，呼吸作用较强，也会产生呼吸热，这时应以通风降温为主。随着气候的转冷，就逐渐转向加强覆盖保温为主，但覆盖一定要分层次，不可一次覆盖太厚。对通风的管理也要根据季节的变化，选择适当的通风时间和通风量的大小。贮藏初期应加大通风量，随着气温的下降，其通风量应减少，入春后，则只能在夜间适当通风。

简易贮藏方式，由于依赖于自然界的条件。因此，必须根据每年气候变化的实际情况，灵活地进行贮藏管理，才能取得较好的贮藏效果。

（二）窖藏

窖藏在北方地区应用得较为普遍。窖藏是从简易贮藏演化而来的，可以更科学地利用自然气温贮藏果蔬。采用这种方法，需要事先建好各种类型的菜窖。菜窖可以自由进出，也可随时检查贮藏的产品。菜窖设天窗，便于调节窖内的温湿度。我国北方的大白菜、甘蓝、萝卜和生姜等蔬菜，多采用这种方法贮藏。菜窖大致可分为以下几种形式：

1. 井窖　井窖应建在地下水位低、土质黏重而坚实的地区（如西北的黄土高原）。这种窖的窖身深入地下 3～4 米，井筒的直径约 1 米。因此，受外界的气温影响较小，窖的温度较稳定。井窖一般用于贮藏喜温性蔬菜，如生姜、马铃薯等。

井窖建造时，从地面向下挖 3～4 米深的井筒，再从井底向周围平行方向挖一至数个高约 1.5 米、长 3～4 米、宽 1～2 米的贮藏窖洞，窖洞的顶部呈拱形，底面水平或成 10∶1 的坡度，窖井口周围应培土并加盖，四周挖排水沟以防止积水。参见图 2。

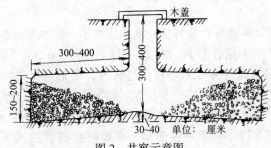

图 2　井窖示意图
（引自《蔬菜贮藏加工学》）

2. 活窖　活窖是以泥土为主，配有一定木料构建而成的，又称临时菜窖。20 世纪五六十年代在北方地区菜农普遍采用这种贮藏窖。活窖多为长方形，根据气候条件的具体情况，窖的入土深浅也不同。较温暖的地区多采用半地下式，窖入土 1~1.5 米。而寒冷的地区采用地下式，入土 2.5~3 米。活窖的基本情况参见图 3。

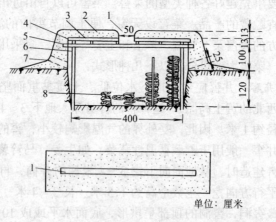

单位：厘米

图 3 活窖示意图

1. 天窗 2. 泥土 3. 秫秸 4. 檩木
5. 横梁 6. 支柱 7. 窖眼 8. 白菜

（引自《蔬菜贮藏加工学》）

活窖又称棚窖。活窖的长度和宽度不一，主要依贮藏量而定。为了便于操作管理，长度一般为 20~50 米、其宽度为 2.5~3 米，高度为 2 米左右。建窖时，应根据事先设计的长度和宽度，在地面上挖一个长方形的窖体，四周用土或砖砌好墙，并在长度方向的地上部分，每隔 2~3 米留一个通风口。窖顶棚用木料、竹竿等做横梁，必要时在横梁的底下设立支柱。窖顶铺盖稻草或秫秸捆作为隔热保温材料，再覆土踏实。窖顶部应设若干个天窗，窗口的数量应根据当地的气候和贮菜的种类决定。如贮存萝卜、马铃薯，天窗的数量可少一些，如贮存大白菜，就需要有较大的通风面积。窖门一般开在窖的两端或一侧，供操作人员出入和产品的吞吐。同时还能起到通风换气的作用。贮藏结束后可拆除复原。用活窖较经济，但操作不太方便。

3.通风贮藏窖 是活窖（棚窖）的发展，形式和性能很相似，但它是由砖、木或钢筋水泥构件建筑而成的固定式菜窖。这种菜窖的贮藏方式及特点，虽然是完全依靠自然条件来调节窖内温度，但在建窖时使用了绝缘材料，隔热性能有所增强。同时，更加完善了通风系统，能以通风换气的方式，引进外界冷空气而起到降温的作用。所以，通风窖的降温和保温效果都比活窖大大提高，是 20 世纪 70 年代北方地区普遍采用的贮藏窖。由于通风窖贮藏比较经济、简便，在一些经济欠发达的地区，仍是一种较好的贮藏方式。

（1）通风贮藏窖的设计要求 通风贮藏窖属于固定的永久性建筑，不但要有专门的设计人员承担，而且建筑形式、设施配置必须符合蔬菜贮藏过程中调节窖内温湿度的要求。

首先，应严格选择建窖的地点，即地势高而干燥，地下水位低，通风良好，交通便利的地方。其次是根据地区的气候条件和地下水位的高低，确定通风窖采取地上式、半地下式或地下式。一般在较寒冷的地区采用地下式，全部窖体深入土层，仅窖顶露出地面。这种形式的窖，保温性能最好。但由于进出通风口的高低差距较小，通风效果较差。较温暖的地区或水位较高的地区，一般采用半地下式或地上式，这种形式较有利于空气的自然对流。通风窖一般建成长条形，以南北向延长较好，这样可以减少冬季寒冷北风对窖温的影响。

通风窖的大小应根据当地常年蔬菜贮运的实际需要而定。为了便于管理，每个窖的容量不宜过大，一般长 30～50 米，宽 5～12 米，高 3.5～4.5 米。如果总贮菜量较大，可以分建若干个窖。窖的建设面积，应在确定总贮菜量的基础上，根据单位面积的贮菜量或蔬菜的单位容重（每立方米多少千克）及贮放方式来计算。另外，还应事先安排贮存什么种类的蔬菜，采用什么包装，估计出每件包装可容纳的蔬菜重量，然后可计算出单位面积中可容纳产品的数量，从而计算出建窖所需的面积。在此基础上，还应增加每件产品包装之间、垛与垛之间、垛与墙之间留有间隔，以利通风的面积和窖中间走道以及窖两端整理、搬运的活动场地。

如贮量大需要建若干个窖时，可以将多间通风窖组合在一起，由一个共用的走廊连结起来。这一中央走廊，一方面起缓冲作用，防止冬季寒风直接吹入窖内；另一方面还可兼作分级、包装及临时存放产品的场所。

为了尽量保持通风和窖内的温度稳定，窖墙四周应有隔热设施。对隔热材料的选择，应本着不易吸水腐烂、导热性能低、经济适用等原则。如稻壳、锯末、珍珠岩、矿渣等。经过多年的实践，近年来通风窖的建筑，常以夹层墙的办法满足隔热的要求。即在外墙和内墙之间，以稻壳或矿渣等作充填物。另外，隔热层所使用的材料，必须干燥，并在隔热层的两侧加防水层，借以保护隔热材料不致受潮，以免降低隔热性能。

通风窖的建设，还应注意合理设置进、排气口。这是通风降温效能高低的关键环节之一。为使窖内形成空气自然对流的方向和路线，应把进气口开设在窖墙的基部（地上式窖），排气口设在窖顶。由于保持了进、排气的高度差，也就增大了压差，从而可以增加气流的流速。另外，设置进、排气口的原则是：每个气口的面积不宜过大，气口的数量可多一些。气口的间距为5～6米，每个气口的面积为25～35平方厘米。窖顶的排气口应高出窖顶1米以上，并安装有排气筒罩和隔热层，排气口的底部安装可开闭的活动门，借以调节换气量。

（2）通风贮藏窖的管理要求

①通风窖及用具的清理和消毒　对于通风窖及贮藏用的货架、包装、托盘等用具，除了初次使用以外，在每次贮藏结束和产品入窖之前，都必须进行清理和消毒工作，其目的是减少蔬菜在贮藏中因微生物的污染而引起的损失。使用过的菜筐、菜架、塑料箱等应洗净凉干，放到通风窖中，与窖一并消毒。消毒的方法可以采用点燃硫磺熏蒸。其用量约为每立方米 10 克。熏蒸时应关闭窖门及通风系统，密闭熏蒸 24～48 小时后，打开所有的通风口和门，排尽残留药物。此外，还可用 4% 的漂白粉澄清液或有效氯含量 0.1% 的次氯酸钠溶液喷洒窖内用具及墙壁。同样密闭 24～48 小时后通风，也可以达到消毒的目的。

②入窖管理　蔬菜在入窖前应严格挑选，不符合贮藏质量要求的不能入窖。不同种类的蔬菜，贮藏特性不同，不能混存于一个窖内。

各种蔬菜在入贮前都应装在容器中（如箱或筐等），运到窖内码放成垛或码放到菜架上，在码放时地面上应垫枕木，筐、箱之间应留有空隙。如用叉车堆码，则应将一定数量的包装箱整齐地码在托盘上，再层层向上堆码。每垛产品之间，应至少留有 30 厘米的距离，垛与墙的间距要在 50 厘米以上。上述要求的堆码方式，其目的是为了便于空气流通；也便于贮藏过程中的检查。

③窖内的温湿度管理　通风窖贮藏蔬菜能否取得好的效果，尽可能控制好窖内的温湿度，是贮藏管理的重点。产品收获后，要先在通风背阴处存放，使田间热充分散发后再入窖。在产品入窖初期，必须加大窖内的通风量。这时应将窖门和进、排风口都打开，使窖内的温度迅速降低。通风应在夜间进行。当白天外界气温高于窖内温度时，应关闭窖门和进、排风

口，防止外界热气入内；而当严冬到来、外界温度过低时，要关闭窖门，以减少通风量，如需通风只能在白天进行。掌握通风量的原则是维持窖内适宜的低温而不使产品产生冻害。在贮藏后期，天气转暖，日间外界气温升高，这时又只能在夜间加大通风量。由此可知通风窖贮藏蔬菜的管理，是以温度管理为主的。至于相对湿度的管理，一般情况下控制在 90% ~95% 为宜。由于北方冬季空气相对湿度较低，在通风时可能也会将窖内的高湿空气带走。如窖内出现相对湿度过低的情况，可在窖内地面上适当泼水加以调节。

为了严格掌握窖内的温湿度情况，窖内外应配置温度计和湿度计。窖内温度计和湿度计要根据窖的大小，在有代表性的部位多设几个测试点，一般距地面高 1.5 米为宜。窖外温、湿度计的设置同窖内要求一样，但要避免阳光直射。温、湿度的记录在昼夜 24 小时内观测 3~4 次，以了解窖内外温、湿度变化规律，指导通风管理。了解温湿度需要用检测仪器，常用的是精度为 ±0.1℃ 的水银温度计和干湿球湿度计。

（三）冷库冷藏方式

应用机械制冷技术，为蔬菜人为地制造一个适宜的而稳定的温度环境（冷库），这就是机械冷藏方式。它可使蔬菜在贮藏期限和质量方面较上述两种贮藏方式都有较大的提高。这种方式在我们国家，是 20 世纪 70 年代后期才逐渐发展起来的，在蔬菜主要原产地区和一些大中城市建立了一批机械冷藏库，致使蔬菜的贮藏和供应发生了很大的变化。

1. 机械制冷工作原理及冷藏库的设计要求　机械制冷的工作原理是利用制冷剂从液态变为气态时吸收热的特性，将制冷剂封闭在制冷机系统中，在高压的情况下通过膨胀阀，由于压力骤然减小，使制冷剂从液态变为气态。在此过程中，吸收周围空气中的热量，从而降低冷藏库中的温度。其制冷原理参见图4。

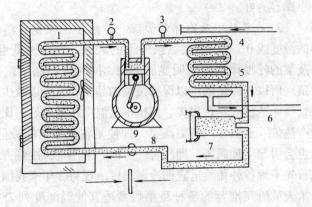

图4　机械制冷原理示意图
1.冷柜　2.吸气压力表　3.排气压力表　4.进水口　5.冷凝器
6.出水口　7.贮液器　8.膨胀阀　9.制冷压缩机

　　蔬菜在冷藏库中，可以随着冷库温度的下降而降低温度，并维持适宜的而稳定的低温条件，从而达到延长贮藏时间、保持新鲜品质的目的。

　　机械冷藏库是永久性建筑，建设时要考虑到库址的选择应在交通便利、地势高而干燥以及与蔬菜产区、市场的联系等因素，冷库的容量和形式，隔热材料的选择，全部热负荷计算和制冷系统的选择，附属建筑的布局及附属机械设备等。冷藏库的建设，应根据使用性质进行总体设计，如是货源较集中的产区，除了考虑足够的库容外，每一间贮藏库可大一些，以供集中贮藏和周转用。如果是在销区主要用于市场供应为目的的短期贮藏或中转使用，要考虑多种类蔬菜的需要，每间冷藏库的容量不宜过大，但需要建若干个库房。近年来，在大中城市随着保护地生产水平的提高，一年四季可有不少新鲜蔬菜供应市场，所以蔬菜贮藏的期限对多数蔬菜种类来说不会太长，形成了以周转性贮藏为主的局面。因此，冷库的建设应以多开间、小库容为好。

2.冷藏技术及冷库的管理　冷藏是指在比自然界常温低的温度或 0±1℃ 的低温条件下的贮藏。在这种低温条件下，蔬菜的呼吸作用受到明显的抑制，同时也抑制了微生物的繁殖。所以，冷藏既可以保持蔬菜的品质，又可以减少因微生物繁殖而造成的腐烂损失。但也不是温度越低越好。比如一些原产热带、亚热带的喜温蔬菜，即使是在未冻结的较低温度下，也会引起生理病害，即冷害。所以，采用机械冷藏方式，必须首先了解各种蔬菜适宜的冷藏温度。现将多年来我国学者及技术人员研究推荐的各种蔬菜贮藏适宜的温湿度列表如下（表2）。

表2　部分蔬菜的适宜冷藏条件与可能的贮藏时间

蔬菜种类	北京市			上海市			台湾省		
	温度(℃)	相对湿度(%)	贮藏期(天)	温度(℃)	相对湿度(%)	贮藏期(天)	温度(℃)	相对湿度(%)	贮藏期(天)
番茄(绿熟)	10～13	85～90	7～21	10～12	80～85		14～16	90～95	
番茄(红熟)	3～5	85～90	4～7				5	90～95	
黄　瓜	10～13	90～95	7～10	10～13	90～95		10～13	95以上	8～12
甜　椒	9～12	85～90	30				7～13	90～95	18～25
茄子(圆茄)	8～10	85～90		2～3	95				
菜　豆	10～12	85～90	15～20	1～5	85～95		3～5	95	8～10
花椰菜	0	85～90	50～60	2～3	90～95	50	0	95～98	21～25
青花菜	0	95～100	如加薄膜袋可达30				0	95～100	10～14
甘蓝(秋)	0	90～95	90	0～5	90～95	60	0	98～100	80～90
菠　菜	0	95～100	加薄膜袋60～90	2	90～95		0	95～100	20～25

（续）

蔬菜种类	北京市			上海市			台湾省		
	温度（℃）	相对湿度（%）	贮藏期（天）	温度（℃）	相对湿度（%）	贮藏期（天）	温度（℃）	相对湿度（%）	贮藏期（天）
芹　菜	-2~0	95~100	加薄膜袋60	2	90~95		0	98~100	21~28
大白菜	0	90~100	120~150	0~2	85~95	150	0	98~100	40~70
蒜　薹	0	85~95	240~270						
马铃薯(秋)	3~4	90	150~240	1~3	85~90	210	2~3	90~95	150~180
洋　葱	0	65~70	30~240	0~3	65~70	270	0	65~70	180~240
萝卜(冬)	0	90~95	60~120	1~3	90~95		0	95~100	21~28

对上述推荐的温湿度条件，仅供应用人员作为基本参数，主要原因是各地的自然和栽培条件、蔬菜的品种等因素差别较大，应根据各自的实际情况灵活掌握。

在冷藏管理中，应注意以下几个重点：

（1）入贮前的准备工作　根据贮藏蔬菜种类对温度的要求，入贮前必须先将冷藏库的温度降低到所需温度，这样既可以避免入贮初期蔬菜新陈代谢活动尚未降下来而使制冷系统的热负荷过大，又可使库温尽快达到所要求的标准。

冷藏库每年或每一批产品贮藏后，都应进行一次清扫和消毒。消毒的方法与通风窖相同。由于冷藏库的密闭性能好，为了将消毒药物从库中排出去，需要的时间相对长一些。

（2）预冷及入库　前面在采后处理部分，专门介绍了产品贮前预冷的必要性及预冷的几种方法。对于冷藏而言，预冷就更加重要。它既可大大减轻库内制冷系统的热负荷，又不会引起库内温度有较大的波动。

入库前应将蔬菜产品装入统一规格的包装容器中，便于在库内码垛；如果贮藏量大，也利于用叉车搬运。码垛方式要有利于库内空气流通。码垛方式见图5。货垛应距墙壁约30~40

厘米，垛与垛约距 50 厘米，便于管理人员检查商品情况。垛顶与天棚或冷风筒间约留 80 厘米，避免因距冷风筒太近造成产品冻害或冷害。

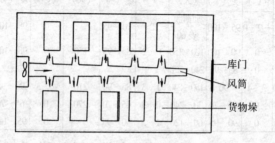

图 5　码垛方式示意图

（3）冷藏库的温湿度管理　蔬菜的贮藏，首先需要适宜的温湿度条件。在前面已介绍了部分蔬菜贮藏的适宜温湿度条件。其次是力求环境温湿度的稳定，并且库内各部位的温度应基本均匀一致。为此，库内必须配置温度计和湿度计。测温度通常采用水银温度计，测相对湿度采用干湿球温度计。测量温湿度的仪表要放在库内有代表性的部位，高度距地面约 1.5 米为宜。工人应定时入库检测并记录库内的温湿度情况，以便及时调整，保证适宜的贮藏条件。

冷库内经常出现相对湿度偏低的情况，主要原因是冷却管上的结霜问题。为了补充库内的相对湿度，可以在地面上喷些水或挂些湿的草帘子。如果出现了库内相对湿度偏高的现象，可以采用除湿机或在库内放一些吸湿剂来解决。

（四）气调贮藏方式

气调贮藏方式被认为是现代化的、效果最好的贮藏方式。这种贮藏方式的原理是：在适宜的冷藏温度条件下，将蔬菜置于一个密闭的环境中，通过适当降低环境中的氧含量、提高二氧化碳含量，抑制蔬菜以呼吸代谢为中心的生命活动，从而达到延长贮藏期的目的。

气调贮藏的方法可分为自发气调（MA）和人工气调（CA）两大类。

1. 自发气调的方法和设备　将蔬菜密闭在一定大小的容器中，通过其本身的呼吸作用，不断地消耗容器中的氧，释放出二氧化碳，使容器中的氧浓度降低、二氧化碳浓度升高，当升高到不会造成对蔬菜产生伤害的指标时，及时向容器中补充新鲜空气，以增加氧的浓度；或根据所贮藏蔬菜对气体成分的需求，在补充新鲜空气提高氧浓度的同时，再将容器内的空气通过另一个装有消石灰的装置中循环，吸收多余的二氧化碳，然后送入容器内。用这种方法保持容器内比较适宜的氧和二氧化碳浓度，这称为自发气调法。

不同种类的蔬菜所采用自发气调贮藏的具体方法不同，主要有以下几种：

（1）塑料薄膜小包装法　这种方法是将一定量的蔬菜放进规格一致的塑料薄膜袋中，适时扎紧袋口。根据贮藏蔬菜对气体成分的要求，有规律地定期打开袋口通风换气。小包装塑料薄膜袋一般采用 0.06～0.08 毫米厚的聚乙烯薄膜制成，规格约为长 1 000～1 100 毫米，宽 700～800 毫米。见图6。此法多用于贮藏蒜薹、芹菜等蔬菜。

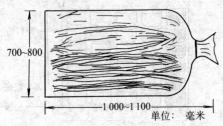

图6　塑料薄膜气调小包装示意图

（2）塑料薄膜大帐贮藏法 大帐法是将蔬菜放在事先已作好的长方形货架上，见图7；或者放在统一规格的塑料箱内，见图8。每个帐内贮藏蔬菜约 3 000～4 000 千克，可依不同种类蔬菜灵活掌握。当货架上或塑料箱内的蔬菜温度与库内温度一致时，罩上事先用0.23毫米厚的无毒聚乙烯薄膜制作好的塑料大帐。见图9。为了避免帐内壁上附着的凝结水滴到蔬菜上而引起腐烂，在货架或箱垛的上

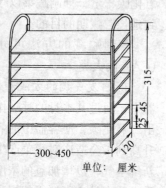

单位：厘米

图7 大帐气调方式贮藏
货架结构示意图

方用一拱形支架将大帐支起。见图10。在货架或箱体与地面之间，事先铺好一块等同于货架形状的长方形帐底，帐底的长与宽应比大帐的长宽规格各延长900毫米，以便与大帐边缘对齐、卷曲密封。货架与箱垛底部与帐底之间，要用垫板或向下延长货架支脚约20厘米；当帐内的二氧化碳浓度过高时，在这个空隙中放入一定量的消石灰，以吸收过多的二氧化碳；当

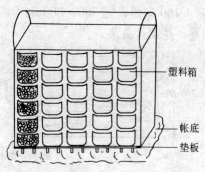

塑料箱

帐底
垫板

图8 大帐气调方式箱装示意图

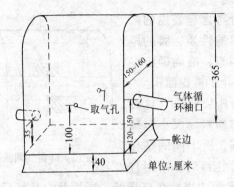

图 9 塑料气调帐示意图

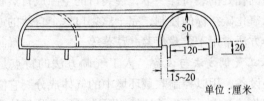

单位：厘米

图 10 气调帐顶拱形架示意图

帐内氧气成分过低时，用鼓风设备从大帐一端的通风口补充外界的新鲜空气，以提高氧的比例。这种方法多用于贮藏蒜薹、番茄等蔬菜。

（3）硅橡胶窗气调法 硅橡胶膜是用硅橡胶均匀涂在织物上而制成的膜。这种薄膜对二氧化碳的透过率比氧高3～4倍。把这种膜，按照不同种类蔬菜对氧和二氧化碳的要求，裁成相应大小的面积，镶嵌在塑料袋或塑料大帐上，形似小窗。见图11和图12。利用这个小窗，调节袋内或帐内的气体比例。这种自发气调贮藏方法，操作简便，其关键是贮

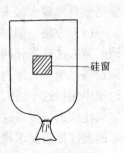

图 11 硅窗小包装
袋示意图

前必须综合考虑包装内的产
品数量、膜的性质、膜的厚
度等多种因素，准确确定一
定规格包装上的硅窗面积。

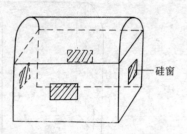

（4）松扎袋口法 这种
贮藏方法与塑料薄膜小包装
法基本相同，所不同的是在
产品装袋后扎口时，需用直

图 12 硅窗气调帐示意图

径约20厘米的圆棒放在口袋处一同捆扎，扎好后拔出圆棒，
再将所留圆孔处的袋口揉一下，使袋口的空隙成自然状态。袋
内氧及二氧化碳指标的控制，完全靠袋口这个自然的通气口调
节。这种方法常用于贮藏菠菜、芹菜等。

2．人工气调方法与设备 人工气调方法的特点是人为地
创造某些设备，用以控制贮藏环境中的气体成分。它能根据不
同种类蔬菜的要求，更有效地控制贮藏环境中的气体成分，从
而提高贮藏质量、延长贮藏时间。目前，在我国推广应用的主
要是塑料薄膜大帐人工气调法。

（1）方法 塑料薄膜大帐人工气调的方法和大帐式自发气
调贮藏方法基本相同，所不同的是将产品用大帐封闭后采用气
调设备迅速将大帐内的气体指标调整到规定的范围，并在整个
贮期中保持这个适宜的指标。为此，要定期检测大帐内的氧及
二氧化碳的浓度。这种方法在普通冷藏库内就可以使用，但冷
库的温度尽量要求稳定，一般在±1℃范围内。如果温度波动
大，更容易造成大帐内壁的凝结水，易引起蔬菜腐烂。此种方
法的投资相对较少、易推广。

基于上述同一原理和方法，在发达国家于20世纪60年代
就出现了气调贮藏库。但由于投资较大等多方面原因，应用气
调库贮藏蔬菜并未推广。

采用气调方法贮藏蔬菜，不同类的产品不能混存，因为不同类的产品所适宜的氧和二氧化碳的指标不同。蔬菜气调贮藏的适宜条件详见表3。此外，还应采取整批出入库的措施，否则中途开帐或开库，破坏了已调节好的气体环境，一方面影响贮藏效果，另一方面也会造成能源的浪费。

表3 部分蔬菜气调贮藏的适宜条件

蔬菜种类	适宜温度 (℃)	氧 (%)	二氧化碳 (%)	贮藏期限 (天)
番茄（绿熟）	11~13	2~4	0~5	45
蒜 薹	-0.5~0.5	2~5	0~5	250
黄 瓜	10~13	2~5	2~5	30
甜 椒	9~12	2~3	2	21
花椰菜	0	2~3	0~3	60
菜 豆	10~12	6~10	1~2	20
抱子甘蓝	0	2~3	5~4	60
胡萝卜	1	2~3	3~5	180
芹 菜	-0.5	3~4	2~3	180
洋 葱	0~1	3~6	8~12	90~120

（2）设备 气调设备是指为气调贮藏环境创造适宜条件的设备。其主要功能是降低贮藏环境中氧气浓度，以及清除由于蔬菜产品呼吸造成贮藏环境中过高的二氧化碳。降低贮藏环境氧的浓度主要靠向贮藏环境中注入氮气的方法，从而稀释氧的浓度。清除过多的二氧化碳主要采取化学的方法。气调设备有多种形式，应根据具体情况而进行选择。

①燃烧式气调设备 此设备的工作原理是将丙烷等燃料引入氮气发生器中，经催化剂作用，燃烧时消耗空气中的氧气，从而制得氮气；再将氮气充入气调贮藏库或气调大帐中，从而达到降低贮藏环境中氧气比例的目的。这种燃烧式气调设备的型号虽多，但工作原理大体相同。中国科学院山西煤炭化学研究所研制的催化燃烧降氧机（即氮气发生器）即为国内较好的

气调贮藏设备。它采取的是循环式降氧方式，即将气调库中或大帐内原有的空气，通过降氧机去除一部分氧，再送回库中，并且按此方式不断循环，直到贮藏环境中的氧含量降到预定的要求为止。见图 13。

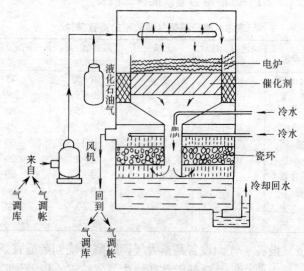

图 13　催化燃烧降氧机示意图

　　由于使用上述燃烧式气调设备，以及贮藏环境中蔬菜进行呼吸作用都释放了二氧化碳，过多的二氧化碳会对蔬菜产生危害，因此应及时予以脱除。目前，国内已研制成功了二氧化碳脱除装置。它的原理是使含有二氧化碳的气体通过活性炭，二氧化碳被吸附，当活性炭饱和后，再把新鲜空气吹入，使活性炭再生，重新使用。

　　②碳分子筛气调机　吉林省石油化工设计研究院研制的碳分子筛气调机，已于 20 世纪 80 年代首先在番茄贮藏中应用，其后又由中国船舶工业总公司研制生产。到目前为止，这种设备已经由工业部门定型生产，并在果蔬贮藏中广泛应用。这种

设备的工作原理是根据焦碳分子筛对不同分子吸附力的大小不同，对气体的成分进行分离。参见图14。当高压空气被送进吸附塔，并通过塔内的碳分子筛时，直径较小的氧分子先被吸附到分子筛的孔隙中；而直径较大的氮分子被富集并送入气调库或气调帐内，进行置换空气而降氧；当第一个吸附塔内的碳分子筛吸附饱和以后，另一个塔就会启动工作，第一个吸附塔内的氧分子即会被真空泵减压脱附。

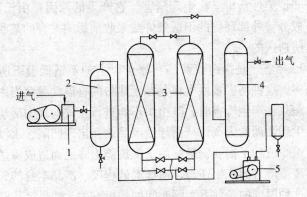

图14　碳分子筛气调机流程示意图

1.空压机　2.除油塔　3.吸附塔　4.贮气塔　5.真空泵

　碳分子筛气调机较燃烧式气调设备的投资虽然大一些，但这种气调设备，不但可以降低气调贮藏环境中的氧含量，而且可以脱除多余的二氧化碳和乙烯，不需要另设二氧化碳脱除装置，并且对所设定的气体指标可以严格控制，贮藏效果较好。

三、贮藏病害和防治

　蔬菜在贮运过程中难免产生病害，并造成损失。这种病害一般可分为非侵染性病害和侵染性病害。非侵染性病害主要指由于生理失调所导致的病害，主要与不适宜的环境条件有关。而侵染性病害主要是指受到病原微生物的侵染所造成的病害。二者相互影响。蔬菜一旦产生了生理病害后，就会失去对病原的抗性，从而很容易引起侵染性病害并造成腐烂损失。

（一）非侵染性病害及其防治

非侵染性病害又称生理病害。它产生的原因是由于温度、气体成分等外部环境的不适条件或采收前影响发育的某些不良因素所造成的。

1.冷害　是指蔬菜商品在冰点以上的不适低温下所造成的伤害。这种伤害多发生在起源于热带的喜温性蔬菜当中。

蔬菜在产生冷害时，其组织不能进行正常的代谢活动，产生了生理活动的失调，从而导致产品表面出现凹陷、水浸状斑点，组织或种子褐变，最终由于抵抗能力降低而造成腐烂。

蔬菜冷害的产生还与不适低温的程度、产品本身的成熟度及在这种温度的条件下贮藏时间的长短有关。如果产品已经受到了冷害，就一定要在冷害的症状还未表现出来之前销售出去，缩短贮期，就不会造成大的腐烂损失。另外，对于果类菜来说，成熟度越高，对冷害的抵抗能力也越高。贮藏时应根据不同的成熟度及所要求的贮藏期，控制好贮藏环境的温度条件。

2.冻害　是指贮藏环境温度长时间处于蔬菜细胞的冰点以下，由于蔬菜组织中的游离水结冰而造成的伤害。产品受冻害后，不仅降低食用价值，而且还会造成严重的腐烂。

为了防止冻害的发生，必须严格掌握贮藏环境的温度，尤其是对那些适宜贮藏温度在0℃附近的蔬菜，不能长时间处于冰点以下的温度。部分常见蔬菜的冻结温度可参见表4。对于贮藏库内某一部位，如冷库中靠近蒸发器较近的部位或通风库中距通风口较近的部位等，要注意在产品上适当覆盖，加以防寒。

表 4　部分常见蔬菜的冻结温度

蔬菜名称	冻结温度（℃）	蔬菜名称	冻结温度（℃）
黄　瓜	−0.49	花椰菜	−0.77
番茄（绿熟）	−0.55	甘　蓝	−0.88
番茄（完熟）	−0.49	菠　菜	−0.30
青　椒	−0.72	芹　菜	−0.50
菜　豆	−0.70	洋　葱	−0.80
大白菜	−0.90	生　菜	−0.20

3.低氧和高二氧化碳的伤害　这种伤害是在气调贮藏过程中，由于气体比例控制不当所造成的。低氧伤害的主要症状是表皮组织局部凹陷、褐变，贮藏环境中会出现酒精味。如果产品成熟度低，产生低氧伤害后，还会影响正常成熟。高二氧化碳伤害的症状主要表现为表皮及内部组织出现褐斑、褐变或凹陷，严重时还会脱水萎蔫并产生异味儿。所以，贮藏中要定期检查贮藏环境中的气体成分，并按预定要求严格掌握，以避免此类伤害的发生。测定氧和二氧化碳气体成分的仪器既可以采用化学方法的"奥式气体分析仪"，也可以采用物理方法的气体分析仪。

（二）侵染性病害及其防治

侵染性病害是指蔬菜在贮运中由于受到真菌、细菌等微生物的侵染，而引起蔬菜腐烂变质的病害。这种病害一旦发生，就会相互传染并造成较大的损失。

蔬菜的贮藏库、包装物及空气中存在着大量的病原孢子，蔬菜的表面也附着有大量的病原孢子。但是，病原孢子必须在有营养、水分和适宜的 pH 条件下才能生长。所以，在蔬菜贮藏环境中，虽然有大量的病原菌存在，并不等于蔬菜必然腐烂变质，还主要取决于蔬菜本身的抗病性和贮藏环境、包装用具的卫生状况。

蔬菜的抗病性与自身的成熟度有关。一般情况下，成熟度低，细胞幼嫩，易受病菌侵入，而抗病性与蔬菜的完好程度有关，即是否受到压伤、擦伤等机械伤。因为产品表面的各种创伤，都可能成为病原菌入侵的途径。抗病性还与蔬菜在贮运中受到的冷害、冻害及低氧与高二氧化碳的伤害有关，因为蔬菜产生上述生理病害后，会大大降低抗病性。

为了防止蔬菜在贮运中发生病害，应从以下几个方面进行防治：

1. 严格挑选 蔬菜在入贮前应严把质量关，对已受病虫害、机械伤、成熟度过低或过高的蔬菜都要剔除出去。

2. 尽快降低产品及贮藏环境的温度 由于温度直接影响真菌病原孢子萌发和侵入的速度及能否尽快降低产品的新陈代谢速度，因此蔬菜产品采收后，必须通过预冷尽快降低品温，并置于适宜的低温环境中。

3. 使用化学药剂控制贮藏中的病害

（1）使用化学药剂对库房及包装用具灭菌 采用 0.5% 的次氯酸溶液冲洗筐、箱、架等包装用具，用燃烧硫磺（每立方米 10 克）的方法消毒库房。

（2）对产品入库前或入库初期进行灭菌处理 对于果类、根茎类的一些蔬菜，可用次氯酸水溶液清洗，但清洗后必须控干。对番茄、蒜薹和黄瓜等易受侵染或贮藏期较长的产品，在入贮时应进行灭菌处理。由于不同种类的蔬菜仅受相对少的几种真菌或细菌侵染，因此要针对具体病害使用化学药剂。如：

引起番茄采后腐烂的病原微生物有灰霉葡萄孢、链格孢、胡萝卜欧式杆菌、疫霉和白地霉等；而引起黄瓜和甜椒采后腐烂的病害及病原微生物有炭疽病、细菌性软腐、腐霉、根霉等。下面将国内外果蔬防腐剂的性能及用法综合加以介绍。详见表5。

表5　常用蔬菜防腐剂的性能及用法

（摘自黄健坤，1987）

药品名	剂型	剂　量	使用方法	毒性口服LD$_{50}$（毫克/千克）	允许残留（毫克/千克）	附　　注
次氯酸	盐	700～5 000毫克/升有效氯	喷/洗	—	—	洗及场地消毒
氨	气	50～200毫克/米^3	熏蒸	—	—	场地消毒
二氧化硫	液、气	1%	20分钟熏蒸，每周1次	—	—	多用于场地、包装物消毒
仲丁胺	液	1%～2% 25～200毫克/升	洗、浸、喷、熏蒸	350～380	20～30	炭疽、蒂腐、柑橘、青霉、绿霉
双胍盐	盐	1 000毫克/升	浸、喷	230～260	0.1～5	对白地霉有特效
山梨酸	盐	2%	浸	—	—	安全性高
异菌脲	胶悬液	500～1 000毫克/升	浸、喷	3 500	2～10	英国用于叶菜的采后处理
噻菌灵	乳剂	500～1 000毫克/升	浸、喷、烟熏	3 100	2～10	连续用药对青、绿霉易产生抗性；四种药有交互抗性反应；欧共体对苯来特的安全性问题提出停用意见
苯菌灵 苯来特 硫菌灵 多菌灵		500～1 000毫克/升	浸、喷	10 000	5～10 1～10	
甲霜灵	可湿性粉剂	600～1 000倍	浸、喷	666		对疫霉特效
乙磷铝	可湿性粉剂	0.1%～0.2%	浸、喷	5 800		对疫霉特效

第三章

蔬菜的运输与包装

    随着商品经济的迅速发展，蔬菜已由地域性生产、地产地销为主和外地调节为辅的方式，逐渐转变为充分利用自然条件，建立发展蔬菜专业化生产基地，借助运输手段满足各地区周年均衡供应的经营方式。所以运输便成为蔬菜流通中不可缺少的重要环节。

一、运输和包装对蔬菜品质的影响

    蔬菜是鲜活易腐商品，在运输途中仍进行着各种生理活动，极易受外界温、湿度等影响而损害其品质，甚至被病原微生物侵染而致腐。由于运输所需的适宜环境条件是与贮藏条件基本相同的，运输又是动态的贮藏；鉴于运动状态的环境变化剧烈而迅速，故而运输要求速度快、时间短，同时还必须采取必要的调控措施和一定的技术处理。与影响蔬菜品质的运输环境条件发生直接关系的有六个方面：

（一）振动

运输中振动不可避免，但不同的运输工具所产生的振动强度和频率也各不相同。如汽车的振动大于火车，火车的振动大于船舶；包装容器中有无填充物；码垛上层下层所产生的振动也不一样。当然蔬菜种类、栽培条件、成熟度不同，其耐受程度也会有差异。试验表明，对碰撞及摩擦忍耐力较强的蔬菜有芋头、马铃薯、根菜类和甜辣椒等；不耐摩擦的有茄子、黄瓜、结球（包心）类蔬菜；而叶菜类既不耐碰撞又不耐摩擦。蔬菜在振动、滚动、摇动时会使其内部组织的强度下降、后熟异常、呼吸加剧、内含物被大量消耗，致使风味失常、品质下降，严重的还会造成机械伤害，致腐受损。因此在运输时，尽量减少振动极为重要。

（二）温度

在运输环境中控制适宜温度是保持蔬菜品质鲜嫩、减少损耗的重要条件。适温因蔬菜种类品种不同而异。现将国际制冷学会于 1974 年推荐的新鲜蔬菜适宜运输温度列于表 6。

表 6 新鲜蔬菜运输中的适宜温度

（国际制冷学会，1974 年推荐）

蔬菜种类 运输温度	运输时间 1~3 天 ℃	4~6 天 ℃
黄　瓜	10~15	10~13
辣　椒	7~10	7~8
番　茄（未熟）	10~15	10~13
番　茄（成熟）	4~8	—
嫩菜豌豆	0~5	—

（续）

运输时间 运输温度 蔬菜种类	1～3天 ℃	4～6天 ℃
红花菜豆	5～8	5～7
南　瓜	0～5	—
马　铃　薯	5～20	5～20
花　椰　菜	0～8	0～4
结球甘蓝（洋白菜）	0～10	0～6
抱子甘蓝	0～8	0～4
球茎甘蓝（茎蓝）	0～20	0～20
菜　豆	5～8	—
菠　菜	0～5	—
茴　香	0～10	0～6
莴　苣	0～6	0～2
蘑　菇	0～2	—
洋　葱	-1～20	-1～20
朝　鲜　蓟	0～10	0～6
石刁柏（芦笋）	0～5	0～2
胡　萝　卜	0～8	0～5

　　严格把握适温运输，对减少或避免蔬菜的冻害、冷害或受热腐败，进而提高经营效益至关重要。

　　（三）湿度

　　一般蔬菜的含水量都很高，但采后因蒸腾作用脱水可引起组织萎蔫、失鲜、失重使品质下降。严重时还会引起代谢失调。为防止失水过多，在运输时除在冰保车内加冰块降温时并可增加湿度外，一般多借助适宜的包装物来防止失水，从而达到保鲜的目的。如把蔬菜装入纸箱中，在一天内箱内相对湿度就可保持在 95％或接近于 100％。适当采用聚乙烯薄膜袋或隔水纸箱（即在纸板上涂有石蜡树脂等保水剂）等包装运输就能取得较好效果。这是因为大部分种类的蔬菜由于含水量较高当它与所在包装内环境空气的相对湿度达到平衡时可保持 97％的缘故。

（四）气体成分

蔬菜因自身的呼吸作用，在包装容器内会产生二氧化碳、乙烯等气体，同时氧气含量也会下降。当二氧化碳含量高于氧气含量时，会对蔬菜产生不良影响。如未熟番茄出现褐斑、蒜薹色发灰变软。这些现象被称为二氧化碳中毒。乙烯则可促使蔬菜衰老，当它积聚到一定浓度时，也会导致叶片脱落、果实变软，从而失去耐贮运性能。所以运输时，如果采用密封性强的薄膜袋时，需适当留通气孔；对箱、筐等包装容器要码成"通风垛"，以便随时排出有害气体。

（五）包装

包装可以保护商品、提高商品价值，也便于运输和销售。运输时所用的包装物要根据蔬菜种类、运输条件而定。对柔嫩质软的蔬菜要选用支撑力强的筐类或能防潮的纸箱；如是果菜类应在包装容器内适当加衬填充物，以减少振动；对应变能力较强并具有较厚保护组织的马铃薯、芥菜头、洋葱等可采用麻袋、编织袋。总之包装要以保护性能好、方便装卸、提高运载量和降低成本为基本原则。

（六）码放与装卸

蔬菜产品装车码放方法当否，对运输产品质量的优劣关系很大。要求堆码稳固，以免碰撞损伤。货件与货件之间，货件与车壁、车底板之间均需留有空隙，以利通风。在确保码放质量的前提下，要充分利用空间，提高运率。根据包装容器和商品特性可分别采取"品"字形、"井"字形等码放形式，效果较好。装卸方法：人工装卸要注意货件重量不宜过重，体积不能过大，应适合人力作业；整齐规范的包装容器可采用铲车托盘装卸；散装商品往往使用传送带装卸。随着交通运输业的迅速发展，集装箱机械化装卸已逐渐进入蔬菜运输领域。不论哪种方法，都必须轻装轻卸，才能保护商品少受损伤。

二、运输方式的选择和应用

蔬菜运输方式需根据蔬菜种类品种的特性而定。一般选择有利于保护商品、运输效率高且成本低廉，而又受季节、环境变化影响小的运输方式。目前我国铁路、公路、水路、空运等各种运输方式均已被广泛采用，它们优势互补，已逐渐形成较完整的运输网络，这为全国性的蔬菜流通开创了前所未有的优越条件。

（一）运输方式

1. 铁路运输　它运载量大，成本低，受季节变化影响小，虽中间环节多，灵活性、适应性差，但仍然是目前蔬菜运输的主要方式。适用于大宗蔬菜的中、长距离运输。关于铁路运输路线详见附图 3：我国商品蔬菜铁路运输路线图。

2. 公路运输　它成本较高、运载量小；路面不平时振动大，产品易受损伤，但具有较强的灵活性和适应性；它无须换包装即可直送销地，甚至可实现"门对门"地运输；还可深入到非铁路沿线的偏远城镇或工矿企业。这是其他运输方式所不能替代的。随着国道的不断扩建、新建以及"绿色通道"的确立，公路中短途及长途运输日趋发展。关于公路汽车运输路线详见附图4：我国商品蔬菜公路运输路线图。

3. 水路（包括内陆和海上）运输　它成本低、较平稳、运载量大，但水运连续性差、速度慢，联运中要中转、装卸，也会增加货损。故而它只适用于近距离运输以及耐贮运蔬菜或蔬菜加工制品的远距离运输。

4. 航空运输　它速度快、保质好、受损小，但运费高、运量少。空运特别适于新鲜柔嫩、易受机械伤害而变质的高档次蔬菜，如石刁柏、鲜食用菌和结球生菜等，有时也为特需供应作特运。关于空运、水运的运输路线详见附图5：我国商品蔬菜空运、水运路线图。

5. 集装箱运输　它可实现整件吊装，不仅会极大地提高装卸效率，更重要的是便于不同运输方式之间的联运，大有潜在的发展前景。

（二）运输工具

因地制宜地选择蔬菜运输工具是实现经济、高效的关键。如在江河、湖泊沿岸或沿海地区，可采用水路运输。短途调运销售一般选择木船、小艇、拖驳船等。鉴于在自然环境的常温条件下运输，产品质量下降快，要求快运快销。远途运输需采用大型船舶或远洋货轮等，但装货船舱应有保温或控温设施，以保持在适宜的温湿度条件下运输。我国目前主要以公路、铁路运输为主。

公路运输：短途运输工具可选择用人力或畜力拖车和拖拉机。中长途运输应选用汽车，有普通货运大卡车和冷藏汽车。长途调运不仅需要包装还要合理装码。如用普通卡车则要有防冷防热的措施，最理想的是选用冷藏汽车。应先预冷，散去田间热和部分呼吸热；装车后要调控到适宜的温度并保持其稳定。只有全面实施蔬菜保鲜运输方案，才能达到最佳的贮运效果。

铁路运输：蔬菜铁路运输具有悠久历史，运输工具很多，下面重点推荐几种铁路运输工具：

1. 普通棚车 它是一种常温运输工具，车厢内无温湿度调控装置，因受自然气候影响大，仅能靠自然通风（或夹放冰块降温），加盖草帘或棉被保温。虽然运费低廉，但品质下降快，损耗大。南菜北运在南热北凉的季节开展，损耗可高达40%～60%。所以只能用于对温度要求不严格的蔬菜。

2. 冷藏车 车体气密性较好或设有保温层，它能隔热并有冷却装置，可实现控温运输。但费用较高。它可分为加冰冷藏车和机械制冷冷藏车两种，前者费用低于后者。

（1）加冰冷藏车 又称冰保车，在车体内设有保温隔热层，顶部装有储冰箱。运货时可加入冰或加冰盐混合物，用以降低车厢内温度。在铁路沿线需设加冰点。此法有一定降温效果，但不易控制其最适温度，而且局部温差大，重心偏上，不宜高速运行。

（2）机械冷藏车 又称机保车，属控温运输设施。车体隔热，密封性能好，并安装了机械制冷设备。具有与冷库相同的效应。它能调控适宜的贮运条件，可收到保持品质、减少损耗的效果，是理想的铁路运输工具。

3. 隔热通风车 属保温运输设施。车体四周有很好的隔热装置，但无制冷和调控温湿度的设备，只有可控制的通风孔。良好的隔热性能可以减少车内外的热交换，使车内温度波动不大、呼吸代谢相对稳定。通过调节通风孔可使运输温度的波动不超过允许范围。如夏季运前预冷，冬季利用呼吸热保温，并辅以适当通风，便能维持适宜环境。这种车辆的造价低、能耗少、管理简便，适合快速、中距离运输，并可取得很好的经济效益。现在发达国家已广泛应用，我国也已试用并取得较好的运效。

4.冷藏集装箱　它是在集装箱的基础上增加隔热层以及制冷和加温设备而成的。可随时调控箱内适宜的温、湿度条件，借以保持其鲜嫩品质。它省力、省时，还可与汽车联运，方便快捷。是新世纪发展的方向。

三、包装方式的选择和应用

选择适当的材料包装，既可以保护产品，还能便于贮藏、运输和销售。

（一）包装方式

包装分大包装和小包装两种，也称外包装和内包装。以单个或小计量包装称为小包装。以若干个小包装组成为一大件或计量在十几千克以上的包装件称为大包装，又称复合包装。大包装便于搬运、装卸和码放。用于运输和贮藏的又称贮运包装。小包装不仅携带方便，还有利于延长货架期，方便消费选购，多用于批发、零售，所以又称销售包装。

（二）包装容器的规格要求及应用

1.贮运包装　运输、贮藏所需的大包装容器应具有以下特点：机械强度和防潮性能较好，以免蔬菜商品受潮或变形；通透性好，有利于通风散热并排除有害气体；内壁光滑，无异味、无有害的化学物质，不影响保鲜、保质；体轻、成本低、原材料来源丰富；容易回收处理等。包装物的种类很多，常用的有：

（1）包装筐

①荆条筐　取材方便，成本低，不怕受潮，通透性好。缺点是易扎伤产品和变形，不好码放。

②竹筐　具有荆条筐的特点，现多数已由圆锥形改为长方形，配有盖子，便于码放，提高了装载容量。其尺寸大小随蔬菜种类不同而异，大竹筐长、宽、高一般为 60 厘米×48 厘米×42 厘米，适合体轻的甜椒、辣椒等；小型的 50 厘米×40 厘米×25～30 厘米，可用于包装番茄等蔬菜。

③泡沫塑料筐　加盖后具有很好的隔热性能，只要适当作预冷等处理，在一定的运程中筐内能保持较稳定的适宜温度条件。它体轻，装卸方便。大型的长、宽、高为 60 厘米×42 厘米×32 厘米，冬季南菜北运时可用以包装鲜嫩的荷兰豆、绿菜花、结球莴苣等优质细小品种；小型的为 48 厘米×32 厘米×17 厘米，适于装运新鲜蘑菇等食用菌。1998 年冬福建莆田运鲜蘑，采收时气温为 15℃，预冷至 0℃，装筐量每筐 7.5 千克，60 小时后到达北京，筐内蘑菇新鲜白嫩如初。

④塑料筐　有较强的支撑能力，使用期长，又便于清洗消毒。但回空运输体积较大，近年来北京、上海、南京等地已改制成插叠式塑料周转筐，筐口有插槽，运输码放稳定安全，回空可套叠，克服了回空运率低的缺陷。适用于装运瓜、果、豆类蔬菜。

（2）包装箱

①木箱　有木板箱、木条箱、胶合板箱等，除具有塑料筐的特点外，还有吸潮且不易变形的优点，但材料来源困难，成本高，已呈现渐减的态势。

②纸箱　瓦楞纸箱，是用硬纸板或瓦楞纸粘合而成的，强度比普通纸箱大，箱壁上留孔通风，外形整齐，便于码放。如再涂抹蜡或树脂等可增强防潮性能，减少变形。可折叠回空，有再次使用的功能。在箱内如能填充一些适当的软物质，柔嫩

的蔬菜也可装箱运输、贮藏，是理想的包装容器。

(3) 包装袋　草袋、麻袋、编织袋、网眼袋和塑料薄膜袋都属软质包装物。材料来源丰富，成本较低，便于回空重复使用。目前在贮、运中普遍使用。主要是包装质地较坚硬、耐压性能良好的蔬菜如马铃薯、洋葱、蒜薹、豆角、萝卜、胡萝卜和结球甘蓝等。

2. 销售包装　它是以销售为主要目的一种内包装又称小包装；可以和蔬菜商品一起到达消费者的手中。这种包装可使蔬菜成为"包装件"，便于定量、计价和选购，所以可以适应超级市场陈列出售的要求，有的还可以延长货架期。常见的蔬菜销售包装有以下几种方式：

(1) 铭带包装　它是利用纸、塑料或其他复合材料制成的带状或条状包装材料。它的作用是可把一些蔬菜按照一定的规格和数量捆扎或固定在一起，如把三条黄瓜或 500 克菠菜用塑料胶条（即铭带）收缩包装捆在一起，在铭带上还可标明品牌、产地、产品的标识。

(2) 塑料袋包装　其材质采用无毒的各种塑料薄膜，选材需考虑适应商业需要外，更要注意通透性。否则会因袋内湿度过高而使商品霉变；或因二氧化碳积累过多而引起生理伤害。要根据蔬菜商品的特点分别选用透明薄膜或带孔的塑料袋包装。包装上还应标明品名、重量和日期等要素。

(3) 泡罩包装　它是把蔬菜商品封合在泡罩内的包装方法，泡罩由透明薄片拉伸而成，薄片通常采用氯乙烯聚合物 PVC 塑料薄膜，泡罩固定在平面底板或托盘上，底板或托盘可用纸或泡沫塑料制成。

(4) 贴体包装　这是一种真空包装，先把蔬菜放在底板上，上面覆盖加热软化的透明塑料薄膜，并把薄膜热封在底板上，然后通过底板抽成真空，使薄膜紧紧地包贴蔬菜。

（5）气调包装　这是一种可以调节气体成分的包装方法。详见第二章蔬菜贮藏的基本原理和基本方法的相关部分。

（6）冷藏包装　用于速冻蔬菜的包装方式，详见第四章蔬菜加工的原理和方法。

（三）商品包装的注意事项

不论是使用大包装还是小包装，包装前均需整修。要选择新鲜清洁、无机械伤、无病虫害，并符合各种蔬菜自有性状特征的蔬菜商品，参照国家或地区的有关质量标准，分级包装。包装应在冷凉环境下进行。贮运包装在容器内应有一定的排列形式，严防滚动、相互碰撞或挤压；既要注意通风，又能充分利用容器的空间。对不耐挤压的蔬菜应有支撑物或衬垫物。

四、冷链技术的应用

蔬菜采后受诸多自然因素的影响会使其失鲜、失水，品质下降，其中以不适宜的温度条件为最甚。科学地采取适宜低温是保持蔬菜新鲜品质的重要技术措施。现代科学应用冷链技术，使蔬菜从采收到消费的全过程均处于适宜低温条件下运行，形成保鲜流通体系。即蔬菜在产地及时预冷，低温下进行采后处理，产地及销地冷藏，在低温下运输，直到消费者的家用冰箱，将各低温环节联接起来就形成所谓"冷链"。冷链模式参见图15。冷链技术在蔬菜运输中是极其关键的环节，也可称"冷链运输"。目前在铁路或公路部门常作示范运行，运贮效果很好。山东省寿光市是我国蔬菜生产、批发、销售的重要基地，每年都有大量蔬菜运销全国各地。如秋季生产的芦笋，主要销往南方各地。一般公路运输方便快捷。将采收的芦笋整修、分级、使用筐或防潮纸箱包装后预冷至 0～2℃，用冷藏汽车调控到适温运输。从寿光市沿一般公路西行到博兴以南跨上 205 国道南下直达广州。到达广州后可送往批发冷藏或直送商店的冷柜出售，实现"门对门"的运送。消费者选购后还可利用冰箱短存。这就能使产品在从产到销（含消费）全过程中始终处于适宜的低温环境中。它能有效地抑制产品采后各种生理活动和病原微生物的活动，从而保持其品质和新鲜度。所以它是鲜活易腐蔬菜商品理想的保鲜流通体系。

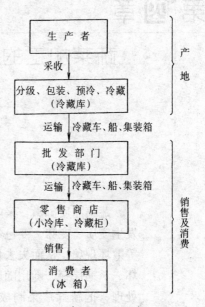

图 15　蔬菜冷链流通体系模式图

第四章

蔬菜加工的原理和方法

　　蔬菜品质鲜嫩，采收以后，在自然条件下极易发生变质、变味、变色、生霉、腐烂、软化、发酵等败坏现象，从而失去食用价值。为使蔬菜经久不坏、长期保存、随用随取，可以通过各种加工工艺处理，把新鲜蔬菜制成新的产品，这就是蔬菜加工。在加工过程中，要尽可能最大限度地保存蔬菜的营养成分，改进食用价值，使加工制品具有更高的商品化水平。

一、蔬菜食品败坏的原因与控制

　　促使蔬菜及其制品败坏的原因很复杂，它是生物的、物理的或化学的等多种因素作用的结果。

（一）关于生物因素

　　在生物因素中，以微生物的作用为主导。微生物包括细菌、酵母菌、霉菌、放线菌和病毒。它们种类多、个体小、生长繁殖快、代谢能力强、分布极广。可以存在于空气、水和土壤中；附着在蔬菜、加工用品、容器上。微生物分有益微生物和有害微生物。有害微生物的活动是蔬菜及加工制品败坏的重要原因，所以在加工过程中必须严格控制每个工序，防止有害微生物对蔬菜和制品的危害；同时要利用某些有益微生物来抑制有害微生物的活动。

1. 微生物的种类

（1）细菌　细菌可以通过蔬菜的气孔、皮孔，或通过机械伤口和加工过程中的切分等损伤处侵入体内及制品中；可以在细胞内形成休眠体，能忍受极恶劣环境，如能遇到适宜的环境就可生长、繁殖。细菌主要通过自身分泌的酶使蔬菜细胞死亡和组织解体，从而造成软腐。

（2）酵母菌　酵母菌大多以出芽方式繁殖，如遇恶劣条件，会产生孢子，维持生命；条件适宜又开始生长、繁殖。酵母菌中有可被人们利用的，如发酵用酵母菌；也有有害的，主要寄生在腐烂的食品中。

（3）霉菌　霉菌属真菌，它分布很广。霉菌呈管状细胞，肉眼可见的丝状物为菌丝，菌丝分枝生长交错在一起为菌丝体，以孢子进行繁殖。霉菌主要引起腐烂，有的还会产生毒素，引起人的内脏病变，甚至会引起癌变。

（4）放线菌　放线菌为单细胞生物，呈丝状，菌落为放射状，以孢子繁殖。

（5）病毒　病毒是比细菌还小的非细胞结构的生物，它本身没有代谢活动，只能在特定蔬菜或植物的细胞中繁殖，使细胞造成破坏。

2. 控制微生物活动的措施　微生物的活动受诸多因素的影响。我们可以采取措施，借以控制微生物的活动。首先是控制温度，如在水的沸点温度下可以杀死它；其次，微生物进行生命活动需要水，在干燥环境下就会使它停止生命活动；又次，有的微生物是好气的，也有嫌气的，如创造一个高二氧化碳、低氧或真空的条件，就会使微生物的活动受到抑制或破坏。再次，微生物对酸碱度有一定的适应范围（pH5～9），使环境酸碱度超出其适应范围，如 pH 为 4 时，就可以抑制它的活动。另外，阳光、射线、表面活性物质（如肥皂等）对微生物也有致死作用。

（二）关于物理因素

阳光、温度、湿度、机械损伤等物理因素会引起蔬菜及其制品的败坏。阳光直接照射加工制品，会引起水解、变色或变味。温度过高，有利于有害微生物的繁殖，并能促使制品的成分、重量、体积、外观的不良改变；温度过低，也会使加工制品败坏，如混浊液果汁不能保持悬浮状态而沉淀，又如罐头制品则会发生冻结以至破裂。空气湿度过大，会引起干制品、糖渍品吸潮回软、发霉。机械伤害会使蔬菜及其制品引起腐烂、变质。当然也可以利用各种物理因素控制微生物的活动，防止蔬菜及其制品的败坏。

（三）关于化学因素

化学因素引起的败坏表现是变色、变味、软烂而造成营养物质的损失。发生的原因与蔬菜及制品的物质组成和所处的环境有密切关系。如蔬菜及其制品中含有酶（生物的催化剂），能促进一些物质氧化，也会造成营养成分的消耗、组织软化及变色。变色一般为变褐，称为酶促褐变。此外，蔬菜及其制品与空气接触，维生素等物质氧化，也发生褐变；糖类加热超过熔点以后，还会发生焦糖化褐变。后几类属于非酶促褐变。

如何控制化学因素的败坏作用呢？属于酶促褐变的，可采用热处理法、酸处理法、二氧化硫及亚硫酸盐处理法；或在加工过程中采用驱除和隔离氧气等措施，使酶失去生理活性，从而抑制褐变。属于非酶促褐变的，可以采用降温、亚硫酸处理、改变酸碱度、选择甜味剂、适量增加钙盐以及降低制品浓度（如蔬菜汁）等方法，抑制褐变的发生。

二、蔬菜加工方式的分类

根据引起蔬菜及其制品败坏的原因和抑制方法，可把加工方式分为四类：

（一）抑制微生物活动的加工与保藏方式

1. 速冻 速冻的特点是用快速冷冻的方法，使食品保持在低温状态下，从而抑制了酶的活性、微生物的活动和其他生理活动，最终使制品能长期保存而不败坏；同时，使制品能保持原有的风味和营养价值。

2. 干制 干制的特点是通过减少蔬菜中大量水分，提高可溶性物质浓度，使微生物无法侵入或利用。在低水分情况下，酶的活性也受到抑制。

3. 腌制和糖制 腌制和糖制的特点是利用一定浓度的盐和糖，提高制品的渗透压（渗透压是溶液对细胞壁的压力），微生物侵入后不但不能从制品中吸收水分，反而会失水，造成微生物细胞壁与细胞质分离而被抑制或死亡。

（二）利用发酵原理的加工和保藏方式

发酵就是在缺氧条件下，糖类物质分解的代谢过程。可以利用有益微生物产生的代谢产物，对有害微生物有毒害作用，从而达到抑制有害微生物活动的目的。最常利用的有酒精发酵、乳酸发酵和醋酸发酵等，分别产生酒精、乳酸和醋酸。

（三）运用无菌原理的加工和保藏方式

通过热处理、微波、辐射和过滤等工艺手段，将制品中的腐败菌消灭或减少到能使食品长期保藏的最低限度，最终使制品长期保藏。

（四）运用化学手段的加工和保藏方式

化学加工和保藏方式是使用化学药品来提高贮藏性能并尽量保持原有品质的一种措施。使用的化学药品有防腐剂和抗氧化剂等。主要是利用这些化学药品具有抑制、杀灭有害微生物以及降低食品中氧气含量和破坏酶的活性等作用，从而防止蔬菜制品的败坏。

使用防腐剂和抗氧化剂时，必须选用高效、实用、安全、无毒（或低毒）的制品；还必须注意残留量应当符合国家有关标准的要求。常使用的药品有苯甲酸钠、亚硫酸、山梨酸等，如能使用天然防腐剂和植物杀菌素更好，如大蒜素、芥子油等。

三、蔬菜的干制

（一）干制的基本原理

蔬菜的干制是使蔬菜中的水分含量经自然或人工方法降低至足以防止败坏变质的手段。干制产品也叫脱水菜，一般含水量低于10％。干制是借助热能和高温、低湿的空气，使蔬菜内部的水分顺序地由内向外扩散，再由表面向外蒸发而逐渐完成的。

（二）影响干燥的因素

1. **温度** 在空气相对湿度不变的情况下，温度越高，干燥越快；温度越低，干燥越慢，产品还容易发生褐变或霉变。但也不宜采用过高的温度。特别是干燥初期，高温和低湿的条件容易使产品形成结壳现象。一般蔬菜干制的适宜温度范围是40～90℃。不同品种也有差异，含糖量高的蔬菜宜在较低的温度下干制。

2. **湿度** 在温度不变的情况下，空气相对湿度越低，干燥速度越快。但在干燥初期要维持较高的相对湿度，以防止结壳现象发生；到后期再降低相对湿度。

3. **空气流动速度** 空气流动速度越快，带走的湿气越多，干燥的速度也越快。

4. **蔬菜种类和状态** 蔬菜的种类不同，干燥的速度不同；个体切分的大小不同，干燥的速度也不同；切分得越小，蒸发面积越大，干燥的速度越快。

5. **原料的装载量** 原料在烘盘上的装载量过多或厚度过大，不利于空气流通和原料水分的蒸发，因此原料的装载量也是影响干燥的重要因素。

（三）蔬菜在干燥过程中的变化

1. **体积与重量的变化** 一般蔬菜干制品的体积为鲜品的20%～35%，重量为鲜重的6%～20%。

2. **色泽的变化** 蔬菜在干制过程中或干制品贮藏期间色泽会发生很大变化。一是会发生酶促褐变或非酶促褐变，使颜色变成黄褐色或黑色。所以，生产时多采用热处理等措施，以减少褐变的发生。二是在干制过程中因原料受热，细胞间隙中的空气被排除，会使干制品呈半透明状态。

3. 营养成分变化　蔬菜中除水以外的物质为干物质。干物质中有可溶于水的物质与不溶于水的物质。其中可溶于水的物质叫做可溶性固形物，由可溶性固形物组成的菜汁中包括糖、有机酸、果胶、单宁物质、酶、某些含氮物质、部分色素以及大部分无机盐；不溶于水的物质包括纤维素、半纤维素（原果胶等）、不溶于水的含氮物质、某些色素、脂肪、部分维生素和无机物质以及有机盐类。这些组成蔬菜的固体部分。干燥时，固体部分不发生变化，可溶性固形物会发生变化。如糖在干燥中会造成损失，时间越长损失越多，且随温度升高而增加。当温度过高时还会发生焦化，颜色变深褐或呈黑色，味变苦，品质变劣。又如维生素 C，在烘烤时会降低保存率；维生素 A 在阳光、氧气和高温下会被破坏。在干燥过程中，损失最多的是水分。

（四）干制的工艺要求

1. 原料选择　不是所有的蔬菜都适宜干制，应选择那些干物质含量高、纤维素含量低、风味好、色泽好、组织致密的蔬菜进行干制。

2. 预处理　包括洗涤、去皮、切分。先用 0.5%～1.5% 浓度的盐酸或 0.1% 浓度的高锰酸钾溶液、万分之六的漂白粉在常温下浸泡 5～6 分钟，再用清水洗涤，以除去残留农药。洗涤要用流动水或使蔬菜振动摩擦，提高洗涤效果。去皮可用人工、机械、热力、碱液等方法。除去皮、瓤和种子后，再切分。

3. 热烫　热烫除可破坏或抑制酶活性、杀死或抑制微生物活动外，还有以下作用：促使蔬菜体内水分蒸发，加快干燥速度；促使组织柔软，不易破碎；保色，可使含叶绿素的蔬菜变成半透明状的美观成品；此外，还可去除原料表面的黏性物质及苦味，还可杀死原料表面的虫卵。

4.升温烘烤 不同种类蔬菜采用不同的升温方式：有的采用前期低温、中期高温、后期低温的方式；有的前期急剧升温，维持 70℃，再根据情况采用逐步降温的方式；还有的采用干燥过程维持 55~60℃ 的恒定升温方式。

5.通风排湿 采用人工干燥的烘房，室内空气相对湿度经常超过 70%，要适当进行通风排湿，以提高干燥速度和质量。一般每次排风 10~15 分钟。

6.倒盘 在干燥过程中，为保证原料受热均匀、干燥程度一致，烘盘或晒盘的码放位置要经常倒动。

7.包装 包装前要进行匀湿回软，目的是使制品各部位的含水量均匀，质地柔软。回软的方法是：干燥后的产品先剔除过湿、过大、过小、结块和细屑。冷却后包装最好在密闭的容器中进行。回软时间 1~3 天。必须在 2~3 周内完成回软工序。

干制品易遭受病虫的侵染，特别是自然干制的产品。防治方法有低温杀虫（在低于 -15℃ 温度下）；热蒸汽处理（2~4 分钟）的热力杀菌；或氯化苦熏蒸（每立方米用药 17 克，熏蒸 24 小时）的药剂杀菌。

回软、杀灭病虫以后，进行包装。为便于包装，还需进行压块。压块时必须同时使用水、热和压力，才能有好的效果。所以在大规模生产时，从干燥机中取出后，不经回软，立即趁热压块。一般压力为每平方厘米 70 千克。压块后体积缩小 3~7 倍。包装容器要求能密封、防虫、防潮。常用的外包装有木箱、纸箱、锡铁罐等；内包装有易拉罐、塑料袋等。用塑料袋的宜采用真空包装。

8.入库贮藏 干制品贮藏温度以 0~5℃ 为宜，不得超过 14℃。适宜的相对湿度应低于 65%。贮藏室应避免阳光照射。

（五）干燥方法与关键设备

1.自然干制　是利用自然条件使蔬菜干制的方法。自然干制有将原料直接在日光下曝晒而干制的晒干或自然干燥，还有在通风室内或荫棚下干燥的阴干或晾干。

自然干燥的主要设备有晾晒场地、晾晒工具（晒盘、席箔等）；运输工具及必备的工作室、贮藏室、包装室等。晒盘为木制或竹制，底部要有缝隙，缝隙以不漏制品为宜。规格：长90～100厘米、宽60～80厘米、高3～4厘米。

2.人工干制　采用烘房或干制机械进行蔬菜干制的叫做人工干制。人工干制不受地区、季节和气候的影响，可大大缩短干制时间，并有效地提高产品质量。但设备及安装费用较大，技术较复杂，成本高。人工干制的主体设备有以下几种：

（1）烘房　是烘烤法干制的主要设备。利用热空气对流进行干制。主要由烘烤房主体、升温设备、通风排湿设备和装载设备组成。烘房主体一般长6米、宽4米、高度与民房相近；升温设备由炉灶和土坯、砖或瓦管制成的单层或多层烟道及烟筒组成；通风排湿设备由烘房四周两侧墙基开设的进气窗和房顶开设的4～6个、口径面积为30平方厘米的排气筒组成；装载设备为烘烤架，层与层间距8～15厘米，架与架之间留有走道，便于操作、运输。

（2）隧道式干燥机　这种干燥机干燥部分为狭长隧道，原料铺在运输设备如小车、传送带或烘架上，它可间歇地或连续地从隧道通过，来实现干燥。隧道式干燥机分单隧道式、双隧道式及分层隧道式等；安装原料的载车和热空气运行的方向分逆流式、顺流式和混合式三种。其中顺流式干燥机适于含水多的蔬菜干制。该机的开始温度为80～85℃，终了温度为55～60℃；混合式干燥机原料首先进入顺流隧道，而且2/3在顺流隧道中完成，1/3 在逆流隧道中完成，具有连续性生产、温湿度易控制、生产效率高、产品质量好的特点。隧道式干燥机参见图 16。

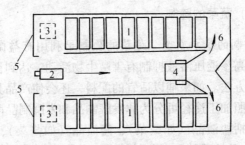

图 16 隧道式干燥机示意图（双隧道）

1. 载车 2. 加热器 3. 空气出入口 4. 电扇 5. 原料进口 6. 干制品出口

（3）喷雾式干燥机 是用于制造蔬菜粉的干燥设备。原料经仔细清洗、漂烫、均质、加填充剂（玉米或马铃薯淀粉）、预热（低于 75℃）、喷雾干燥后，制成蔬菜粉。但极易结团，包装前必须降温。喷雾式干燥机参见图 17。

（4）冷冻升华干燥机 又称冷冻干燥或升华干燥。可使蔬菜在冰点以下冻结；然后在较高真空度下使冰升华为蒸汽，排除后达到干燥目的。这种干燥方法挥发物质损失少，表面不硬化，蛋白质不易变性，体积不过分收缩，能较好地保持原有的色、香、味和营养成分，但成本较高。

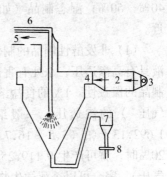

图 17 喷雾式干燥机示意图
（主要部分）

1. 干燥间 2. 加热器 3. 电扇
4. 干空气 5. 湿空气 6. 进料管
7. 收集器 8. 过筛

四、蔬菜的腌制和糖制

（一）蔬菜的腌制

1．腌制的基本原理　蔬菜的腌制是利用有益微生物的活动，以及高渗透压溶液抑制有害微生物活动，达到长期贮藏目的的加工方法。如果辅以适宜的配料，还会使产品具有独特的品质。按照加工途径可分为非发酵制品和发酵制品两类。非发酵制品包括盐渍品（如咸菜）、酱渍品（如酱菜）、酒糟渍品（如糟菜）及糖醋渍品（如糖醋蒜）等四种；发酵制品分半干态和湿态两种制品。半干态制品（如榨菜、冬菜）含水量约占40%～50%；湿态制品（如泡菜、酸白菜）含水量与鲜品相近。

（1）非发酵性制品的制作原理　非发酵制品是利用食盐溶液具有高渗透压，杀死有害微生物或抑制其活动，从而提高腌制品的保藏性。1%的食盐溶液可产生618.08千帕（6.1个大气压*）的渗透压，一般细菌细胞的渗透压只有354.64～1 692.13千帕（3.5～16.7个大气压），食盐浓度为15%～20%时，就可产生9 119.25～10 132.50千帕（90～100个大气压），完全可以杀死微生物。食盐浓度达到10%时，各种腐败杆菌完全停止活动；达到15%时，会使腐败球菌停止发育。另外，食盐溶液中的钠、钾、钙、镁等离子的浓度较高时，也会对微生物产生生理毒害。

酱菜在酱渍过程中，不但借助食盐起到防腐保藏作用，还借助吸附作用而呈现出不同的颜色。

---

　*　大气压为非法定计量单位，1个大气压＝1.013 25×10⁵帕。

（2）发酵性制品的制作原理

①微生物的发酵作用　乳酸细菌利用蔬菜中的葡萄糖、蔗糖等成分发酵，可以产生乳酸。这是发酵制品在腌渍过程中的主导作用。酵母菌也可利用蔬菜中的糖分进行酒精发酵产生酒精（乙醇）。此外，还可以在醋酸菌的作用下，进行醋酸发酵，使酒精变成醋酸，其量虽然很少，但它是制品变酸和腐败的象征，在腌制过程中要加以控制。发酵所产生的乳酸和酒精在酶的作用下，能产生乙酸乙酯，可使制品增添芳香味。

②蛋白质的分解与腌制品鲜味和色泽的形成　蔬菜所含的蛋白质在微生物和酶的作用下，可分解成氨基酸。各种氨基酸都具有一定的鲜味。腌制品鲜味主要来源于谷氨酸与盐作用产生的谷氨酸钠（味精）。氨基酸有 30 多种，每一种腌制品中都含有多种氨基酸，它们与盐作用可产生相应的产物，使之具有不同的鲜味。氨基酸也可与酒精作用产生更具芳香的酯类物质。酯类物质色泽较深，所以腌制品多具黄褐色。氨基酸不同，所产生的酯类的芳香味也不同，因此，腌制品具有多种香味。在蔬菜腌制发酵的后熟期，蛋白质水解产生的酪氨酸在酶的作用下，经过一系列的氧化还可产生黑蛋白。黑蛋白是一种呈深褐色或黑褐色的黑色素，它赋予腌制品以黑色光泽。有些腌制品适当延长后熟期，可以加快黑色素的形成和积累，从而提高腌制品的品质。

2．影响腌制的因素

（1）食盐的浓度　各种微生物对食盐都有一定的忍耐程度。如乳酸菌在食盐浓度为 3％时，只有轻微的影响，超过3％就会有明显的抑制作用，达到 10％时，乳酸菌发酵作用会大大减弱。由此可知，在制作发酵性制品时，食盐浓度愈高，乳酸发酵开始时间愈晚，完成发酵的时间反而加长。所以应当采取分批加盐的方法，在腌制初期食盐浓度较低，使乳酸菌活动旺盛，乳酸产生的量多，既可抑制有害微生物的活动，又利于维生素 C 的保存。这样，不但缩短了腌制时间，还会提高腌制效果。

（2）酸度　pH 在 4.5 以下能抑制有害微生物的活动，也有利于维生素 C 的稳定。

（3）温度　不同类型的发酵过程有不同的适宜温度，温度适宜就可缩短发酵过程。过高会导致杂菌繁殖。如乳酸发酵适宜温度为 30～36℃。

（4）气体成分　乳酸菌在嫌气（绝氧）条件下能正常发酵，而有害微生物如酵母菌、霉菌均为好气性，在嫌气条件下进行腌制，就可抑制有害微生物的活动。在腌制过程中，酒精发酵和蔬菜呼吸都会产生大量二氧化碳，其中一部分可溶于腌渍液中，对抑制霉菌的活动和减少维生素 C 的消耗都有良好的作用。

（5）原料的成分与状态　糖分是发酵的物质基础，腌制原料的含糖量应为 1.5%～3%。采取必要的切分、揉搓可适当地破坏其表皮组织及质地，促进可溶性物质外渗，便于加快发酵进程。

（6）辅料　腌制过程中，适当加入一些调味品或香料，既可改进风味，还有不同程度的防腐作用。

3．生产中应注意的几个问题

（1）开发低盐制品　腌制蔬菜离不开食盐。但制品中食盐含量过高会诱发人体高血压等疾病。所以，低盐、增酸、适甜是蔬菜腌制品发展方向，应该着重开发低盐酱菜、乳酸发酵制品等新产品。

（2）保绿和保脆的措施　蔬菜在酸的作用下会失绿而变成黄绿色或灰绿色。在腌制中加入适当的碱性物质，使叶绿素碱化并逐步形成叶绿原素盐，就能呈现出稳定的绿色。一般使用碳酸镁、石灰乳或碳酸钠。

蔬菜腌制品失脆的原因很多：过度成熟或机械伤害、果胶物质分解以及腌制时失水等原因都会导致脆度下降。在腌制过程中适量加入碳酸钙、硫酸钙、氯化钙等保脆剂，促使细胞相互黏结，制品就会保持应有的脆度。最常用的保脆剂是氯化钙，用量为菜重的 $0.05\% \sim 0.1\%$。

（3）亚硝酸胺的产生和控制　亚硝酸胺是一种致癌性很强的化合物。这是由胺类、亚硝酸盐和硝酸盐合成的。各种新鲜的蔬菜都不同程度地存在着硝酸盐和亚硝酸盐。其中以芹菜、菠菜、白菜等叶菜类的硝酸盐含量最多，其次是萝卜、胡萝卜等根菜类以及番茄、黄瓜等果菜类。由于可以提供食用纤维、铁质以及各种维生素，蔬菜自身就减弱了硝酸盐的危害。在腌制过程中，亚硝酸盐含量高于同类的新鲜蔬菜。亚硝酸盐的含量受食盐浓度和腌制时温度的影响：通常食盐浓度为 $5\% \sim 10\%$ 时，会形成较多的亚硝酸盐；腌制温度较低时，亚硝酸盐形成的高峰到来晚，但峰值高，持续时间长，全程含量高。由于亚硝酸盐含量主要集中在高峰持续期内，因此，上市食用时务必避开其高峰时期。

在乳酸发酵过程中，由于不生成胺类，产生亚硝酸盐的可能性就很小，从而阻断了亚硝酸胺形成的可能性。所以，渍酸白菜时，应严格选用新鲜原料，注意保持容器清洁，腌制时切勿反复使用老汤，腌制温度要适中。

（4）有害发酵的产生和抑制　丁酸菌作用下的丁酸发酵所产生的丁酸会影响腌制品的风味；腐败菌会产生恶臭的吲哚和硫化氢影响气味；有害酵母菌会产生白粉状菌层。这些现象不但大量消耗蔬菜的有机物质，降低制品的品质，还会引起败坏。在腌制中为了抑制这些有害微生物活动，必须采取综合措施：对不耐酸、不耐盐的腐败菌，利用高酸度或较高的含盐量来加以抑制；对耐酸又抗盐的好气性霉菌和有害酵母菌利用绝氧方法来抑制；对较不耐酸、较不抗盐而喜欢高温的嫌气性丁酸菌则用较高酸度、较浓盐液以及较低温度的方法加以抑制。

（5）腌制的卫生要求　腌制的原料要洗涤干净；用具要消毒、杀菌；腌制场所保持清洁卫生，尽量减少杂菌污染。所用食盐应纯净，水应呈微碱性，水质硬度一般为 $12°\sim16°$。

4．腌制设备

（1）清洗设备　参见速冻部分。

（2）切菜设备　主要有离心式切菜机、圆台式切菜机、橘型切菜机和大头菜切片机等。

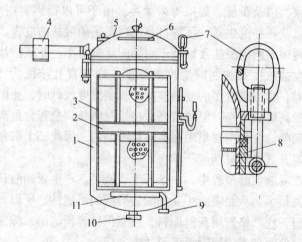

图 18　立式杀菌锅

1.锅体　2.垫板　3.杀菌篮　4.配重块

5.锅盖　6.喷淋管　7.螺栓　8.填料

9.蒸汽管　10.放水阀　11.吹泡管

（3）腌渍设备

①腌菜池　以砖、石或混凝土为筑池材料，里面应贴白瓷砖。池深不宜超过 2 米，四周池面要有一定坡度和良好的排水

管道。

②腌菜缸 以瓦缸为主。少量生产时使用，要有移动方便、管理方便的特点。

③其他工具 包括计量设备、苇席、晒架、木棒、酱耙、箩筐、脱盐用小型压水设备及腌菜池或缸的覆盖设备。

（4）包装及杀菌设备 一般采用真空包装机。杀菌采用蒸汽杀菌锅。参见图18。

（二）蔬菜的糖制

1. 糖制的原理 蔬菜的糖制是利用食糖的高浓度溶液所具有的强大渗透压和抗氧化作用，抑制有害微生物活动和酶活性，进而改善并提高制品品质的加工方法。当蔗糖浓度超过50％就有抑制微生物活动的作用。

糖制品的特性形成和食糖的理化性质有直接关系：

（1）甜度和风味 食糖是糖制品的主要甜味剂，它的甜度影响着制品的甜度和风味。食糖的种类不同，甜度不同；如果与食盐共用，可产生新的特殊风味。如在番茄酱的制作中，就加入少量食盐，使总体风味得到改善。

（2）溶解度和晶析 食糖在水中有一定的溶解度，溶解度随温度的升高而加大。如蔗糖在10℃时为65.6％（相当于糖制品的含糖量），糖制时温度为90℃，溶解度为80.6％。制品贮藏时温度降低，当低于10℃时，就会出现晶析现象（即返砂）。在生产中，为避免产生晶析，常加入部分淀粉糖浆、饴糖或果胶等。

（3）吸湿性和潮解 糖的吸湿性与糖的种类及环境的相对湿度有关。吸湿后表现为潮解和结块，所以制品必须用防潮纸或玻璃纸包裹。

（4）沸点和浓度 糖液的沸点随浓度增加而升高。在生产中，糖制时常常利用沸点估算浓度或固形物含量，进而确定煮制终点。如干态蜜饯出锅时糖液沸点为 104～105℃，制品的可溶性固形物为 62%～66%，含糖量约为 60%

（5）蔗糖的转化　蔗糖在酸和转化酶的作用下，在一定温度下可水解为转化糖（等量的葡萄糖和果糖）。转化的适宜 pH 为 2.5。蔗糖转化为转化糖后，可抑制晶析的形成和增大。在中性或微碱性条件下不易分解，加热产生焦糖。转化糖受碱的影响也会产生棕黑色物质；与氨基酸作用使制品褐变。

2．糖制品的分类及关键工艺

（1）分类　按制品的形态和风味分为蜜饯和果酱两大类。蜜饯类是指蔬菜经整理、硬化等预处理，加糖煮制而成的制品，如果脯、蜜饯等；果酱类包括用菜汁或果肉加糖煮制浓缩呈糊状、冻体或胶态的蔬菜泥、酱、冻或果丹皮等。

（2）关键工艺

①果脯的关键工艺　首先选择适当的原料。预处理包括去皮、心、瓤；制果胚（参见腌制，一般盐用量为原料的14%～18%）；硬化处理（亦可参见腌制部分）；硫处理（在亚硫酸溶液中浸泡或熏蒸）和预煮。糖煮制、浸泡是制作的技术关键。为防止晶析，要先配制好糖液，每100千克蔗糖加酒石酸90～100克（如食糖杂质多要增加用量2～3倍），或加饴糖、淀粉糖浆，把 pH 调至2.5。煮制时，对于含水量少、细胞间隙大、组织疏松的原料采用一次煮制；对于含水量较高、细胞壁较厚、组织结构致密、煮制时易烂的原料采用多次煮制（一般分3～5次进行），并逐次增加浓度，以利于糖分渗入组织内部。每次煮制后，用糖液浸渍。煮制完成后进行干燥，可放在烘盘上晒干或在 50～60℃ 下烘干，即得果脯成品。制品含糖量约为72%，含水量为18%～20%。

②果酱的关键工艺　首先要选择成熟度较高的新鲜原料，

经挑选、洗涤、破碎、预煮软化、打酱、浓缩即得制品。浓缩可采用常压浓缩或真空浓缩。常压浓缩的压力为每平方厘米 2 千克，每 50 千克制品需浓缩 25～30 分钟，终点温度为 105～107℃；真空浓缩的蒸汽压力为每平方厘米 1.5～2.0 千克，锅内真空度为 86.7～90 千帕。其温度初为 50～60℃，至终点后升温至 90～95℃。其中的真空浓缩法因温度低、时间短而利于保持色香味及营养成分。浓缩后趁热装罐，在 90℃ 下杀菌 30 分钟，冷却后即得成品。装罐、杀菌、冷却参见罐藏部分。

3. 糖制品的保藏

（1）糖制品必须用包装 一方面防止吸水而降低保藏性；另一方面要阻隔有害微生物的再次侵染。包装时要避免带入虫卵，防止制品生虫。

（2）糖制品包装前的要求 要熏硫或采用真空包装。在 12～15℃ 和遮光条件下保藏。

4. 设备简介

（1）去皮设备 主要有擦皮机、碱液去皮机、高压蒸汽碱液去皮机以及干法去皮机。擦皮机适于质地较硬的蔬菜去皮，但因去皮后表面不光滑，只能在干制和制果酱、果泥等加工中应用。参见图 19。碱液去皮机广泛应用于马铃薯、胡萝卜和番茄等蔬菜去皮。去皮后用水反复冲洗。高压蒸汽碱液去皮机先将原料上一层碱液薄膜，在密闭条件下，快速用高压蒸汽去皮，效果较好。干法去皮设备耗水大，还易造成环境污染，造价较高。

（2）打浆机 主要用于番茄酱的生产。参见图 20。

（3）搅拌设备

①平桨式搅拌机 用于黏稠性固体和液体物料的搅拌。是常用的搅拌机。

②锚式搅拌机 适用于加热时的搅拌，菜浆浓缩往往采用

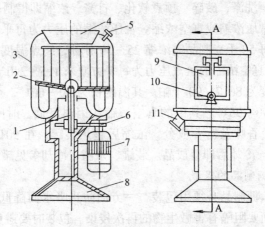

图 19　擦皮机

1.轴　2.旋转圆盘　3.工作圆筒　4.加料斗

5.喷水嘴　6.齿轮　7.电动机　8.底座

9.出料舱　10.把手　11.排污口

这种设备。可加快热交换，防止物料在壁上焦化或结晶。

③行星式搅拌器　有相当高的传热效果。果酱制作、糖液配制时可安装在夹层锅上。参见图21。

（4）浓缩设备

①常压浓缩设备　即带有搅拌器的夹层锅。这种设备浓缩时间长、养分损失较大。

②真空浓缩设备　主

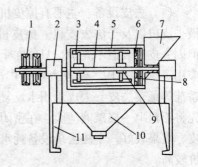

图 20　打浆机

1.传动轮　2.轴承　3.棍棒（刮板）

4.传动轴　5.圆筒筛　6.破碎浆叶

7.进料斗　8.螺旋推进器　9.夹持器

10.出料漏斗　11.机架

要有夹层加热室带单效浓缩设备和双效真空浓缩锅。夹层加热室带搅拌浓缩设备由带搅拌器的夹层锅和真空装置组成，可用于果酱浓缩；双效真空浓缩锅的整个设备由电器仪表控制，效率高，可连续作业，但造价高。

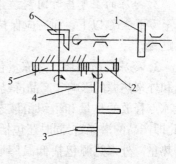

图 21 行星式搅拌器传动系统图

1. 皮带轮 2. 齿轮 3. 桨叶
4. 横杆 5. 固定齿轮 6. 锥齿轮

（5）包装设备 蔬菜果酱分装可用双活塞定量装料机、卧式双活塞装料机或GT7A10装料机。

糖制品如果用软包装，一般选用聚乙烯塑料薄膜作包装材料。可用人工或机械装袋。如配备真空包装机，可防止制品变质，也便于保藏和运输。

五、蔬菜的速冻

（一）速冻的基本原理

1. 蔬菜速冻的定义 所谓速冻就是快速的冻结。蔬菜冻结可把蔬菜中的热能排出，并使水分变成固态的冰晶结构。如果是缓慢冻结，在细胞间隙先出现晶核，形成的数量也少，随着冰冻的进行，冰晶体积不断增长扩大，会造成细胞破裂；解冻后汁液流出，质地变软，风味消失。而速冻则是细胞内外同时形成冰晶，由于产生的冰晶细小、分布广泛，晶核也不会过分增大。因此，不会造成细胞的损坏，解冻后仍能保持原有的色香味和品质。

2. 冷冻的温度与时间　蔬菜速冻要求在短时间内迅速降温至零下 25℃ 以下，而后应保持在零下 18℃ 左右的温度下冻结贮藏。

3. 冷冻量的要求　冷冻量包括排除产品冻结释放出的热量和外来热源的影响。产品冻结释放的热量包括产品由初温降至冰点释放的热量和组织由液态变为固态结冰时释放的热量（此即产品的潜能），同时还包括产品由冰点降到冻藏温度释放的热量。外来热源包括低温库墙壁、地面、库顶和门窗的漏热，制冷设备散热，照明以及操作人员释放的热量。冷冻量的计算是设计的重要参考资料，实际上要在此基础上再增 10% 更为妥当。

（二）主要技术关键

1. 原料选择和冷冻前处理　首先要明确不是所有的蔬菜都可速冻。如需要保持生食风味、质地脆嫩的蔬菜（如叶用莴苣）及速冻后会改变风味的都不宜速冻。我们应选择那些纤维少、蛋白质和淀粉含量高，而且食用前可以或需要煮制的蔬菜进行速冻。适宜速冻的蔬菜种类有豌豆、菜豆、豇豆、番茄、茄子、青椒等果菜；菠菜、芹菜、韭菜、油菜、香菜等叶菜；芦笋、马铃薯、莴笋、冬笋等茎菜；胡萝卜等根菜以及蘑菇、香菇等食用菌。

冷冻前必须对原料进行清洗，除去污物、杂质。个体小的可以直接冷冻，个体大的或外皮坚硬粗糙的要经去皮、切分、整修，制成规格一致的原料后再冷冻。在速冻或贮藏、解冻过程中会出现氧化变色，因此必须进行防变色处理。具体方法是：

（1）去皮切分后可浸入二氧化硫溶液中　如马铃薯片在 0.2%～0.4% 二氧化硫溶液中浸泡 2～5 分钟。

（2）提高酸度，抑制酶活性，防止褐变 一般可加入柠檬酸，用量为 0.1%～0.2% 或 0.5%。

（3）添加抗氧化剂抗坏血酸 用量为 1% 左右。如与酸配合，效果更好。

2. 漂烫和甩水 漂烫可破坏氧化酶活性、稳定色泽、软化组织、杀死部分微生物以及排除原料中的空气，进一步抑制氧化作用。漂烫温度不能低于 90℃，时间 0.5～2 分钟不等。漂烫后立即投入冷水中，使温度降至 10～12℃。冷却后必须充分甩水，冻结后才能保持单体，以免发生结块现象。

3. 快速冻结 甩水后装盘（或筐），送入冷冻设备，在适宜温度下快速冷冻。

4. 包装 包装既可保护冷冻制品不会过多失水，减少氧化变色的机会，又便于运输、销售和食用，还能防止各种污染，保持产品卫生，所以它是贮藏好速冻制品的必要条件。包装物主要有马口铁罐、内衬胶膜纸板盒、玻璃纸以及塑料袋、塑料桶等。包装物以完全密封为最好，同时要求冷冻品冻结后再包装。

（三）贮藏与运输中应注意的问题

1. 保持恒温 蔬菜速冻品应贮藏于零下 18℃ 的环境下，运销时也要保持这个条件。如发生温度波动或解冻现象，就会出现重结晶，冰晶体积加大，造成细胞破裂。

2. 保持高湿 在低湿条件下，速冻制品表面的固态水（冰）会直接变成水蒸气而升华，会造成失水或变色，所以速冻制品切忌散堆，并应使用不透水气的包装。

3. 不宜久藏 蔬菜速冻品在贮藏过程中，仍有化学与营养成分的变化，如维生素、色素、类脂类物质的分解和蛋白质的变性等，所以速冻制品不宜久藏。

（四）冷冻及有关设备

1. 清洗设备　清洗的方法有人工清洗、化学清洗和机械清洗。人工清洗和化学清洗只需必要的水池或水槽即可。机械清洗设备主要有：

（1）鼓风式清洗设备　它是用鼓风机把空气送入清洗槽中，使清洗剂产生剧烈翻动，从而洗去蔬菜表面的污物，所以很适合蔬菜原料的清洗。此类设备主要有洗涤水槽、GT5AI番茄浮洗机和鼓风式清洗机。鼓风式清洗机参见图22。

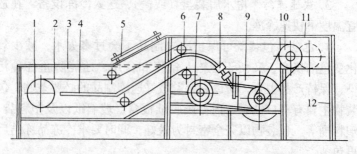

图22　鼓风式清洗机示意图

1. 导向轮　2. 链带　3. 清洗槽　4. 吹泡管　5. 喷淋管　6. 托辊
7. 传动装置　8. 气管　9. 鼓风机　10. 张紧轮　11. 检查台　12. 支架

（2）滚筒式清洗机　它由滚筒、进料斗、出料斗、水槽、喷水装置、传动系统和机架等部分组成，使用时应与带式运输机配套。物料送入滚筒后，由于滚筒转动使物料翻转；喷头喷出高压水冲洗，从而达到清洗目的。

2. 去皮设备　参见糖制部分。

3. 漂烫设备　漂烫又称预煮。漂烫设备有夹层锅、螺旋式连续预煮机和刮板式连续预煮机。

（1）夹层锅（双层锅）　常用夹层锅有固定式、可倾斜式和带搅拌式等。在一些中小型加工厂中，也作为简易浓缩设备。参见图23。

（2）螺旋式连续预煮机　它由进料口、筛筒、螺旋、蒸汽系统、预煮机、出料转斗、斜槽等部分组成。原料在螺旋的推动下，在预煮机中行进，达到预煮目的，最后通过斜槽送入冷却水槽中冷却。

（3）刮板式连续预煮机　它由进料斗、有刮板的链带、钢槽、蒸汽加热系统、卸料斗等部分组成。物料在链带上随之移动完成预煮。

4.甩水设备　一般采用离心机、摇床等。

5.冷冻设备

（1）隧道式连续速冻机　它是空气强制循环式速冻机。由绝热隧道、蒸发器、液压传动、输送轨道和风机组成。每小时可速冻蔬菜1吨。温度达-35℃。可连续操作，节约冷量。参见图24。

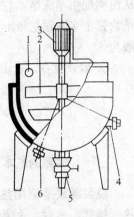

图23　固定式夹层锅

1.不凝性气体排出管

2.框架叶片　3.电动机

4.蒸汽管　5.物料出口

6.冷凝液排出口

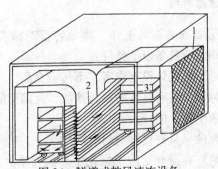

图24　隧道式鼓风速冻设备

1.绝热层　2.制冷剂蒸发管　3.手推车

（2）流化床式速冻器 利用高速冷空气把被冻结物吹起，从而实现快速冻结。它由冻结隧道和多孔输送带组成。把被冻结物置于多孔输送带上，可随输送而冻结。蔬菜的冻结时间一般为 3~5 分钟。

6. 贮藏设备 低温冷库可以作速冻蔬菜的贮藏设备。

六、蔬菜的罐藏

（一）罐藏的基本原理

蔬菜罐藏是应用热力杀菌的一种保藏方法。蔬菜经过加热、排气、密封、杀菌，存贮于不受外界微生物污染的密闭容器中，可以不再引起败坏，从而达到长期保存的目的。在制作过程中，加热可使蔬菜自身所含的酶受到破坏，失去活性，从而保持原有的风味和品质；排气可使罐头内保持半真空状态，防止发生氧化作用，防止好气性细菌在罐内发育，从而保持品质、风味、营养和色泽；密封可阻止外界微生物的侵入，防止再感染；杀菌可杀灭一切引起罐头食品败坏的有害微生物。

（二）罐藏容器

1. 罐藏容器应具备的条件 罐藏容器对罐头食品长期保存起重要作用。应具备以下条件：

（1）无毒 对人体没有毒害，不污染食品。

（2）密封 要具有良好的密封性能，灭菌后能保证与外界空气隔绝，微生物不能侵入。

（3）耐腐蚀 具有良好的耐腐蚀性。

（4）方便 容器要适应机械化生产的要求，规格要一致，容易开启，便于食用。

2. 常用的罐藏容器

(1) 玻璃罐 玻璃罐化学性质稳定，可视性好，可重复使用，价廉；但它有热稳定性差、易破碎、重量大和加工不便等缺点。

(2) 金属罐 金属罐的制作材料有马口铁镀锡制成的镀锡薄板、涂料铁皮、铝及铝合金薄板和镀铬薄板。

(3) 铅罐 它因可安拉环、易开罐又称易拉罐。具有质轻、导热性好、化学性质稳定及富有延展性等特点。

(4) 软包装 软包装可以聚酯、铝箔、尼龙、聚乙烯或聚烯烃为原料，单独或复合制成。它具有密封好、耐高温以及使用方便的特点。随着高温瞬时杀菌和无菌装罐等新技术的普及，软包装罐极有美好前景。

(三) 罐藏工艺

1. 原料选择 原料质量是罐藏制品质量的重要保证。必须选择新鲜丰满、成熟适度和优质的原料。

2. 原料预处理

(1) 分选 剔除不合格的原料，并按个体大小或成熟程度等因素严格分级。

(2) 洗涤 凡喷过农药的蔬菜洗涤前需用浓度为 0.5%～1.0% 的盐酸溶液浸泡数分钟。洗涤用水一般为常温软水。

(3) 去皮与整修 凡表面粗厚坚硬、具有不良风味或加工中容易引起不良后果的都需要去皮。去皮应以除尽外皮和非食用部分为准。去皮方法有手工方法、机械方法、热力方法和化学方法。马铃薯、荸荠、胡萝卜等根茎类蔬菜可用旋皮机或涂有金钢砂的转筒擦皮机去皮；番茄可用热力去皮；外皮有角质或半纤维组织的运用化学去皮，即碱液去皮，可采用火碱、氢氧化钠等，使外皮被腐蚀变薄甚至被溶解。去皮后应立即放在流动水中漂洗，再加 0.3%～0.5% 浓度的柠檬酸或 0.1% 的盐酸借以消除残留碱液，防止褐变。

整修后需按工艺要求进行必要的切分，去掉核或瓤及种子。

3. 热烫及漂洗　热烫温度一般不低于 90℃，时间为 2～5 分钟。热烫后应尽快漂洗冷却，以保持脆嫩并能免除余热对营养的破坏。

4. 抽空处理　把原料放在抽空锅内进行，抽出蔬菜体内的空气，再被糖水或盐水所取代。抽空真空度为 66.7～80 千帕（500～600 毫米汞柱），时间为 5～6 分钟。

5. 装罐

（1）空罐准备　装罐前必须先准备好完好、干净的空罐或其他容器。空罐要清洗、消毒，以消除微生物、污物及油脂。金属罐要用 20℃ 的漂白粉水（含氯万分之一）浸泡 30 分钟，也可用氢氧化钠去除油污。内壁要用重铬酸钠使之钝化。玻璃罐刷洗干净后，再用清水或高压水喷洗数次，倒置沥水备用。

（2）罐液的配制　蔬菜罐头多用盐水制成罐液，所用食盐纯度要高，氯化钠含量不应低于 99%。不允许有微量重金属和杂质，否则会引起变质或变味。一般蔬菜罐头用盐水浓度为 1%～4%。罐头用水必须用不含铁、硫化合物的软水。在盐液中可加入少量酸或其他配料，以改进风味和提高杀菌效果。

（3）装罐　内装蔬菜要求成熟度、色泽、大小等品质均匀一致。为保证标准重量，一般考虑本身的缩减应多装 10%。装罐时必须保证内容物和汁液与顶盖有一定空隙称顶隙，一般为 6.35～9.60 毫米。装罐时要严格掌握不能混入杂物，同时要求趁热装罐（80℃）。

6. 排气　排气是指罐头密封前或密封时将罐内空气排除。它可使罐内达到适宜的真空度。借以防止由于加热杀菌引起内容物膨胀导致容器变形而影响密封性能以及防止玻璃罐的跳盖；减轻罐内食品色香味的不良变化和营养损失；阻止好气性微生物的生长繁殖；还可起减轻马口铁罐内壁的腐蚀。它是维护罐头密封性能和延长寿命的重要措施。

在排气前要进行预封。预封以罐盖能沿罐身自由回旋而不脱开为度，以保证排气时气体可以从罐内自由逸出。

排气方法有热力排气和真空排气。热力排气分热装排气和加热排气。热装排气即趁热装罐后立即密封。它适用于高酸度流体制品和高糖食品，如番茄汁、番茄酱等；加热排气是预封后在热水或蒸汽加热的排气箱内排气。排气时要注意温度和时间。一般要求罐内中心温度达到 70～90℃。测定方法见示意图 25。传热慢的如整装的笋类，除趁热装外，

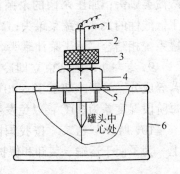

图 25 罐头中心温度测定示意图
1. 热电偶导线 2. 热电偶保护套管
3. 压紧螺母 4. 热电偶插座螺母
5. 橡皮垫圈 6. 罐头

还需加入沸水再排气；整装番茄、整装花椰菜等品种，要加入 90℃以上的汤汁，还应注意延长加热排气时间，排气后立即密封。真空排气是在真空环境中进行排气密封的方法。用真空封罐机进行，排气时间很短。但原料和罐液必须事先脱气。软包装罐头采用低温长时间排气方法，密封温度为 60～75℃。排气后罐内真空度应掌握在 40～66.7 千帕（300～500 毫米汞柱）。

7. 密封　密封是罐藏制品的关键工序。只有严格密封，才能把有害微生物挡在罐外，从而保证制品的长期保存。

8. 杀菌　杀菌的目的：一方面可杀灭或抑制罐内的微生

物，使罐头在适宜的贮藏环境下长期保存不发生败坏变质；还可杀死致病菌，以免发生食物中毒现象。在杀菌同时，还起到烹煮作用，既增进制品风味，又使罐头变成熟食。为了最大限度地保存营养成分，应尽可能地减低杀菌的温度和时间。

杀菌的方法有三种：常压杀菌（又称巴氏杀菌）、加压杀菌和高温瞬时杀菌。常压杀菌一般用沸水或蒸汽加热，适用于酸渍类罐头；加压杀菌的杀菌温度控制在 115～120℃，适用于低酸性的大部分蔬菜罐头；高温瞬时杀菌要与密闭的无菌装罐系统相结合，适于菜汁罐头。

9. 冷却　杀菌结束立即冷却，以免余热影响产品品质和营养成分。一般冷却至 38～40℃。玻璃罐罐头要分阶段冷却，每阶段温度差为 20℃，以免发生破裂。

10. 贴标与包装　按我国国标法要求应把标签贴在罐头上。为了便于运输、装卸和保护食品还必须有较好的外包装。

（四）成品的检验与保存

1. 罐头的外观检验

（1）密闭性能检查　将罐头放在 80℃ 水中，保持 1～2 分钟，从有无气泡产生判断密封性能。

（2）底盖状态检查　观察底盖有无凹凸现象和封口状况有无异常。

（3）真空度检查与测定　用特制的金属棒或木锤敲击罐底和罐盖，从声音判断真空度和质量；也可以用特制的真空表和光电技术测定真空度。

2. 保温检查　将罐头放在 25℃ 下，保温 5 昼夜，抽样检查杀菌效果。

3. 感官检验　检查内容物的色泽、风味、杂质等；观察内容物的一致性以及有无异味、机械损伤及病虫害斑点。

4.罐头的败坏检查　罐头的败坏分两种：一是内容物因微生物作用而败坏；二是失去正常状态。对于食品色泽、品质变化不大的可作为次品处理；出现物理性胀罐或胀袋、化学性胀罐或胀袋、酸败以及容器锈蚀穿孔等问题时，罐头便失去了商品价值，应及时报废。

5.罐头贮藏　罐头充分冷却后入库贮藏。贮藏适温为4～10℃。温度过高会加速败坏，温度过低内容物会发生冻结而影响品质和风味。温度不宜剧烈变化。库内要求相对湿度为70%左右。湿度过大会使金属罐外壁生锈。为防止湿度过大，库内应有良好的通风条件。

（五）罐藏加工设备

1.分级设备　分级可人工分级和机械分级。机械分级设备有：

（1）滚筒式分级机　该机工作转速较低，工作时平稳，对物料损伤小，生产效率高，适用于专业厂固定生产。不足之处是占地面积大，滚筒筛面利用率低，滚筒的筛孔容易堵塞。蘑菇可采用此分级设备。参见图26。

（2）振动式分级机其筛体是多层装置，每层可根据物料规格调剂孔径，自上而下按级缩小孔径，各层物料进入各自的收集斗中。此机适用于一般蔬菜的分级。

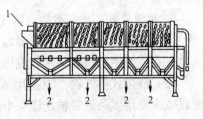

图26　蘑菇分级机
1.进料　2.出料

（3）三辊筒式分级机这种设备适用于球形或近似球形的物料分级。分级更为准确,效率高、物料损失少。但结构、使用和维修比较复杂,造价高。

2. 洗涤设备　参见速冻部分。

3. 去皮设备　参见糖制部分。

4. 抽空设备　抽空装置主要由真空泵、气液分离器、抽空锅组成。参见图27。将原料放入90千帕以上的真空室内完成抽空。

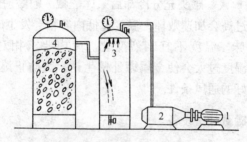

图27　抽空系统示意图

1. 电机　2. 水环式真空泵　3. 气液分离器　4. 抽空罐

5. 预封设备　常用预封机有手扳式、J型、阿斯托利亚型等。手扳式结构简单，生产效率低，每分钟20～25罐；J型的生产效率每分钟70～80罐；阿斯托利亚型每分钟100罐，超过此数量会造成汤汁外溢。为保证汤汁不外溢，最好用滚轮式封罐机。

6. 排气设备　排气有热力排气和真空封口两种方法：

（1）简易排气箱　适合小型加工厂使用。将预封的罐头放入排气箱，通用蒸汽加热来完成排气。

（2）链带式排气箱　也是用蒸汽加热来完成排气的设备。此设备主要用多条链带输送罐头半成品并在箱内沿导轨往返多次来完成排气过程。参见图28。

（3）真空排气法　是在真空环境进行排气封口。排气时间短，主要排除顶隙内的空气。要求原料和罐液必须事先在真空室内抽空。

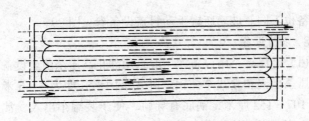

图 28　多条链带式排气箱流程图

7.密封设备 常用的密封机有半自动封罐机、自动封罐机和真空自动封罐机。半自动封罐机用人工加盖并压紧后再用封罐机封罐。自动封罐机具有直线链带式进罐装置、自动分盖进盖、无盖不进盖的自动装置以及自动打号装置、自动加温润滑系统和自动停车装置。真空自动封罐机：罐头进入密封室内，由连接在真空泵的管道把罐头内的空气抽出后密封。如GT4B2 型真空自动封罐机是罐头机械定型产品，适于圆形罐头的真空密封。

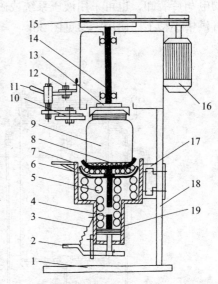

图 29　玻璃罐头手动封盖示意图

1.底座　2.脚踏板　3.拉簧　4.滑杆
5.缓冲簧　6.轴承　7.托盘　8.脚垫
9.罐头　10.滚轮　11.推柄　12.转轴
13.压盘　14.主轴　15.皮带轮　16.电动机
17.固定架　18.支架　19.托盘壳体

玻璃瓶罐因罐口边缘造型不同罐盖形式不同，其密封方法和设备也不同。玻璃瓶罐手动封盖设备参见图29。

8. 杀菌设备

(1)金属罐杀菌设备 一般采用静止高压杀菌。设备有卧式高压杀菌锅和立式杀菌锅。卧式杀菌锅长度为3~6米、直径为107~152厘米,锅底有导轨,便于装罐车出入,常用于大量生产;立式杀菌锅直径为107厘米、高度为183~246厘米,装罐的筐或篮(用扁钢或带孔的钢板制成)用悬挂吊轨上的电葫芦装卸,也可采用液压系统或磁铁提升器。立式杀菌锅可供中小型工厂使用。参见图30。

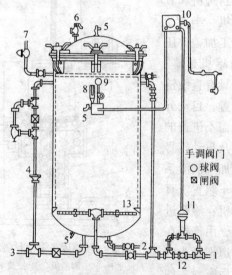

图30 金属罐用标准立式高压杀菌锅装置

1.蒸汽管 2.水管 3.排水管 4.溢流管 5.泄气或排气阀
6.安全阀 7.空气管 8.温度计 9.压力表 10.温度记录控制仪
11.自动蒸汽控制阀 12.支管 13.蒸汽散布管

(2)玻璃罐装食品的静止高压杀菌设备 分卧式和立式两种杀菌锅。为防止杀菌时发生玻璃瓶罐破裂、跳盖,需采用空气加压水煮杀菌法和空气加压蒸汽杀菌法。如采用立式杀菌锅时，锅内装有溢水阀或其他防爆设施，防止加热杀菌时水和冷凝水膨胀而发生杀菌锅破裂或爆炸；锅内有蒸汽管可供应加热的空气，还可输送压缩空气进锅内加压以防止玻璃罐头的脱盖；为防止玻璃罐头杀菌时直接遇冷水而破裂，应先在水槽内将水加热至与罐内温度相同，再送入锅内。

空气加压的蒸汽杀菌法应备有空气压缩机、空气贮存罐和加压冷却水槽。

（3）常压杀菌设备　一般用开口锅杀菌。锅内加水，用蒸汽管从底部加热，当水温略高于罐初温时放入罐头，待水温达到杀菌温度时开始计算时间，到时间后取出冷却。目前有些工厂使用长形连续搅拌式杀菌器，使罐头在杀菌器内自转和绕中轴转动，可增强杀菌效果，还可缩短杀菌时间。

（4）超高温瞬时灭菌机　这种杀菌机采用一组蛇管式和一组套管式串联作业的热交换器。杀菌温度可达115～135℃，杀菌时间3秒左右。适于青豆、水煮蔬菜、蘑菇等罐头的杀菌。

9.冷却设备　常压杀菌采用锅外流水浸冷法冷却；加压杀菌的可在杀菌锅内冷却。

七、蔬菜汁的加工

蔬菜汁是具有原蔬菜风味和营养成分的保健饮料。

（一）蔬菜汁分类

1.按工艺分类
（1）澄清汁　是清澈透明的蔬菜汁。
（2）混浊汁　带有悬浮的细小颗粒。一般为橙黄色蔬菜榨取的，它含有营养价值高的胡萝卜素，由于不溶于水，大部分

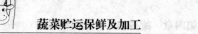

含在悬浮颗粒中。

（3）浓缩汁　由新鲜蔬菜汁浓缩而成。

（4）果浆　由果肉打浆、磨细加入糖水和柠檬酸而制成，含原果浆 40%～45%。

2．按生产方式分类

（1）原果汁　由蔬菜直接榨出，含原汁 100%，可分澄清汁和混浊汁。

（2）鲜果汁　用原汁或浓缩汁稀释加糖和柠檬酸等调制而成，含原果汁 40% 以上。

（3）饮料果汁　含原汁 10%～39%。

（4）浓缩果汁　为原汁浓度的 1～6 倍，可溶性固形物为 40%～60%。

（5）果饴（果汁糖浆）　原汁或果浆稀释后加入食糖及柠檬酸调整、过滤而成，制品有高糖型或高酸型，含原汁不低于 31%，可溶性固形物为 45% 或 60%。

（6）复合菜汁　由不同的菜汁混合而成。

（7）发酵型菜汁　经发酵而成。

（8）果汁粉　浓缩果汁或果饴加入一定干燥剂脱水干燥而成，含水量 1%～3%。

（二）菜汁加工工艺

1．工艺流程

原料→预处理(分级、清洗、挑选、破碎、热处理、酶处理)→

取汁　澄清过滤(澄清汁)　浓缩(浓缩汁)　杀菌→
　　　　　　　　　　　　　干燥(果汁粉)
　　　均质脱气(混浊汁)　发酵(发酵菜汁)

冷却→成品

2．几个技术关键

（1）热处理和酶处理　原料破碎后，进行热处理，既可使组织软化、黏度降低、出汁率提高；又可使酶活性受抑制，从而不变色、不分层、不产生异味。热处理时如加入食用酸可除去个别蔬菜的不良风味。原料破碎后，加入果胶酶、纤维素酶、半纤维素酶等酶类可使果肉组织分解，也可提高出汁率。

（2）制作澄清汁的技术关键

①澄清　澄清的方法有酶法、明胶-单宁法、酶和明胶混合澄清法、硅藻土法、自然澄清法、加热澄清法以及冷冻澄清法等方法。具体采用哪种方法应依种类和条件而定。

②过滤　澄清后，经过滤使细小的悬浮物被除去，菜汁才可清澈。

（3）制作混浊汁的技术关键

①均质　均质可以防止蔬菜汁中固体和液体分离。主要是通过一定的设备使细小的颗粒进一步破碎，果胶和汁液亲合，具有均一性。

②脱气　脱气是除去菜汁中的空气，防止褐变及色素、维生素等物质被氧化；除去悬浮颗粒上的气体还可抑制颗粒上浮，保持良好的外观，减少灌装和杀菌时起泡，从而保证杀菌效果。脱气的方法有加热法、真空法、化学法、充氮置换法。

（4）制作浓缩汁、果饴的技术关键　浓缩汁、果饴的技术关键是浓缩。浓缩的方法有真空浓缩法、低温浓缩法、冷冻浓缩法、反渗透膜浓缩法等。采用真空浓缩法和低温浓缩法需先将菜汁中易挥发的芳香物质通过蒸馏法回收，再强化产品的香味，以改善菜汁品质。

（5）包装和杀菌

①包装　菜汁的灌装有冷包装和热包装两种方法。冷冻浓缩果汁和一些冷藏果汁采用冷包装，一般都是趁热灌装。

②杀菌　常用巴氏灭菌方法在80℃下灭菌30分钟。但混浊汁应在88℃下灭菌60～90秒。

杀菌后的冷却参见罐藏部分。

（三）菜汁罐头常出现的质量问题

1. 菜汁败坏　败坏的主要表现是表面长霉、发酵，产生二氧化碳、乙醇、醋酸。败坏的主要原因是加工过程中有害微生物没有完全受到抑制。如醋酸菌、乙酸菌在嫌气条件下可迅速繁殖；酵母菌可引起菜汁发酵；绿衣霉、红曲霉、拟青霉等耐热性霉菌活动还可破坏果胶，改变风味，甚至恶化风味。

2. 贮藏期间营养成分和风味的变化　贮藏期间会因温度过高、光线照射、贮藏时间过长等原因造成维生素和其他营养成分的损失，一些非酶褐变也会引起风味的改变。

3. 菜汁沉淀　原料的成熟度不佳，菜汁中天然果胶酶过少或加工时酶制剂加入过少以及贮藏温度过高等原因，都会使菜汁中果胶丧失胶凝化作用，而产生絮凝，最后形成大块沉淀，使澄清汁变混浊、沉淀。

（四）生产菜汁的主要设备

1. 破碎设备　主要有破碎机或磨碎机。破碎机包括辊压式、锤磨式、打浆式和绞肉机式等。不同类型蔬菜或蔬菜汁制品需要不同设备，番茄破碎采用辊压式破碎机，生产带果肉的胡萝卜汁采用绞肉机式破碎机。

2. 压榨设备　主要有螺旋式压榨机(图31)、液压榨汁机、离心榨汁机和充气板框式榨汁机等。其中后三种可以做到固体和液体分离，充气板框式榨汁机具有连续性和出汁率高的优点。

3. 筛滤和过滤设备

(1) 筛滤设备　筛滤有的与压榨同时进行，如离心榨汁机

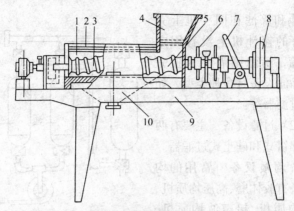

图31　螺旋式榨汁机

1.环状空隙　2.筛箱　3.锥形螺旋　4.料斗　5.螺杆
6.调整装置　7.把手　8.传动带轮　9.支架　10.出料收集器

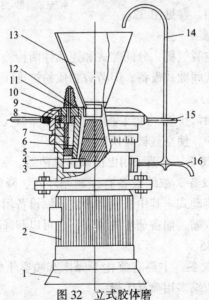

图32　立式胶体磨

1.底座　2.电动机　3.磨体　4.旋转磨　5.固定磨套　6.固定磨
7.冷却水套　8.限位螺钉　9.调节轮　10.盖板　11.冷却水接口
12.联接螺钉　13.料斗　14.循环管　15.调节轮手柄　16.出料管

的榨汁和筛滤在同一机上完成；有的榨汁机上没有固定分离筛，筛滤则需要单独完成。筛滤设备有多种类型，如双联过滤器等。

（2）过滤设备　主要有两种：棉饼式和硅土式过滤器。

4.均质设备　常用的均质设备有胶体磨、高压均质机、离心均质机、超声波均质机。其中胶体磨具有粉碎、均质、乳化、分离等多种功能，在食品工业中广泛应用。参见图32。

5.脱气设备

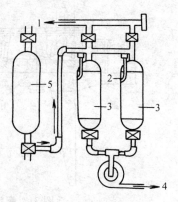

图33　真空脱气装置
1.抽气　2.喷雾头　3.真空桶
4.至杀菌器　5.贮汁桶

（1）真空脱气机　分间隙式和连续性两种。目前连续性脱气设备已取代间隙式设备，但芳香物质易被排除。真空脱气设备可参见图33。

（2）置换法排气　通过穿孔喷射将压缩氮气以小气泡形式分布在菜汁中，使空气被置换出来。

6.杀菌设备　杀菌采用巴氏瞬时杀菌器。参见图34。

7.浓缩设备　浓缩设备有强制循环式、降膜式、离心薄膜式和膨胀流动式。其中强制循环式浓缩设备用于高黏度、高浓度的菜汁浓缩，如番茄汁的浓缩，也可以与降膜式蒸发器连用。参见图35。

8.干燥设备　主要有流化干燥床和喷雾干燥设备。番茄汁和番茄浆浓缩多用喷雾干燥。

9.蔬菜汁分装设备　分装设备要保证计量准确。蔬菜汁分装设备主要有控制液位定量设施和旋塞式定量杯。

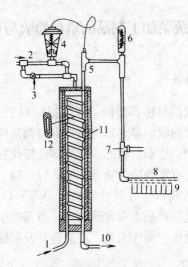

图 34　巴氏瞬时杀菌器

1.菜汁入口　2.蒸汽入口　3.支管阀　4.调节器
5.调节球　6.温度计　7.调节阀　8.菜汁出口管
9.瓶或罐　10.蒸汽出口　11.绝缘体　12.菜汁管断面

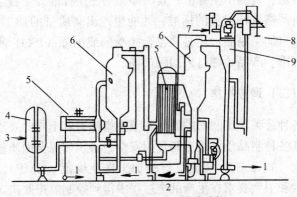

图 35　强制循环型双效浓缩锅

1.排水　2.浓缩汁　3.果蔬汁　4.贮汁罐　5.加热器
6.分离器　7.冷却水　8.蒸汽喷射器　9.低水位气压冷凝器

八、蔬菜加工制品的质量检验与调控

（一）质量检验

质量检验包括对感官指标、理化指标和卫生指标的检验。感官指标是用人的眼、鼻、口等感觉器官测定的指标，如产品的色、味、质地、形态、状态、杂质等；理化指标包括产品的关键成分含量、有害物质含量（如硫、锌、铅、铜、砷等金属与非金属和农药残留、放射性物质污染等）以及添加剂的含量；卫生检验包括产品本身含致病菌、有害微生物情况，还包括生产环境、设备、操作人员、产品包装及运输等方面的卫生要求。

目前，我国在食品质量和卫生指标以及相关的检验和测定方法等方面制定了一系列的标准，这些标准包括新鲜蔬菜的商品质量标准；蔬菜贮藏、运输标准；蔬菜加工制品质量标准及检验方法；食品卫生标准；食品添加剂使用标准等。各生产单位只有严格执行相关的标准，才能生产出高质量的加工制品。对于出口加工制品，还必须符合接受国或国际（ISO）质量和卫生标准，产品才能打入国际市场。

（二）调控措施

各种蔬菜加工制品的质量和卫生指标有着不同的要求。为了保证各种制品质量稳定和食用安全，必须按照全面质量管理的理论（T.Q.C.）实施良好的加工作业规范（GMP），使食品质量和卫生要求在生产的全过程中得到控制。按照决定产品质量的五大要素可将作业规范归纳如下：

1. 对人员要求　从事生产的人员不应有传染病；外衣应

整齐干净；工作前应洗手；摘掉不安全的饰物；工作时应戴手套、发罩或帽子；应注意个人卫生；吸烟、进餐、喝饮料时应与作业场所隔离；个人物品置于加工作业区外；人员培训计划应得到全面实施；管理人员的职责应明确。

2. 对厂房、环境的要求 工厂附近不应有废物、杂物或垃圾堆积；对附近邻居排出的有害物应有防范措施；对动物和害虫的危害应有防范措施；对道路、停车处应有适当的铺设；对厂房各种开口应作有效的掩蔽和遮盖；食物处理车间应与其他车间有效隔离；走道应与其他车间有效隔离；注意地面、墙壁和天花板的卫生，不应有死角；厕所、洗手间应保持清洁；垃圾应及时处理；地面应有下水设施；对污水应有适当的处理；供水要安全；供水管道的大小要合适，不应对食品有污染。

3. 对原材料的要求 各种原材料和水应不含聚氯联苯；原料和配料的检查应与成品、半成品隔离；对原料容器载体的检查应有措施；与食品接触的水要安全。

4. 对设备及用品的要求 维护清洁用的化学药品应使用适当；用具和轻便设备存放地应清洁；接触食品表面的设备和用具应当清洁；生产设备应合理卫生；各类管道、导管及固定装置应置于作业区外；照明要适度、照明装置应安全；通风要良好；建筑物、设备应安全、清洁、良好；食品加工设备应为产品专用、合理，应保持清洁并经常作卫生检查；所有设备应便于维护和清洗。

5. 对工艺的要求 所有操作应做到合乎卫生准则。对时间、温度、湿度、压力及其他工艺技术参数的控制应使污染与微生物侵染的可能性达到最小、最低的程度；检验配料和成品质量方法要妥当，应尽量采用快速、准确、简便的检测方法；产品应适当编号，并保留记录；产品应在卫生状态和安全环境中生产。

第五章

白菜类

一、大 白 菜

大白菜即结球白菜，又称包头白菜或黄芽菜。它是十字花科、芸薹属，二年生草本，白菜类蔬菜。以叶球供食用。大白菜在我国南北均有栽培，尤其是北方地区栽培面积大，贮藏量多、贮藏时间长，是北方冬季市场上主要蔬菜之一。届时南方市场也有一定的需求。大白菜的品种繁多。一般中、晚熟品种较早熟品种耐贮；青口型较白口型耐贮；青白口型品种介于二者之间。著名品种有北京大青口、天津青麻叶、福山包头、玉田包头等。

（一）采收要求

1. 采收前要求和采收标准　大白菜采收前10天应停止灌水，以免植株含水量过高，组织脆嫩易造成机械伤而感染病害，不利贮藏。为防病虫害，要根据农药的残留时间的长短，决定最后一次喷药期，以使收获时残留量达到最低限度。适时收获是大白菜贮藏中又一重要因素，采收早了，气温尚高，菜体受热脱帮，不利贮藏，还会影响产量；采收晚了，菜在田间可能受冻，如叶球生长过紧实，同样不耐贮。适时采收应以地区、气候而定：东北地区在霜降前后。华北地区在立冬前后。采收的标准以成熟度达到"八成心"为宜。

2.预贮措施

（1）晾晒　收获后的大白菜可在田间直接晾晒，晾晒应达到菜棵直立时其外叶下垂而不折的要求。这样可减少贮运中的机械伤，还可增强一定的抗寒能力。但过分晾晒，失水过多，则会引起代谢失常，而影响贮效。有的地区如东北的吉林和辽宁等地不经晾晒就以"活菜"直接贮藏。需在贮运中更注意轻拿轻放，严防损伤和冻害。

（2）整修　选择七、八成心的菜，摘除黄帮烂叶，撕掉外围叶耳及过头叶，清除带有病、虫植株。

（3）预贮　经晾晒、整修后如外界气温尚高，可将其码放在菜窖、冷库附近的背阴处，注意做好防热和防冻（主要夜间）工作。待气温降到适贮温度（1～2℃）时方可入贮。

（二）贮藏特性

大白菜喜冷凉湿润，但在 -0.6℃以下时其外叶开始结冰；心叶的冰点较低，为 -1.2℃。长期处于 -0.6℃以下就会发生冻害。其贮藏最适温度是0℃，相对湿度95%以上为适。在整个贮藏过程中损失极大，一般可达到30%～50%，其原因主要是脱帮、腐烂及失重（俗称自然耗）所致。而脱帮与环境中乙烯含量有关，当超过百万分之0.23时，即可导致帮叶脱落；同时环境温度越高或菜受到机械伤害时乙烯的释放量就会越多；此外菜的呼吸强度增加也会加速脱帮、衰老，从而加大损耗。因此，严格控制温、湿度等条件，也能减少乙烯的释放与积累。

（三）贮运方法

1. 贮藏　大白菜贮藏方式很多，可堆藏、沟藏（即埋藏）、窖藏和冷库贮藏。通过贮藏保鲜，可以达到一季生产、半年按需均衡供应市场。

（1）堆藏　长江中下游、华北南部适宜堆藏。在露地或大棚内将大白菜倾斜堆成两行，底部相距1米左右，向上堆码时逐层缩小距离，最后两行合在一起成尖顶状，高1.2～1.5米，中间自上而下留有空隙，有利通风降温。堆码时每层菜间可交叉放些细架杆，支撑菜垛使之稳固。堆藏方法可见图36。堆外覆盖苇帘，两端挂草包片。开闭草包片以调控垛内温湿度。华北地区初冬时节也采取短期堆藏，一般在阴凉通风处将白菜根对根，叶球朝外，双行排列码垛，两行间留有不足半棵菜的

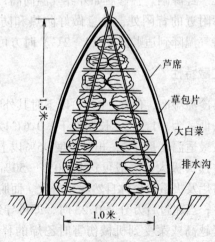

图36　大白菜堆藏示意图

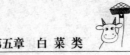

距离，气温高时，夜间将顶层菜（封顶）掀开通风散热；气温下降时覆盖防寒物。堆藏法需勤倒动菜，一般三、四天倒一次。它的贮期短，又费工，损耗大。

（2）沟藏 把已晾晒、整修好的菜根向下直立排列入沟，排满后在菜的上面加一层草或菜叶。以后随气温下降逐渐在上覆土保温，覆土厚度随地区、气温而定，掌握原则是以严寒季节不使覆土冻透为度。此法将覆盖土作为主要的管理手段。又因埋入沟中不易检查，并受地温影响较大，故需注意做到以下几点；第一，埋藏沟应尽早挖好，经充分晾晒后十分干燥；第二，严格杜绝并清除病、伤残菜入贮；第三，在不受冻的前提下尽量推迟埋藏时间；第四，白菜的包心程度不得超过70%～80%；第五，开春地温回升以后适时结束贮藏。沟藏法简便易行，但损耗较大。

（3）窖藏 这是较经济、实惠而方便的一种贮藏方式。在华北、东北、西北地区应用极为普遍。窖藏优于堆藏和沟藏。尤其是通风贮藏窖贮效更佳。因窖内设有隔热保温层，有较完善的通风系统，建筑面积大，有的可出入大货车，便于作业和管理。但因窖跨度大，窖内温度不大均匀，严寒季节温差大，天窗口的菜易受冻，而窖的墙角处因通风不良又易受热。

窖藏及其管理：将备贮菜入窖，码成高1.5米左右，1～2棵菜宽的条形垛，垛与垛之间留一定距离，以便通风和操作。码垛方法随地区而异：如东北地区多为实心垛，入窖初期根对根地双行排列，进入严寒时期改为叶球对叶球排列，以利保温防寒。这种方法贮量大，垛稳固，但通风效果差。北京地区码单批，即以一棵菜排列成单行码放，每层根或叶球排列方向一致，上下层则相反。批与批之间相隔横放一棵菜的距离，码批时可在批间每隔2～3层放几棵菜以保持批间的距离并增加批的稳定性，最后留出一定空间，便于管理人员倒菜。管理要点在于适度通风换气与及时倒菜。利用天窗、气孔、窖墙窗换气或开启风机强制通风，可以引进外界冷凉空气，排出窖内湿热、污浊空气，从而达到调节窖内适宜温、湿度的目的。倒菜既能排出垛内的呼吸热和内源乙烯，又能检查菜的状况，及时剔除黄、烂叶片及病株，以保持其良好状态。管理一般分三个时期：

①前期 从刚入窖到大雪（或冬至），即从11~12月份，此时外界气温、窖温和菜温都较高，菜的新陈代谢旺盛，管理工作应以防热为主，要求大量通风，所以昼夜需开启全部通风口，加速散热，每隔3~4天倒一次菜，后期可延长到1周倒一次菜。

②中期 从冬至直到立春，即从12月下旬到第二年2月上旬，这是全年最冷季节，菜体的呼吸强度也下降，管理应以防冻为主，故需逐渐将通风口堵塞，控制天窗通风面积，还可缩短通风时间，最寒冷时可白天适度通风换气，借以调控窖内的适宜低温和湿度；倒菜时间也可延长到10~15天一次。

③后期 立春后即2月中旬以后，外界气温逐渐回升，菜体自身也已渐衰，抗冷热能力均已下降，易受病菌侵袭。管理以防腐为主，窖内尽量保持适宜低温。可采取白天关闭，夜间放风换气，使窖内低温趋于稳定。这期间1周倒一次菜。如管理得当，可贮藏至4月份再上市。

（4）冷库贮藏 此种方法可有效地控制贮藏环境条件，但贮藏成本加大。为提高库容量，在冷库中采用装筐码垛或用活动架存放，每筐可装20~25千克，可码10~12只筐高，每平方米可码40~48筐，贮量在800~1 000千克以上。筐装白菜入库应分期分批进行，每天进入量不宜超过库容总量的1/5，以防短期内库温骤然上升而影响白菜的贮藏品质。垛要顺着冷库送风的方向码成长方形。筐、垛间均需留有一定空隙。要随

时查看各层面、各部位的温度变化，通过机械输送冷空气来控制适宜温度。20天左右需倒一次菜，倒菜时应注意变换上下层次。一般库内应用冷风降温，为防止白菜失水过多，可在筐垛四周及顶部覆盖一层塑料薄膜。采用此法贮藏白菜质量好，操作简单，可贮至第二年6月。

（5）新技术贮藏　即采取强制通风脱除乙烯的贮藏方式。此法是北京市农林科学院蔬菜研究中心与清华大学热能系合作研究的成果。试验证明，白菜贮藏过程中自身产生的乙烯可导致脱帮损耗，而温度又是影响乙烯产生的主要因素。

强制通风新技术的应用，它是在原半地下式菜窖的基础上，增加由风机、风道、风道出风口、活动地板、匀风空间（即地板下设计均匀空间）、码菜空间和出风口组成的强制通风系统来实现的。详见图37。为使风道施工方便准确，风道沿纵向成阶梯形，分级变截面积，风道上盖有相同长度的盖板，并通过计算得出盖板出风口缝隙大小。入窖的菜要交叉码放成"井"字形，使每棵菜之间都能通风，不另留风道，各处缝隙都要均匀一致。这样科学的强制通风系统与"井"字形码放方式就构成了全窖的均压状态。开启风机，风送入风道，通过匀风空间，均匀地分布在整个活动地板下，然后再通过每棵菜的间隙，就会把呼吸热、乙烯等污浊空气通过出风口排出窖外。此项新技术其特点是只需通过开、关风机就能进行调控管理，既可调控温度又能防止乙烯积累，从而摆脱了繁重而又费工时的倒菜劳作。应用强制通风，可充分利用外界气温调节菜温：当外温低于0℃时，作为冷源使窖内排热降温；外温稍高于0℃时，可视为热源在窖内适当蓄热；外温在0℃时便可维持窖内适宜温度。由于气流可通过每棵菜间的空隙，便可均匀而有效地防止乙烯的积累。又因码菜均匀、密度大，白菜呼吸排出水气还能使窖内的相对湿度保持在95%左右。即使通风时有部分湿度被带出窖外，关风机后只需 1~2 小时菜垛内的相对湿度即可恢复到 95% 左右。经贮藏的大白菜品质好、腐烂率低、损耗小。是大白菜贮藏较理想的方法。但当外界最低温度高于 0℃ 时，就需结束贮藏，并进行一次性出窖。北方采用此法可在春节前后结束贮藏。

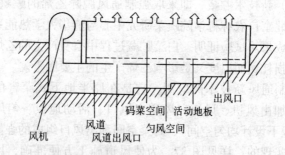

图 37   强制通风贮藏窖示意图

2. 运输   我国大白菜年产量达 20 亿千克，约有 15 亿千克运用上述的各种方式作不同贮期的定点贮藏。然后，再分期分批地运送到各个蔬菜集散地进行销售。

（1）公路运输   大白菜的中短途调运多以公路运输为主。主要运输工具有汽车、拖拉机或人力、畜力板车。大白菜需用荆条筐或塑料筐包装。每年在 10 月份收获的早熟大白菜（又称贩白菜），由于是在常温下运输，更需要装筐。如果是在寒冬季节运输，整车的上下，均需要有草苫或者被褥进行苫盖，尽量使车内大白菜的温度保持在 0℃ 左右，以保证大白菜的运输质量。

（2）铁路运输   北方的大白菜运往南方的诸省市时，如福建、广东以及香港等地区，均以铁路运输为主。南与北相距长达数千千米，即使在冬季或初春，两地间的温差亦可达 20~30℃。运输需要 1 周左右的时间，所以要求运输工具要有保温防寒与隔热的功能。目前，我国常用的运输车辆有：加冰冷藏车、机械冷藏车、冷藏集装箱、隔热通风车等，这些都是保温性能较为良好的运输车辆。其中，应用隔热通风车，只要途中做到通风换气得当，就能有效地控制车内的温度，确保大白菜的运输质量。以从北京运大白菜至福州为例，从冷库中调出装车以后，菜温为2℃，机车沿京广线运行，在湖南以北需要开启通风口进行换气；列车行至株洲以南时，气温明显上升，不再进行通风。再经湘赣、赣闽线，共需要7天方到达福州。车内的菜温上升到6℃。卸车时，大白菜品质良好。而使用隔热而不通风的车箱运输时，同时到达的菜温已上升到了10℃，其腐烂也较为严重。

采用铁路长途运输，都需要按照一定的操作程序：

①整修、预冷　采收后随即调运的大白菜，需要事先在田间晾晒整修，然后装筐。入冷库预冷24～48小时，使菜温降至0～2℃。

②包装　选择有一定支撑性能的竹筐、荆条筐或者料筐，不宜采用编织袋等软包装。

③调控运贮环境条件　运输途中，要因地区、气候制宜，及时开闭通风及控温设备。既要保持车内适宜的温、湿度，也要随时排除车内湿热污浊的气体，以减少乙烯的积累。

④冷链　到达销地后，应尽快将菜运入冷库中暂存（或直接送往销售点，以冷藏柜进行出售）以使运与销的全过程均处在适宜的低温下运作。

（四）上市质量标准

大白菜按照国家行业标准的要求共分为三等，每等中按照株重，又分为特大、大、中、小和特小五级。各等级的大白菜商品质量标准见表7。

表 7　大白菜等级规格

(摘自 SB/T 10332-2000)

等别	品　　质	规格（千克）	限　　度
一等	具有同一品种特征，结球紧实、整修良好、色泽正常、新鲜、清洁 无腐烂、老帮、黄叶、异味、烧心、焦边、胀裂、膨松、侧芽萌发、抽薹、冻害、病虫害及机械伤	特大 株重≥4.0 大 株重≥3.5	一等品中，品质要求两项不合格株数之和不得超过 5%，其中：腐烂者不得超过 1%；二、三等品中，品质要求两项不合格株数之和不得超过 10%，其中：腐烂者不得超过 1%。株重分级中不符合各级要求的株数不得超过 10%
二等	具有同一品种特征，结球紧实，整修良好，色泽正常，新鲜，清洁 无腐烂、老帮、黄叶、异味、烧心、焦边、胀裂、膨松、侧芽萌发、抽薹、冻害、病虫害及机械伤	中 株重≥2.5 小 株重≥1.5	
三等	具有相似品种特征，结球不够紧实、色泽正常，新鲜，清洁 整修良好，无腐烂、黄叶、异味、烧心、焦边、破裂、侧芽萌发、抽薹、冻害，无严重病虫害及机械伤	特小 株重≥1.0	

（五）加工方法

大白菜的腌制是为延长保存期常用的一种加工方式，也可以满足人们对蔬菜不同风味的要求。主要制品有冬菜、酸菜和泡菜。

1. 冬菜　我国北方有以大白菜为原料，制作冬菜的习俗。因它风味独特，深受京津地区消费者的欢迎。每年 10 月下旬到 11 月下旬为加工季节。

（1）工艺流程

选料→清洗→切分→晾晒→腌制→添加蒜泥→装罐再酿制→包装→成品

（2）操作要点

①选料 选择良好的菜棵，切除老根，摘除黄帮、烂叶，清洗。

②切分 将菜切成宽 1.5 厘米左右菜条，再切成方形或菱形。

③晾晒及腌制 切分后经晾晒，使其成为含水量为 80% 的菜坯。每 100 千克的菜坯，加食盐 8～10 千克，经充分搓揉，装入洁净的容器内压实后在上面撒一薄层盐面，随即封口。

④添加蒜泥、装罐 腌渍 2～3 天后取出，按每 100 千克添加 10～20 千克蒜泥，搅拌均匀，再装入罐内，边装边压，装满后加盖封严口，放置室内，让它自然发酵，到第二年春天即可上市。加工中加入蒜泥的称“荤冬菜”。如不加蒜泥称“素冬菜”，其工艺与“荤冬菜”基本相同，即把腌制 2～3 天后的菜坯取出，晾晒 2～3 小时，再装入罐中，继续腌制即成。

⑤包装 产成品可采取真空技术作定量包装，既方便运输、销售，又可延长保存期。

2. 酸白菜 酸白菜呈乳白色，质脆而微酸，是东北、华北地区民间喜食的一种发酵性腌制品，其加工方法简单易行。

操作方法：将大白菜的老根切除，摘去外叶，剖切成两份，大的可切成四份。用沸水热烫 1～2 分钟，冷却后，一层一层地交错平放码入大缸内，然后注入干净的清水，使水面浸过白菜约 10 厘米，再用重石压紧压实。此法利用清水作为发酵液，在室温下自然发酵，经 20 天左右就可上市。

3. 泡菜 它也是一种发酵性腌制品。主要是由乳酸菌在低盐浓度（在 3%～4%）溶液中进行乳酸发酵而制成的。产品含乳酸 0.4%～0.8%，微咸带酸，脆嫩、爽口。是大众所喜爱的佐餐凉菜。制作泡菜需用泡菜坛，这是一种陶瓷制作的专用容器。坛口外围有一圈水槽，槽沿略低于坛口，坛口配有一碗状的盖子叫扣碗，腌制时把扣碗扣在水槽中，可使坛内形成嫌气环境，既有利于乳酸菌的生存、发酵，还可防止外界杂菌的侵入。

（1）工艺流程

选料→清洗→切分→装坛加料→腌制→封坛→成品

（2）操作要点

①选料　以白菜为主原料，选择白嫩心叶。

②清洗　将菜心叶洗净、控干。

③切分　切成条状或块状，条块均不宜切得过细小。

④装坛加料　装入专用泡菜坛中，并根据不同风味要求，加入 3% 的辣椒、嫩姜和食糖以及 0.1% 的花椒等调味料。

⑤腌制　注入 6%～7% 食盐溶液（冷凉盐开水），溶液浸过菜，再加少许白酒。

⑥封坛　最后往水槽内注入开水、盖上扣碗封坛。需注意事项是在制作过程中切忌油脂类物质污染。一般 3 天左右即可上市。

二、小　白　菜

小白菜即普通白菜，又称白菜、青菜、油菜或鸡毛菜。它是十字花科、芸薹属，一或二年生草本，白菜类蔬菜。以莲座状叶片与叶柄构成的整棵菜供食用。小白菜与大白菜的主要区别在于小白菜不结球，有明显的叶柄而无叶翼。小白菜依叶柄色泽分为白梗小白菜和青梗小白菜两大类型，其品种繁多，是我国普遍栽培的大众蔬菜之一。它生长期短，适应性强，容易

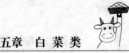

种植，产量高，如根据不同需要排开播种，就能实现常年供应。根据上市季节有秋冬小白菜、春小白菜和夏小白菜之分。秋冬小白菜，华南地区 10～12 月分期播种，陆续供应秋冬两季直至次年 2 月。在长江淮河中、下游地区从 8 月至 10 月上、中旬分期排开播种，9 月下旬至寒冻前采收上市。江苏、浙江等地 9 月中、下播种，露地越冬，春节前后采收上市，如专供腌渍在 8 月下旬至 9 月上旬播种，11 月中、下旬收获。北方地区 10 月上旬至 2 月下旬在保护地陆续播种，根据市场需要即收即销。北京及其周边地区常将秋季露地栽培的小白菜在 11 月于保护地假植贮藏，供 12 月至次年 2 月市场之需，称为油菜心，也叫小油菜。春小白菜，3 月下旬播种，4 月至 5 月份采收幼嫩植株上市；夏小白菜选择适应性强，耐热品种，在 5 月至 8 月上旬，随时可以播种，30 天后便可采收供应上市。

(一) 采收要求

小白菜采收无严格标准，一般春、夏季栽培的 30～35 天就能收获，秋、冬季的则要延长到 60～80 天采收。另外还随市场需要而定如夏季的鸡毛菜只有子叶和 2～3 片真叶即可被采食。

(二) 贮藏特性

鲜嫩的小白菜适宜在 0℃ 条件下贮藏，贮期 3～4 周，但随温度上升贮期急速缩短，在 25℃ 常温下只能贮 1～2 天；而高湿环境，可防叶片凋萎、黄化，但不能有凝聚水，否则加速腐烂。

(三) 贮运方法

小白菜可在冷库中作短期贮藏，方式参见菠菜。也可采取假植贮藏，在立冬至小雪气温转冷后，将菜连根带土挖出，假植至已准备好的阳畦内，株行距 8～10 厘米见方，浇透水。初期中午盖席防晒，待成活后，每天早揭晚盖。前期防热，后期防冻。上市前要整修、削根、摘除黄、烂叶片及老叶，露出黄色心叶，其产品即为"油菜心"。

小白菜不宜久贮远运，在短途调运时需装筐，并注意防晒防冻。

（四）上市质量要求

植株完整、鲜嫩、干爽、不沾水；无花斑、无枯黄烂叶、无病虫害及泥土；捆成把，装筐。

（五）加工方法

1. 腌制　南方地区喜腌白菜，尤其是江、浙地区的南京、上海和杭州等地普遍腌制，是冬季一道主要的加工蔬菜。一般选择叶柄长、纤维稍多、适宜腌制的高脚白品种小白菜（即箭杆白菜）。

（1）工艺流程

选料→整修、清洗→腌制→成品

（2）操作要点

①选料　选择植株完整，无病虫害，在阴凉处摊晾 3～4 天，使其稍萎蔫。

②整修清洗　切除老根、摘去黄、花斑、烂叶，抖净泥土，清洗后（或不洗）挂在绳上晾 1、2 天，以最外层菜叶长为标准，切去 3/4 的绿色叶片（因腌白菜主要食其叶柄），叶片腌后色发暗，无脆度。

③腌制　将备腌的菜品撒上食盐并轻轻搓揉，促使食盐均匀快速渗透，再放入干净大缸中，边搓揉边码放、边挤压，层层压紧实，码放至缸容量的八九成，并渗出一定食盐与菜汁的混合液时，再在上面撒些盐面。食盐的用量为总菜量的 6%～

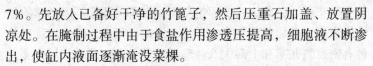

7%。先放入已备好干净的竹篾子，然后压重石加盖、放置阴凉处。在腌制过程中由于食盐作用渗透压提高，细胞液不断渗出，使缸内液面逐渐淹没菜棵。

④产品　经1个多月的腌制，便可制得美味可口的腌白菜。腌制产品色淡黄、脆嫩，咸味适口，略带酸味。

2．速冻

（1）工艺流程

选料→整修→清洗→热烫→冷却→计量→速冻→包装→冷藏

（2）操作要点

①原料选择　选整株呈绿色、大小较均匀而新鲜柔嫩的油菜。

②整修　去根除杂，剔除病虫株，摘去黄、花斑叶子。

③清洗　用清水洗净，浸盐水，再漂洗。

④热烫　在沸水中热烫40～60秒钟。

⑤冷却　在冷水中冷却后，沥去水分。

⑥计量　速冻前定量、装盘，一般排放在盘中。

⑦速冻　进入－35℃低温下速冻。

⑧包装　速冻后立刻包装，一般采用塑料薄膜包装(250～500克/袋)，然后再装入防潮纸箱大包装。

⑨冷藏　产品必须放在－18℃的低温库中冷藏。可贮一年之久，冷链运销。

（3）产品质量要求　中心温度－15℃，色正味纯，质地柔软；无纤维感，无杂质。

三、乌塌菜

乌塌菜又称太古菜、塌棵菜、黑菜、菊花菜或瓢儿菜。它是十字花科、芸薹属，二年生草本，白菜类蔬菜。以鲜嫩的整株供食用。乌塌菜株型有半塌地和塌地（似盘）两类。优良品种有南京瓢儿菜和上海大八叶乌塌菜等。南方普遍栽培，尤其是江苏、浙江地区，每年从12月至第二年2月随时上市。北方地区露地秋播秋收或在保护地播种，供应冬春两季市场。乌塌菜主要鲜销鲜食，一般不做加工。

近年来，南方的乌塌菜大量运往北方，为北方冬春淡季增添绿色蔬菜，调剂品种，起到了极为重要的作用。每年入冬后，江、浙地区将达到上市质量要求的乌塌菜装筐，应用保温车在适温条件下向北方运输。

采收要求、贮藏特性、贮运方法及上市质量标准参见小白菜的相关部分。

四、菜　薹

菜薹又称青菜薹、广东菜心、菜尖或薹用白菜。它是十字花科、芸薹属，一年生草本，白菜类蔬菜。以鲜嫩的花茎和嫩叶供食用。菜薹分为早熟种、中熟种和晚熟种三种类型。按叶片形态分圆叶品种和尖叶品种。在华南地区可实现四季生产，周年供应。早熟种供5月至10月市场之需；中熟种供应10月至第二年1月的秋、冬市场；晚熟种可供应冬末及春季市场。在南京、上海、杭州等地除4月至5月外，其他季节均可排开播种，分期采收供应市场。长江流域其他地区早熟种8月至9月播种，从9月至10月上旬采收上市；晚熟种9月至10月播种，11月至12月收获上市；中熟种介于二者之间。菜薹主要用于鲜销。

（一）采收要求

菜薹长到与植株相同的高度、叶子的先端已见初花时称为

"齐口花"，此时为适宜采收期。采收早了影响产量，过晚老化，品质会降低，把握适时采收很重要。如主侧薹兼收，采收主薹时在基部留2～3片叶处割收，留叶过多侧薹则多而细弱。主薹收后及时补充肥水，促进侧薹生长。如只收主薹，采收节位可降低1～2节。

（二）贮藏特性和贮运方法

菜薹采收后呼吸旺盛，易失水萎蔫、老化而适宜鲜销，不宜久贮或加工。临时周转或运输时，可作短期贮存。最适温度为0℃；相对湿度95%以上。运输菜薹需装竹筐并加盖，应避日晒；长途调运应用保温车，装车前以预冷至0～2℃为佳。

（三）上市质量标准

菜薹粗壮、色正，无中空、不老化；花丛肥嫩整齐，长度不超过叶的顶端；叶鲜嫩，无病虫害；主侧薹分别用铭带捆把，每把0.5～1千克，筐装。

五、紫 菜 薹

紫菜薹又称红菜薹、红菜尖或红油菜薹。它是十字花科、芸薹属，一或二年生草本，白菜类蔬菜。以柔嫩花薹供食用。紫菜薹可分早熟、中熟和晚熟三种类型。早熟种不耐寒，较耐热，适于温度较高季节栽培；晚熟种耐热较差，较耐寒，腋芽萌发力较弱，故侧薹少；中熟种适应性适中。长江以北9月在阳畦播种育苗，11月份即可采收上市。长江流域早熟种8月至9月播种，11月中旬到次年3月上旬收获上市；晚熟种9月至10月播种，12月至第二年3月上旬采收，供冬、春季市场。紫菜薹与菜薹同样均属鲜销蔬菜，是广大消费者所喜爱的鲜品。北方地区栽培不多，冬、春两季由南方调入，增添了冬、春淡季蔬菜的花色品种。武汉洪山紫菜薹不仅畅销国内各省市及港澳地区，还远销日本、美国、荷兰等国。

采收要求、贮藏特性、贮运方法及上市质量标准参见菜薹的相关部分。

空运应采用泡沫塑料筐并加盖包装，在装入菜薹同时还需加入适量冰块，有利于保持运输途中温、湿度的稳定。

六、薹　菜

薹菜又称芸薹、芸薹菜、油菜薹、薹用油菜或油菜心。它是十字花科、芸薹属，一二年生草本，白菜类蔬菜。以嫩叶、叶柄以及未开花的嫩薹供食用。薹菜分圆叶和花叶两种类型，其中圆叶薹菜抽薹迟、产量高，适于越冬栽培。薹菜主要分布在黄河和淮河流域，江苏、上海也较普遍。越冬栽培，第二年4月采收，供应春淡季市场；早春栽培，4月至5月分期采收；冬季假植软化栽培，供应1月至4月的冬春季市场。宜鲜销。

（一）采收要求

薹菜生长到花未开时便可采收，可以采收带薹的整株。

（二）贮藏特性和贮运方法

参见菜薹的相关部分。

（三）上市质量标准

菜薹粗壮、肥嫩，无中空，色正，无枯黄叶、无烂叶，无病虫害；捆扎、筐装。

第六章

甘 蓝 类

一、洋 白 菜

洋白菜即结球甘蓝，简称甘蓝，又称圆白菜、卷心菜、包心菜或莲花白。它是十字花科、芸薹属，二年生草本，甘蓝类蔬菜。以叶球供食用。长江流域及西南地区四季均可露地栽培，满足周年供应；北方地区除严冬外，春、夏、秋三季栽培。品种按叶球形状可分尖头、圆头、平头三种类型；按成熟期分为早、中、晚三种。供夏秋时节鲜销的可选用尖头或中、晚熟品种；如选择叶球紧实、抗病性强、耐贮性好的平头或中、晚熟品种，一般在6月中、下旬播种，10月下旬至11月下旬收获，经贮藏可供冬季及早春市场。其他茬口可适时采收上市，也可在地区间运销。

（一）采收要求

采收前2~3天应停止灌水。一般早熟品种为提早上市，当叶球有一定大小，达到适当的充实程度即可开始分期采收。而中、晚熟品种必须等叶球充分长大，达到最紧实时再采收。采时要留 1～2 轮外叶，采后剔除病、虫株或伤株，装筐放置凉棚下待贮。

（二）贮藏特性

洋白菜贮藏特性与大白菜相似，又因洋白菜的外叶附有蜡粉，抗寒能力强，入窖期贮藏的时间可稍晚些。洋白菜的冰点在 - 0.8℃ 左右，贮藏适宜温度为 - 0.5～0℃，相对湿度 90%～95%。

（三）贮运方法

1. 贮藏

（1）埋藏 挖沟宽 2 米左右，沟深根据气候及贮量多少而定。一般沟内堆放两层，堆放时根部向下排列在沟内，第二层将根朝上码放，码满后覆土，以后追加土的时间、厚度及次数要根据当地气候冷暖而定。

（2）假植贮藏 对包心还不充实的晚熟品种可采取此法。如在华北地区，利用阳畦（或挖长方形的沟），在土壤上冻前，将其连根拔起，带土在露地堆放数天，略见萎蔫即可假植。即一棵棵地根朝下码入，植完后灌水，水量以湿地皮为度，然后其上覆盖甘蓝外叶，一周后覆土 10 厘米左右，到大雪（12 月上旬）时节再第二次覆土 12～13 厘米；冬至（12 月下旬）第三次覆土 5～6 厘米。覆土要求均匀，以免厚处发热、薄处受冻。

（3）窖藏 将外叶护住叶球后装筐，以筐的支持力在窖内码垛。垛大小、高度以窖大小、高度而定。垛间要留有倒垛空间，并利于通风。为防失水也可把菜垛自上而下地覆盖塑料薄

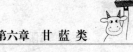

膜，不密封。此法菜体受压小，便于管理。

(4) 冷库贮藏 在冷库中一般采取架存，即将装筐的洋白菜码放在层层菜架上，筐间适当留空隙，然后再覆盖塑料薄膜。也可将菜装入厚为 0.03～0.05 毫米聚乙烯膜袋中再码入菜架上。库内调控至适宜的温、湿度，管理措施与大白菜相似。此法贮藏，可人工调控贮藏环境条件，不随季节变化而波动。贮藏 2～3 个月效果比其他方式都好。贮藏期间易感染软腐病，如在基部切口处涂抹消石灰，有一定的预防效果。

2. 运输及包装 洋白菜栽培普遍，上市量大，它在南菜北运、西菜东调中，占有很大比重。在运输中除仍需严格控制适宜的温、湿度环境条件外，还应合理使用包装，以便减轻机械伤害，加强通风换气，保护商品。目前所用主要包装物有竹筐和塑料筐，它们便于堆码和装卸；冬季或早春还可采用编织袋，增加运载量。运输以铁路、公路为主，运输工具、运输途中的管理等可参见大白菜的相关部分。

(四) 上市质量标准

去掉外叶、切除老根及基部过长的短缩茎；包心紧实，新鲜清洁；无病虫害、冻害；按品种分大、中、小三级。

(五) 加工方法

洋白菜主要加工方法有泡制和干制两种。

1. 泡制 洋白菜具有组织紧密、质地脆嫩、肉质肥厚并不易软化等特点，适宜制作泡菜。加工工艺与大白菜相似：选择质地新鲜的洋白菜，经充分洗涤，沥干后及时放入专用的泡菜坛内，其浸泡液含食盐量为 3%～5%，泡制 3～5 天即可上市。在泡制期间应注意的是坛子要先晾干，

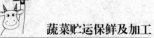

不能有生水、水槽扣碗盖后要保持水满，如发现坛内液面有白膜，应立即除去。如加入少量白酒、新姜片和大蒜可抑制杂菌滋生。

2.干制　一般采用热风干燥。

（1）工艺流程

选料→除杂→清洗→切分→热烫→干燥→包装→成品

（2）操作技术

①选料除杂　选择干物质含量较高的品种和新鲜菜棵，去掉外叶、根及茎部。

②清洗　用清水洗涤干净。

③切分　菜切成 4～5 毫米的菜条。

④热烫　在 0.2% 的亚硫酸钠溶液中热烫 2～3 分钟，因溶液中含有一定量的二氧化硫能防止氧化变色并可破坏酶的水解活性，增加细胞膜的透性，促进水分蒸发，有利干燥。

⑤干燥　热烫后沥去水，铺放在热烘盘上，一般每平方米铺 3～3.5 千克（3～3.5 千克/米²），进入热风干燥机（或烘房），烘烤前期温度不宜过高，中期升温，后期又降温到 55～60℃。完成干燥时间需 6～9 小时。

⑥包装贮藏　产品经回软、分级后及时包装，干燥制品要求贮藏的环境清洁、避光，温度在 10℃ 左右，相对湿度 30% 为宜。

二、菜　花

菜花即花椰菜，又称花菜。它是十字花科、芸薹属，一二年生草本，甘蓝类蔬菜。以由花薹、花枝、花蕾短缩聚合而成的花球供食用。我国栽培普遍。南方亚热带地区和长江流域各地可根据品种成熟期不同等特性，对夏、秋、初冬（6月至11

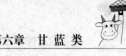

月）实行排开播种，分别于 10 月到第二年 5 月收获，供秋、冬、春三季上市。北方地区春茬在保护地育苗，5 月至 7 月收获供春、夏两季市场鲜销。秋茬 10 月上旬到第二年 1 月采收，满足冬、春鲜销或贮后上市。菜花品种可分早、中、晚熟三大类型。一般供应当年春、夏季的可选用早熟品种；供冬、春季贮后鲜销的以选择抗寒、耐贮、适应性强的中、晚熟品种为宜。如荷兰雪球、瑞士雪球等，经排开播种、适时调运和贮藏保鲜等措施，可实现周年均衡供应。

（一）采收要求

1. 采前要求 花球刚露出，要采取束叶的办法，即将花球周围叶片拢起来，轻轻捆好，避免阳光直接射入，花球才能洁白。采收前 1 周停止灌水。

2. 采收标准 以花球充分长大，表面圆、边缘花蕾未散开为宜。一般在下午 4～5 时采收，雨天不收，以减免微生物污染。收获时要留花球下 3～5 片叶，以利保护花球。

3. 预贮措施 待贮菜花应放置通风凉爽处，及时散去田间热和呼吸热，有条件的可置于冷库中预冷。

（二）贮藏特性

菜花较耐低温，贮时温度高了，花球易出现褐变，遇凝聚水霉变腐烂，外叶变黄脱落；温度过低、长期处于 0℃以下又易受冻害。其冰点为 -0.8℃。适宜的贮藏温度 0～1℃，相对湿度 95％左右为宜。湿度过低，花球失水萎蔫并使花球松散，会影响贮藏时间及品质。

（三）贮运方法

1. 贮藏 菜花贮藏方法很多，应根据其成熟度和设备条件选择不同方法。

（1）假植贮藏　在冬季温暖的地区，入冬前后利用棚窖、阳畦、贮藏沟等将尚未成熟的小菜花连根挖起，一棵棵地假植其内，并把每棵花菜的叶子拢起捆扎护住花球。假植后需浇水，适当覆盖防寒物。中午温度较高时可适时通风换气。随时注意气温变化。进入寒冬季节要加盖防寒物，及时浇水。在贮藏期间植株内的营养物质继续向花球运转，贮前的小花球到后期可形成大花球，此法管理便利，经济实惠。

（2）窖藏　备贮的菜花装筐入窖码垛或码放在菜架上贮藏。其上均需覆盖塑料薄膜，不需密封。每天轮流揭开一侧通风，调节温、湿度，以使窖内温、湿度控制在适宜状态。如发现塑料薄膜的下面存有凝聚水，要及时擦去，以防水滴落在花球上引起霉变。

（3）冷库贮藏　冷库内除了筐贮、架贮外，还可采用大帐子方法和单花球套塑料薄膜袋方法贮藏，即调控至适宜的温、湿度条件下贮藏。

①大帐贮藏　根据菜架的大小，用 0.23 毫米厚的聚乙烯薄膜制作成大帐，将菜花层层码放在菜架上，然后将大帐罩上，帐底部不密封，它与外界随时都可通风换气；也可入帐后立即密封底部，任其呼吸、自然降氧，最初几天因呼吸、代谢旺盛，每天透帐或隔天透帐，并擦去帐壁上的水滴后再密封，随着呼吸减弱，可 2～3 天透帐通风。一般隔 15～20 天检查一次，发现有黄叶、烂叶要及时剔除。此法管理简便易行，现已推广应用。

②单花球套袋贮藏法　用 0.015 毫米厚的聚乙烯塑料薄膜制作成长、宽分别为 40 厘米、35 厘米（或根据菜花大小而定）的袋子，将已整修后的花球单个装入袋中，折

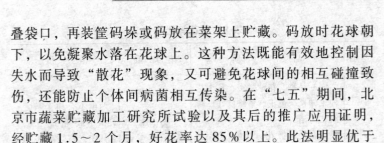

叠袋口，再装筐码垛或码放在菜架上贮藏。码放时花球朝下，以免凝聚水落在花球上。这种方法既能有效地控制因失水而导致"散花"现象，又可避免花球间的相互碰撞致伤，还能防止个体间病菌相互传染。在"七五"期间，北京市蔬菜贮藏加工研究所试验以及其后的推广应用证明，经贮藏 1.5～2 个月，好花率达 85％以上。此法明显优于筐、架和大帐的贮效。

菜花在贮藏中花球表面极易出现褐斑、霉变和腐烂。为了防治霉变和腐烂，目前一般或可使用克霉灵保鲜剂（主要有效成分为易挥发的仲丁胺）熏蒸处理。方法是在贮前用浸沾了克霉灵保鲜剂的布条或吸水纸，均匀地摆在筐、垛或堆之间，熏蒸 24 小时就能有效地抑制菜体表面的病原菌。其用量为每千克菜花用药 0.1 毫升。熏蒸要在密闭库房内或塑料帐内。注意药剂不能与菜体接触。

2. 运输包装 为防止运输中因振动使花球之间相互碰、蹭，可用卫生纸包住花球，再装筐或装箱。应使用保温车在适宜的温、湿度条件下运输。尤其是火车运输，必须有包装，可减少装卸和转运中伤及花球。晚春调运，装车前需预冷至 0～2℃。在冬春季也有用汽车散装作中短途调运的，如 1998 年冬实地考查，从浙江台州用大汽车散装菜花运往北京，两地相距约 1 700 千米，经 36 小时即到达蔬菜集散地。揭开防寒物，菜花鲜嫩洁白如初。卸车装筐，直送销售点。此法注意适当通风，否则菜堆中积累较多的呼吸热和乙烯，会使其外叶黄化脱落，加速衰老、腐烂而受损。

（四）上市质量标准

菜花按其商品品质分为一、二、三等，以单花重分为大球、中球、小球、特小球四级。详见表 8。

表8　菜花等级规格

等别	品　　　质	花球重	限　　度
一等	同一品种、花球紧实、各小花梗未伸长、色正、整修良好，新鲜、清洁 无腐烂、散花、变色、绒毛、变形小叶、萎蔫、茎空心、异味、浸水、冻害、病虫害及机械伤	大花球 重≥1.1千克	一等中品质要求两项不合格个数之和不得超过5%，其中：腐烂者不得超过0.5% 二、三等中品质要求两项不合格个数之和不得超过10%，其中：腐烂者不得超过0.5%；按花球重分级中不符合各级要求的个数不得超过10%
二等	同一品种、花球较紧实、有轻微绒毛、色较正、整修良好，新鲜、清洁 无腐烂、散花、变色、茎空心、异味、浸水、变形小叶、萎蔫、冻害、严重病虫害及机械伤	中花球 重≥0.8千克 小花球 重≥0.5千克	
三等	相似品种、花球不够紧实、有较多绒毛、色泽较差、整修良好、新鲜、清洁 无腐烂、茎空心、变形小叶、萎蔫、异味、冻害、浸水、严重病虫害及机械伤	特小花球 重≥0.2千克	

·（五）加工方法

菜花以鲜销为主，也可腌渍、脱水和速冻。其中以速冻加工为多。

速冻加工法：菜花经整理、清洗、切分后在90~100℃沸水中漂烫3~5分钟。用冷水冷却、沥干随即进入-35℃的低温下速冻。计量包装后放在-18℃的低温库中贮藏。上市销售需采取冷链运、销。速冻产品按国家行业标准分为优级品、一级品、二级品。详见表9。

表 9　速冻菜花等级规格

（引自 SB/T10161-93）

标准项目 ＼ 等级	优 级	一 级	二 级
色 泽	乳白色，无锈斑	乳白色，锈斑≤3%	乳白色，锈斑≤6%
形 态	小花球直径 2～4 厘米，花梗长为小花球直径的 1/2，大小均匀，组织紧密；破碎率、黏连率均不超过 2%	小花球直径 2～5 厘米，花梗长为小花球直径的 1/2，大小较均匀，组织较紧密；破碎率不超过 4%，黏连率不超过 5%	小花球直径 2～5 厘米，花梗长为小花球直径的 1/2，大小较均匀，组织较紧密；破碎率不超过 8%，黏连率不超过 10%
杂 质	不得检出	不得检出	每千克不得超过 0.1 克

三、绿 菜 花

　　绿菜花即青花菜，又称茎椰菜、西兰花或意大利芥蓝。它是十字花科、芸薹属，一二年生草本，甘蓝类蔬菜，以带有花蕾群的肥嫩花茎供食用。绿菜花在我国的栽培历史不长，但发展较快，栽培面积迅速增加，是有发展前景的高档、优质蔬菜。主要有青花和紫花两类；分早、中、晚熟；利用自交不亲和系已育成杂种一代品种。可在春、夏、秋三季采收供市。

（一）采收要求

　　绿菜花的适收期很短，花球青绿色扁球形的花蕾簇开始很紧实，以后逐渐松散，当手感花蕾粒子有点松动或边缘的花蕾略有松散，表面紧密略平滑，无凹凸即为采收适期。采收过早影响产量，迟了花球展开、花蕾黄化，失去商品价值。采收应在清晨或傍晚进行。采收时将花球连同 10～12 厘米长的肥嫩花茎一起割下。当侧枝顶端的小花球长至直径 5～6 厘米时可再次采收。绿菜花采收后呼吸强度很大，在较高温度下绿色花球很快黄化，花开放。故需迅速降温至0~3℃，减小呼吸作用，保持绿色、避免维生素C的损失。

（二）贮藏特性

绿菜花喜冷凉，其冰点为-0.6℃，贮藏的适宜温度为0℃；相对湿度95%以上。乙烯及高温促进黄化、加速衰老。

（三）贮运方法

绿菜花在冷库中采取架、大帐、单花球套袋方法贮藏均可，其中以单花球套袋为最佳。库温可控制在0±0.5℃，贮藏30~40天，好花球率可达85%以上。

应用保温车在适温下运输，可用小型竹筐内衬塑料薄膜包装并加盖，如用带盖的泡沫塑料筐包装更为理想，因具有较好的控温控湿功能。贮运包装及管理参见菜花的相关部分。

（四）上市质量标准

色泽青绿或紫红，花蕾不发黄；花球紧密不松散，花球中间无毛叶（小叶片）；花茎肥嫩，无病虫斑。对花茎过长和二次采收不大的花球（即二级品）可将其3~5枝扎为一束，用铭带捆扎成小把。分级装筐。

（五）加工方法

绿菜花以鲜销为主，也可腌制、脱水干制或速冻。其速冻加工方法可参见菜花的相关部分。

四、苤　蓝

苤蓝即球茎甘蓝，又称玉蔓菁、芥蓝头或撇蓝。它是十字

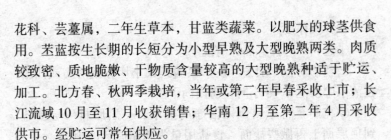

花科、芸薹属，二年生草本，甘蓝类蔬菜。以肥大的球茎供食用。茎蓝按生长期的长短分为小型早熟及大型晚熟两类。肉质较致密、质地脆嫩、干物质含量较高的大型晚熟种适于贮运、加工。北方春、秋两季栽培，当年或第二年早春采收上市；长江流域 10 月至 11 月收获销售；华南 12 月至第二年 4 月采收供市。经贮运可常年供应。

（一）采收要求

早熟品种宜在球茎未硬化、顶端的叶片未脱落时采收；晚熟品种应待其充分成长、表皮呈粉白色时收获。采收时应从地面根部割下，防止损伤外皮，除去球茎顶端叶片，以减少水分蒸腾。应放置阴凉处，严防日晒、雨淋。

（二）贮藏特性和贮运方法

贮藏适宜温度，0℃；相对湿度 95% 左右。有条件的地区入贮前可预冷至 0～2℃。采用保鲜膜或打孔塑料袋包装，然后装筐码入冷库，可贮 2 个月至 3 个月。

冬春季运输，可用编织袋包装；其他季节需采用筐只类作包装，便于码放通风。

（三）上市质量标准

新鲜、光滑、大小均匀完好；无网状花纹、无老化斑纹、无病虫害及裂伤，不带叶片和泥土杂物；筐、袋包装。

（四）加工方法

1. 腌制

（1）工艺流程

选料→清洗→整修、切分→腌制→成品

（2）操作要点

①选料　选择鲜品，清洗干净。

②整修切分　削去外皮，根据其大小切分成两瓣或四瓣，在清水中浸泡 6~8 小时，捞出沥干。

③腌制　将原料倒入洁净的缸中，一层原料一层食盐，到顶层面上再撒些盐面。食盐用量为腌制原料的 10%。置阴凉处。第二天倒缸，以后每隔 1~2 天倒一次，连续倒 4~5 次，苤蓝变软后缸内出现液汁，用重石压其上，让液汁慢慢透出没过被腌苤蓝，加盖封缸。经 30 天左右，再次倒缸，待苤蓝呈浅黄色并且已不见白心时即已腌制成咸鲜、脆嫩的腌苤蓝。

2. 酱制　腌苤蓝可直接佐餐食用，也可作酱制品的原料。因其含食盐量高，在酱制前需脱盐。即将咸苤蓝用清水浸泡：夏天 2~4 小时，冬天 5~6 小时，中间需换清水数次，使含盐量降为 2%~2.5%。

（1）酱八宝

①工艺流程

配料→原料预处理→酱制→拌料→成品

②操作要点　原料有咸苤蓝 5 千克、咸黄瓜 2.5 千克、咸菜瓜和咸香瓜各 1.3 千克；辅料有花生米 1.3 千克，鲜姜 0.5 千克、杏仁 0.5 千克、桂花 120 克；调味料有面酱 5 千克、白糖 750 克。

原辅料预处理：将咸苤蓝等原料均切成 0.5 厘米见方的丁，泡入清水中脱盐；再把花生米炒熟，姜切成丝。

酱制：将脱盐后的原料控去水分，装入布袋中，投入已配好的面酱汁中，每天搅拌几次，7~8 天后取出，控去 30% 左右的酱汁。

拌料：将桂花、白糖、姜丝、花生米、杏仁等辅料拌入原

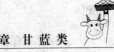

料中，搅拌均匀即成香脆、甜咸可口的酱八宝。

（2）酱油苤蓝丝

①配料　咸苤蓝、酱油、鲜姜适量。

②制作　将咸苤蓝切成丝状，浸泡脱盐，然后控去水分和姜丝一起装入洁净坛中；倒入酱油（用量30%）浸泡，经常翻动，3～4天后即制得酱香可口的酱油苤蓝丝。

酱制品黄色或棕褐色，有酱香味，咸甜适口、脆而味鲜；无异味、无杂质。

五、抱子甘蓝

抱子甘蓝又称球芽甘蓝、子持甘蓝或姬甘蓝。它是十字花科、芸薹属，一二年生草本，甘蓝类蔬菜。以腋芽形成的小叶球供食用。分高、矮两种类型。按照叶球大小可分两种：大抱子甘蓝，其花球直径大于4厘米以及小抱子甘蓝。我国有少量栽培，主产于上海、北京和台湾等地。南方6月中旬至7月上旬播种育苗，10月上旬至第二年3月下旬采收上市。北京周边地区多选用早、中熟品种，6月上旬播种，立冬前移入塑料大棚开沟假植，11月初至翌年2月陆续采收上市。宜鲜销。

（一）采收要求

小叶球包球紧实、外观发亮、色泽鲜绿即可采收。采后暂放阴凉通风处，使其散去田间热，待销或贮藏。

（二）贮藏特性和贮运方法

抱子甘蓝贮藏适宜温度为0℃；相对湿度为90%～95%。其贮运方法参见洋白菜的相关部分。

（三）上市质量标准

小叶球包心紧实、鲜嫩，无病虫害、无黄叶，干爽；筐装或用编织袋、塑料薄膜袋包装。

六、芥　蓝

芥蓝又称芥蓝菜、盖菜或绿叶甘蓝。它是十字花科、芸薹属，甘蓝的一个变种，一二年生草本，甘蓝类蔬菜。以肥嫩的花薹及幼嫩叶片供食用，也可在抽薹前采收幼嫩植株供食。它是我国的特产蔬菜，也是广东地区秋、冬季节的主要应市菜。依花色可分白花芥蓝和黄花芥蓝两种类型。白花芥蓝栽培面积大，分布广。一般又分早、中、晚熟种。华南及福建等地以秋、冬栽培为主，11月至第二年2月采收上市。或根据品种特性，还可把早熟品种提早到夏季、晚熟品种延迟到冬季作排开播种，就能实现从9月开始采收直到第二年4月，供应期长达8个月。除供本地日常消费，还可销往香港、澳门以及北京等地，并为北方各大城市的冬、春季补充优质绿叶菜。在长江流域夏、秋季播种，秋、冬季采收上市。北方一般在春、秋季温室栽培，50~70天即可收获供市。只宜鲜销。

（一）采收要求

当花薹生长到与基生叶等高时俗称"齐口花"（花薹直径约为1~1.5厘米，长度在20~25厘米），应及时去掉下部的叶片，割下花薹，捆扎成小把，每把重约0.5千克左右。侧薹在长度达15~20厘米时采收。

（二）贮藏特性及贮运方法

芥蓝是以鲜销为主的蔬菜，只宜作短期贮藏和中短途调运。贮运的最适温度为 0℃，长期处于 0℃ 以下会出现冻害；相对湿度宜在 95% 以上。试验表明，随着贮温升高，贮期随即缩短，其表现为：叶片加速黄化、脱落，从而失去商品价值。详见表 10。因芥蓝食用部位以生殖器官为主，采后仍保持其生长优势，呼吸代谢旺盛，所以即使是在冷库中短贮或是在适温条件下运输，都需装筐，并应注意通风换气。

表 10　芥蓝的贮藏温度和贮藏时间

贮藏温度（℃）	0	5	10	15	25
贮藏时间（天）	25~30	12~16	4~7	3~4	1~2

（三）上市质量标准

薹、叶浓绿，叶片整齐，圆滑鲜嫩；无老化、无黄叶、无病虫害；主、侧薹分别捆扎成把。

第七章

芥菜类

一、叶用芥菜

叶用芥菜简称芥菜，又称雪里蕻、雪菜或辣菜。它是十字花科、芸薹属，一二年生草本，芥菜类蔬菜。以发达的叶片和叶柄供食用。一般以加工腌制为主，少数品种鲜食。芥菜分大叶芥、花叶芥、瘤芥、包心芥等品类。由于芥菜适宜冷凉湿润的气候，南北各地均以秋播为主。华东、华南和西南地区一般冬季或次年春季收获上市。适于加工的品种有广州鸡心芥、哥劳大叶芥、黑叶雪里蕻、春不老、南风芥等。北方地区 10 月中下旬收获上市。

(一) 采收要求

加工用芥菜在采收前 15 天停止浇灌水肥，以免因含水量过大，影响加工制品质量。腌渍用的芥菜一般在短缩茎伸长至 8～12 厘米、未抽薹时采收为宜。各地的特色制品又有不同的要求：南充冬

菜、短缩茎在 6～15 厘米时采收；广东梅菜则在花薹高 15 厘米左右、花蕾出现时才采收。此外春季在分蘖株高 15 厘米左右并开始抽薹时收获为宜。如以幼苗供食用则在定植后 40 天左右采收上市。

（二）贮藏特性及贮运方法

芥菜是较耐贮藏的绿叶菜，冰点以上的低温和高湿是其理想的贮藏条件。适宜贮温为 0℃，相对湿度在 95% 以上可贮 30～40 天。芥菜以加工为主，加工原料必须新鲜，故不作长期贮藏。只是在收获季节货源相对集中时作临时吞吐性的短贮。可在通风良好的阴凉处或棚下暂存，有条件的暂存入冷库更好，切忌码大垛堆放。

加工芥菜采取就地生产就地加工，有利减少损耗、降低成本。如货源需短途调运，多采用汽车或人力、畜力大板车公路运输，但均需装筐，既方便装卸，又能减少机械伤。铁路调运要预冷至 0～2℃，应用保温车。

（三）上市质量标准

叶色纯正、质地鲜嫩、株棵均匀；无病虫害、不抽薹；应切去主根，扎捆或散棵装筐。

（四）加工方法

芥菜含有硫代葡萄糖甙，经水解后产生挥发性的芥子油，具有特殊的辛辣味；同时它还含有丰富的维生素、蛋白质、糖类和矿物质，蛋白质经水解产生多种氨基酸，故其腌制品质地脆嫩、香气浓郁、美味可口。

1. 腌制　在我国南北各地均有腌制，加工工艺基本相同。只是食盐用量不同，一般南淡北咸。

工艺流程

选料→整修→清洗（或不清洗）→晾晒→腌制→成品

（1）非发酵腌制法 在北方地区多采用此法。加工季节在入冬前（10月至11月）。操作要点：

①原料选择及整修 选择叶片肥嫩、长为40～50厘米的植株，削去须根和老根，摘去枯叶、烂叶，剔出病虫株，晾晒2～4天。

②腌渍 将菜棵顺序排入缸或池内，每层菜上撒一层盐，层层填入，码至八、九成满为止。食盐用量为14%～17%。腌制后的前3～4天每天要换缸，以后每隔3天换一次，通过换缸，来回倒动、搓揉，促使芥菜的表层细胞组织破裂，细胞汁流出，加速食盐溶入原料。经20～30天腌渍，即可供食。如要继续存放，要将腌好的产品用清洁绳子捆成小把后，再装入洁净的缸内层层压紧实装满再加盖封好，放在避光处，可贮存至次年3～4月份。这种雪里蕻制品的食盐浓度高，可有效地抑制有害微生物活动，防止腐败变质，并能保持绿色，但同时也抑制了乳酸菌等有益微生物的活动。另外如盐浓度超过12%，制品的后熟期会相应延长，使咸味过重，鲜味变淡，风味和品质都会受到影响。

（2）发酵腌制法 据有关试验表明，乳酸菌类活动的适温为26～36℃，当食盐浓度低于6%～10%、pH为3.0～4.5、原料中含糖在2%左右及缺氧的条件下，能促进乳酸菌的活动，从而有效地抑制霉菌、大肠杆菌和酵母菌等的活动，同时还使蛋白质得到充分的分解，产生多种氨基酸。在微酸的条件下，叶绿素会被破坏，形成脱镁叶绿素，失去绿色，呈现黄褐色。南方多采取乳酸发酵腌制法。加工季节，江浙一带在每年3月至4月间，华南等地会更早些。操作要点：

①晾晒 原料选好后每棵经过清洗。晾至屋檐下或大棚内

等阴凉处，晾至叶柄柔软、折而不断为度；

②整修分切　削去须根、老根，根据棵大小，可分切成两份或者四份，再横切成长为2～2.5厘米的菜段。

③腌渍　将菜段放入大盆中加入食盐搓揉，直至菜汁渗出，装入坛（或大缸）中，边装边压，越紧实越好，其目的是要形成缺氧的环境。食盐用量为6%～7%。当装到容器约八、九成满，并有食盐菜汁混合液溢出，形成液汁面时，在其上再撒些盐，压入洁净重石块，加盖后置于阴凉通风处，经1个月左右就可腌成咸雪里蕻。产品色泽金黄或稍带褐，微酸、脆嫩可口。

④包装　腌雪里蕻制品为了长期保存，可应用铝箔袋或无毒复合塑料袋作定量真空包装。其主要工艺过程：计量装袋→抽气热合→高温灭菌→冷却→保温检验→装箱。真空包装产品置于25℃以下的阴凉通风处可保质贮藏6个月。

2. 干制　湿态腌雪里蕻制品可干制成梅干菜。传统方法是把腌制的成品从坛中取出，在阳光下晾晒，晒干后装入干净坛中，压实盖严，以防吸潮。置于阴凉、干燥通风处，可存放2年。

二、根用芥菜

根用芥菜又称大头菜，北方俗称芥辣、芥菜头、疙瘩菜、疙瘩头或芥菜疙瘩；南方俗称大头菜、土大头、玉根或冲菜。它是十字花科、芸薹属，一二年生草本，芥菜类蔬菜。以肥大的肉质根供食用。按叶形分为板叶和花叶类型；按肉质根形状分为圆锥根、圆柱根、荷包形根和扁圆根等四种类型。在我国栽培面积广，东北和西北地区10月上、中旬收获上市；华北以及淮河以北地区10月下旬至11月中旬收获上市；长江以南地区于第二年1月收获。根用芥菜较耐贮运，在适宜条件下，可贮藏1~3个月，贮藏期间可陆续供应市场。

（一）采收要求

肉质根充分膨大、基部叶片枯黄时收获最适宜。收获后用刀在根茎处将叶片削下，同时削去须根。

（二）贮藏特性和贮运方法

根用芥菜贮藏适宜温度为0℃，适宜相对湿度为90%~95%。北方地区多采用埋藏和窖藏方法贮藏。可参见萝卜贮藏方法。运输中以散装、筐装、麻袋和编织袋包装。

（三）上市质量标准

削净须根以及缨子；形状端正，无分叉，外皮洁净；无病虫害，无机械伤，无空心、黑心；筐装。

（四）加工方法

1. 腌制

（1）工艺流程

原料选择→清洗→晾晒→腌渍→成品

（2）操作方法　将根用芥菜洗净，置于阳光下晒至稍干，每隔2厘米用刀切一浅口，继续曝晒2~3天，直至晒蔫。入缸，加盐和少量盐水腌渍。盐用量为原料的17%。上压石块。腌制初期，每隔3天倒缸一次，共倒缸3~4次。3个月后即成成品。腌制时间长些更好，如能隔年品味更佳。

2. 酱制　玫瑰大头菜。

（1）工艺流程

原料选择→切片→脱盐→第一次酱制→晾晒→第二次酱

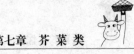

制→成品

（2）操作方法　以腌渍大头菜为原料，切成0.5～0.6厘米的片，放入水中浸泡2小时，中间换水两次。捞出控干后置于阳光下晾晒，当表皮出现皱褶时放入缸内，加入烧沸的酱油进行第一次酱制。酱油用量为原料的4%。每天翻动1次。三天后捞出再晾晒，晒至六七成干，置于阴凉处软化1～2天。入缸，用白糖、玫瑰、白酒、味精与酱油混合，倒入缸内，翻拌均匀。配料用量比例：每10千克咸大头菜用白糖100克、玫瑰30克、白酒30克、味精10克。酱渍10天即成成品。成品色泽深褐，有玫瑰香味，质地脆嫩。

三、青菜头

青菜头又称茎用芥菜、菜头、包包菜、菱角菜或羊角菜。它是十字花科、芸薹属，一或二年生草本，芥菜类蔬菜。以膨大的肉质茎供食用。按利用方式不同可分为两种：加工种，其膨大茎上有突起，适宜加工，其加工产品称为榨菜；鲜食种，茎膨大呈棍棒状或羊角状，一般秋播，次年春季收获上市，主要供鲜食，也可加工。茎用芥菜主产区为长江流域。尤其是长江上游重庆市的涪陵地区。一般在9月上旬前后播种，第二年2月收获上市；长江中游地区的武汉、宜昌等地8月下旬播种，12月底采收供市；长江下游的江、浙地区9月底10月初播种，次年4月中旬采收；长江以北的郑州、洛阳等地冬季寒冷，只好在早秋播种，11月收获。

（一）采收要求

当肉质茎充分膨大，刚现绿色花蕾时是采收最佳期，过早采收产量低；过晚则导致产品老化、纤维增多、易空心，从而影响加工产品品质。采收后要作简单整修，去土、去根，摘除肉质茎上的叶片，放置阴凉处暂存。

（二）贮藏特性及贮运方法

茎用芥菜有较厚的表皮组织，能起一定的保护作用，较叶用芥菜耐贮些。适宜贮藏温度为 0℃，相对湿度为 95％左右。可在冷库中装筐码垛或装编织袋在菜架上贮藏。贮期可达 1 个多月。供加工用的一般不作长期贮藏。运输可参见根用芥菜。

（三）上市质量标准

肥大新鲜、纤维少，质地细嫩紧密；无空心、无病虫害、无机械伤；不带泥沙；装筐或装编织袋。

（四）加工方法

腌渍加工制品即为榨菜。榨菜的制作技术早在 1898 年就起源于今重庆市的涪陵县。已有百余年的历史。在最初加工过程中曾用木榨将多余水分榨去从而得名为"榨菜"。涪陵榨菜制作精良，畅销国内外，所以得到"中国榨菜之乡"的誉称。目前我国很多省市都能制作榨菜。

（1）工艺流程

选料→风干→腌渍→分级→洗涤→拌料→装坛→后熟→成品

（2）操作要点

①选料　选择质地细致紧密、纤维少、皮薄、沟浅易清洗的块茎。

②整修、风干　将块茎基部的粗皮老筋剥去，但不要伤及上部青皮；按大小块分别穿成串，每串长约 1.5～2.0 米、重 4～5 千克，上架放于通风良好处，自然风干，以表面皱缩而

不干枯、整块菜柔软及无硬芯为度。脱水后其重量约为鲜重的
40%～45%。晾架期间如遇久雨不晴或时雨时晴又无风的天气
时，容易造成抽薹空心，甚至霉烂变质，需及时采取措施，利
用风机，人工强制通风干燥。

③腌渍　从池内初腌到装坛共有三次：第一次腌制，食盐
用量为5%（与脱水后的菜重量相比），预留10%作为盖面用
盐。菜块入池后层层加盐压实，池满加撒盐面，3天以后起池
上囤，起池时上下翻动搓揉。第二次，将上囤2天后的半熟菜
块称重并再次腌制，用盐量为7%，其方法与第一次相同，
早、晚用力压一次，7天后再次起池上囤，制成毛熟菜块。

④整理、分级　在第二次上囤24小时内剔去菜块上的黑
斑、硬筋和霉点，然后按大小分级。

⑤洗涤　利用腌渍过程中产生的菜汁盐水的澄清液洗涤干
净。

⑥拌料装坛　菜块再用4%～5%食盐配上红辣椒、花椒
和八角等调味香辛料一起撒入菜块搅拌均匀，装入坛内，边装
边压，直至满坛，这是第三次腌渍。

⑦后熟及清口　入库后熟，每隔1～1.5个月敞口清理检
查一次称为清口。清口2～3次，坛内的各种发酵作用已进入
后期，可用水泥封口。由于以后一段时间内发酵作用并未完全
停止，仍进行着微弱发酵，故封口要留一小孔，以免受压造成
裂坛。后熟一般需2～3个月，制得成品，保质期一年以上。

⑧真空小包装　应用此法制得榨菜含盐量一般超过12%，
为适当降低盐度，可对成品榨菜作再一次的加工。制得低盐无
防腐剂的真空小包装榨菜。其主要工艺流程：

成品榨菜→冲洗脱盐→切丝除杂→脱水→拌料（所加调料
与初装坛时相同）→称重装袋→抽气热合→高温灭菌→冷却→
检验→装箱

经以上处理，食盐浓度可降到 5%～6%，因配制的调味料与高盐制品相同。所以，仍能保持榨菜风味。在 25℃ 以下的库中贮藏保质期为 6 个月左右。

　　产品质量要求：色泽鲜艳、菜块周正、大小均匀；肉质脆嫩、咸辣适口并具有榨菜特有清香。

第 八 章

绿叶菜类

一、菠　菜

　　菠菜又称赤根菜。它是藜科、菠菜属，一二年生草本，绿叶菜类蔬菜。以鲜嫩的叶片和叶柄供食用。通过调控栽培技术，结合选用周转贮藏以及加工手段可以达到常年供应。按照上市季节的不同，菠菜可分成春、夏、秋以及冬春等四类。其中除供应冬春两季市场的菠菜需经长期贮藏外，其余三类都适宜采后随即上市或经周转短贮后鲜销。供应夏、秋两季上市的菠菜应选择耐热型的圆叶菠菜品种，分别在早春或初秋播种。供应冬春两季上市的应选择耐寒型的尖叶菠菜品种，在秋季播种，其中以种子或幼苗状态越冬的埋头菠菜和根茬菠菜到第二年返青长成以后供应早春市场；以成株状态形成商品的秋菠菜适时采收后经贮藏可以供应冬春市场。

（一）采收要求

采收前一周应停止灌水，以增强其耐寒性。选择根粗、棵大、叶子厚实的菠菜，用铁锨连根铲下，留根 3～4 厘米，抖掉泥土，摘去病叶、黄叶、整修捆把，每捆 2 千克左右，捆不宜过大，否则捆中心发热、易腐。捆好的菠菜置于阴凉处，散去露水、降低菜温，晾菜时间随气温而定。为减少菜体水分蒸腾过多，可稍加遮盖，待气温下降到适宜贮藏时便可入贮。

（二）贮藏特性

菠菜耐低温，它在忍受 -9℃ 低温后，经缓慢解冻，仍可恢复新鲜状态。菠菜冰点为 -0.3℃、含水量为 92.7%。最适贮藏温度为 0℃，相对湿度 95% 以上为宜。充分利用菠菜的耐寒特性，灵活地采取各种贮藏方法，就能获得较好的效果。

（三）贮运方法

1. 贮藏

（1）冻藏法　可分普通冻藏和通风冻藏两种。

①普通冻藏法　此即一般沟冻藏，把捆好的菠菜根向下放入沟内，其上撒一层湿润细土，以不露叶子为度。前期覆土以利保湿防风，不宜过厚；后期随气温的逐渐下降，可分 2～3 次覆土，覆土总厚度在 25 厘米左右，使沟内温度保持在 -6～-8℃。冻藏的菠菜必须始终保持在冻结状态，忽冻忽化或冻结温度过低都会造成损失。

②通风冻藏　冻藏沟底部设有通向沟外的通风道。把成捆的菠菜放置在通风道上，然后在其上覆土，覆土技术与普通冻藏相同。此法可以利用通风道将外界冷空气引入沟内，调节沟

温。当外界气温过低时，可将沟两头的通风道口堵塞；开春后，地温渐升，再打开通风道口。通风冻藏比普通冻藏损耗率可降低15%左右。冻藏上市需提前3～4天将菠菜从沟中取出，轻轻放到室内或棚内，在0～2℃的低温下缓慢解冻。如在高温下迅速解冻，细胞间隙的冰晶融化后不能及时被细胞吸收而外流，会使菜体变软或引起腐烂，从而影响品质、加大损耗。

（2）低温贮藏　将成捆的菠菜码入已挖制好的沟内，上面盖一层甘蓝等菜叶，前期注意防热，必要时还应进行倒动。后期随气温变冷，加盖草苫等防寒物，使沟温保持在0～2℃。低温贮藏控制菠菜不发生明显的冻结。以良好的耐寒性能，在微弱的呼吸代谢中维持生命活动，有利减少自身物质的消耗从而保持其品质。

以上贮藏方法，均利用自然低温贮藏，沟挖制的规模大小要求，可参见第二章蔬菜贮藏的相关部分。

（3）冷库贮藏　冷库中贮藏可人为地调控适宜贮藏温、湿条件，不受自然气候变化制约，故能得到更好的贮效。一般采用"自发气调法"贮藏。即将预冷后的菠菜用贮运塑料薄膜袋包装。每袋12～13千克，平放在菜架上，库温在0～-1℃。敞开袋口一昼夜后：一种方法是扎紧袋口，袋内因菠菜的呼吸作用，可使氧气含量下降、二氧化碳气逐渐上升，约1周后氧含量降到11%～12%，二氧化碳含量上升到5%～6%，应打开袋口交换气体，时间约需2～3小时，当氧含量升到18%以上、二氧化碳气大量放出，下降接近空气中正常含量时，扎口封闭。在贮期每隔1周需开袋换气一次。此法因菠菜呼吸作用可使密闭袋内的氧含量降低，从而使呼吸代谢减缓，达到保鲜的目的。另一种方法为"松扎袋口法"，即扎袋口时不扎紧（不封闭），松口处直径30毫米。

此法作业更简便，既防水分蒸腾，又有一定调节袋内气体组分即降氧增二氧化碳的功效。贮藏初期每月检查一次，以后每 15 天一次，此法贮效均优于沟藏。一般春菠菜能贮 1 个月，秋菠菜可贮 2～3 个月。

2．运输　菠菜在我国南方几乎全年均能栽培，但北方冬季主要靠贮藏满足市场需求，通过运输可以解决地域之间产、销不均衡的矛盾。运输方法、包装等可参见大白菜。

（四）上市质量标准

不论是即收即销，还是贮运后上市，均须经整修（含解冻）。色正、叶片光滑鲜嫩、干爽，植株完整；无枯黄叶，无花斑，无抽薹，无泥土；用铭带捆成 0.5～1 千克小把，也可定量装食品袋。

（五）加工方法

菠菜除大量鲜食外，可干制、速冻成各种加工制品。

1．干制法　干制菠菜又称脱水菠菜，可供缺乏栽培条件的边防前沿或林区之需；或用于方便面的辅料或汤料。

（1）烘烤干制法　工艺流程：

选料→整修、清洗→烘烤→包装

操作要点：

①选料　选择叶片肥大、厚实、色深绿及干物质含量高的品种。

②整修、清洗　除去老叶，切去老根，用清水洗净，沥去水分。

③烘烤　将菜摊放在烘盘上，摊放厚度以不影响热空气流通为度，进入烘房或隧道式烘干机后，将烘烤温度控制在75～80℃。当烘房内相对湿度超过 70％ 时，需通风排湿，时间

10～15分钟；要使各部位受热均匀，适当倒换烘盘的位置，以使干燥程度一致。烘烤共需进行3～4小时。成品率为5%～6%。

④包装　因产品质脆、松散、体积大，在包装前应先进行预处理：首先需作回软处理，具体方法参见第四章的相关部分；其次按品质规格标准分级；再在－15℃低温下短贮杀虫；然后进行压缩，减小体积，其压缩比约为5.8:1，最后进行包装。压缩后包装还可提高防虫和抗氧化能力。贮藏环境温度为5℃；相对湿度以30%为宜。应避光保存。

（2）冷冻升华干燥法　这是应用现代化的干燥设备及新技术的一种干制方法。将整修、洗净后的原料冷冻至冰点以下，再置于真空度低于0.61千帕（4.6毫米汞柱）的设备中，使菜体所结的冰在低于0℃的条件下直接变为水蒸气而升华。因无需加热，就不会发生热变性、氧化等问题，故其制品能保持原有的品质和风味，复水性极佳。此法是现有干燥法中最具特色的先进方法。惟一不足的是设备昂贵、成本高。

2．速冻

（1）工艺流程

选料→整修、清洗→热烫→冷却→速冻→包装→冷藏

（2）操作要点

①选料　选择株棵均匀完整、颜色深绿、叶片肥厚、鲜嫩，无病虫害的菠菜。

②整修、清洗　削去须根和老根，摘除黄叶，除去泥土和杂物；用清水洗涤干净。

③热烫　把菠菜根部对齐，捆成0.5千克重的小把，直立放入特制热烫笼内，在沸水中漂烫：叶柄需烫50秒钟；叶片可减至20秒钟。

④冷却　热烫后菠菜立即投入 10℃ 以下的凉水中冷却、沥干。

⑤速冻　可采用隧道式鼓风速冻设备在 -30℃ 的低温下速冻。

⑥包装冷藏　采用无毒的塑料薄膜袋或纸板盒，定量包装。单位重量为 0.5～1 千克。装入纸箱等外包装内，置于 -18℃ 的低温库中冻藏。冷链运销。

二、根 达 菜

根达菜又称叶荙菜、牛皮菜、厚皮菜、莙达菜或光菜。它是藜科、甜菜属，一二年生草本，绿叶菜类蔬菜。以肥厚的叶、梗或嫩苗供食用。根据叶片、叶柄特征可分为青梗种、白梗种和皱叶种等三种类型。应结合采食部位选择品种，如采食嫩苗择青梗种为宜；如剥取嫩叶梗则可选用白梗种。南方春、秋两季集中收获，主要供应 11 月至次年 5 月的冬春淡季市场。北方主要供夏淡市场。宜鲜销。

（一）采收要求

如以采收嫩苗供食，播种后 40～50 天即可结合间拔幼苗采收；如食其嫩叶可待长有 6～7 片大叶时开始剥取外叶，每次 2、3 片。收后及时追施肥水，促进内层叶片继续生长和新叶的形成，以后每隔 10 天左右再剥一次，宜勤收轻采。

（二）贮藏特性和贮运方法

根达菜不宜远运久贮，适宜的贮藏条件：温度 0℃，相对湿度 95% 为宜，可置于通风干燥处短贮，注意防冻、防晒、防热。

（三）上市质量标准

鲜嫩、色正、株棵均匀，叶片完整；不抽薹、无折断、无枯叶、无病虫害；筐、袋装。

三、落　葵

落葵又称木耳菜、软浆叶、染浆叶、紫葛叶、胭脂豆、豆腐菜或藤菜。它是落葵科、落葵属，一年生蔓性草本，绿叶菜类蔬菜。以鲜嫩的茎叶供食用。落葵质地滑嫩多汁，风味独特，是一种具有保健功能的蔬菜。落葵按花色分为红花和白花落葵两种。南方栽培极为普遍，也是北方夏季供市的重要绿叶菜之一。一般以春播为主，夏、秋季也可栽种，播后 40 天左右就可分期分批采收上市，前期间苗拔收，以后采摘嫩梢嫩叶，陆续采收，可供应到深秋，主要供鲜销。

（一）采收要求

当植株生长至 22～25 厘米高度时，可采摘幼嫩梢、叶。摘后追肥，促进腋芽多发新梢。以后可不断采摘。

（二）贮藏特性和贮运方法

落葵为鲜品，不适贮藏和加工，在 25℃ 常温下只能存放 1～2 天；低于 5℃ 又会发生冷害，如需作短途运贮，必须掌握其贮藏特性；温度控制在 5～8℃，相对湿度 95% 以上为宜。可捆扎成小把，装筐。为防止脱水，如适当覆盖塑料薄膜，能保持鲜度 2 周左右。

（三）上市质量标准

色正鲜嫩，肥壮多汁；无枯黄叶及病虫害；用铭带扎成束、装筐。

四、冬 寒 菜

冬寒菜又称葵菜、冬葵、冬苋菜、滑肠菜或薪菜。它是锦葵科、锦葵属，一二年生草本，绿叶菜类蔬菜。以幼苗或嫩叶梢供食用。冬寒菜味清香、口感滑润柔嫩，在我国南北各地都有零星栽培。品种分紫梗、白梗两种，其中紫梗种叶大肥厚，较晚熟，适于春播；白梗种，叶较小而薄，早熟，适合早秋栽培。一般南方春季4月上旬可采收上市；秋季排开播种，可从10月中旬开始采收直到第二年3月，陆续应市，以增加花色品种。在北方春季露地播种，6月上旬采收供市；秋季播种，10月份采收上市。宜鲜销。

（一）采收要求

当幼苗生长4～5片真叶时，开始间拔苗。幼苗上市，先后二次。待植株长至18～20厘米，开始采摘嫩梢。春季生长迅速，每隔7～10天便可采收一次。

（二）贮藏特性和贮运方法

冬寒菜喜冷凉湿润气候，耐寒性较强。冬寒菜叶面积大，呼吸代谢旺盛，易脱水黄化，周转性短贮时应装筐。注意通风、避光。不宜远销久贮，在暂贮或短途调运中必须控制适宜的温、湿度，一般掌握温度0℃、相对湿度95％以上为宜。

（三）上市质量标准

色正、鲜嫩；无枯、黄叶及病虫害；筐装。

五、菜苜蓿

菜苜蓿又称草头、金花菜、黄花菜、黄花苜蓿或紫花苜蓿。它是豆科、苜蓿属，二年生草本，绿叶菜类蔬菜。以嫩茎叶供食用。菜苜蓿春、秋均可栽培，以秋播为主。主要产地在南方各地。春季栽培，4月上旬至7月下旬陆续收割上市；秋季分期播种，8月中旬至翌年3月下旬分批采收，供应秋季及早春市场。

（一）采收要求

播后25~30天即可采收，割收茎叶后，留的下茬要求短而整齐，尤其是第一次收割，应以"低、平"为准，这样便于以后收割，并有利于产量的提高。

（二）贮藏特性和贮运方法

菜苜蓿耐寒性较强，在-5℃低温下，叶片被冻死，气温回升后仍能萌发生长。贮藏温度0℃，相对湿度95%以上为佳。宜鲜销，不宜久贮远运。必要时只能在阴凉、湿润通风处短贮。

（三）上市质量标准

鲜嫩、干爽、洁净；无黄叶、杂物；筐装。

六、芫　荽

芫荽又称香菜、香荽、胡荽、延须菜或松须菜。它是伞形科、芫荽属，一二年生草本，绿叶菜类蔬菜。以鲜嫩茎叶供食用。芫荽具有浓郁香辛味，通常作为调味品，也可装饰拼盘。按叶形分为大叶和小叶两种类型。小叶种耐藏、味浓。我国南北各地均有栽培。华北地区秋播，9 月下旬至 11 月初分期采收上市；越冬栽种，次年 3 月下旬至 5 月采收上市；早春播，5 月至 6 月可收获供市。长江流域春秋播，生长 40 天至 50 天便可采收应市。东北等地区在 4 月至 8 月期间随时可栽种，根据市场需要，随时采收上市。

（一）采收要求

芫荽采收标准不严格，一般播后 50～60 天，最大叶长达 30～40 厘米时为适宜采收期。专供贮藏的芫荽播期和收获期应晚 3～5 天。采收时应带 1.5～2 厘米长的根挖起，抖去泥土，摘除枯黄烂叶，预贮在背阳的浅沟中，上面盖一层薄土，以便保湿。

（二）贮藏特性

芫荽耐寒性强，适宜贮藏温度为 0℃，相对湿度 95% 以上为宜。收获后应立即放到低温高湿环境预贮。

（三）贮运方法

芫荽可冻藏或冷藏，贮藏时切勿受挤压。

1. 冻藏法　东北各地应用较多。一般采用通风冻藏，通风沟挖建的原理与贮存菠菜的相同；规格大小可因地制宜。到小雪节（11 月下旬）前后将预贮的芫荽取出，剔去不良植株，捆扎成 1～1.5 千克的捆，根向下排入沟中。上面覆盖一层秣秸或细土。以后随气温下降逐次加盖，总厚度达 20～25 厘米。严冬时还可盖草苫，使沟内温度保持在 -5～-4℃；以叶片冻结，根部不冻为原则。一直可贮至次年2月份。出沟后缓慢解冻，再次整修后上市。

2.冷库贮藏　在冷库中芫荽多采用"自发气调法"贮藏。选择株大、肥壮、色鲜绿，无病虫害的芫荽，整修捆成0.5千克的小把，装入厚为0.08毫米、长1米、宽0.85米的塑料薄膜袋中，每袋8千克左右，整齐码放在菜架上，然后松扎口或折口（均不密封）冷藏。在装袋前要预冷至0℃左右，以避免入库后因温差导致袋内产生凝聚水。注意观察，及时检查、清除烂叶并擦去袋内水珠。库温如稳定在-1.5~1℃之间，可贮至次年3月至4月份。

3.运输和包装　芫荽叶小茎细，极易失水萎蔫甚至干枯而失去商品价值。在运输中必须用薄膜袋包装，然后再装入筐内。装袋前预冷至0℃左右。应用保温车在适宜的温、湿度条件下运输，方能保持其鲜嫩品质。

（四）上市质量标准

色绿、鲜嫩、干爽；无枯黄烂片，不抽薹，根部无泥土；捆成小把，筐装。

（五）加工方法

芫荽可腌渍或速冻。腌渍方法可参见其他绿叶菜类。
速冻法：
（1）工艺流程
选料→预处理→速冻→包装→成品
（2）操作要点
①选料　株形完好，无黄枯烂叶及病虫害。
②预处理　经浸泡清洗，将菜棵修理整齐、顺溜，控去水分后计量装盘。

③速冻　进入 -30℃以下低温中速冻 20 分钟左右。

④成品包装　产品先装入食品薄膜袋中，再用纸箱包装后在 -18℃低温库中贮藏。

产品质量要求色正、香味浓郁；无冻菜味、无杂质。

七、芹菜（本芹和西芹）

芹菜又名旱芹，它是伞形科、芹菜属，二年生草本，绿叶菜类香辛蔬菜。以肥嫩的叶柄供食用。芹菜包括本芹（即中国芹菜）和西芹（又称洋芹）两大类型。本芹叶柄细长，香味浓郁，按叶色分为青芹和白芹两种；西芹是芹菜一变种，从国外引进，植株高大，叶柄宽厚，纤维较少，脆嫩质佳，但香味淡，又分为青柄、黄柄两类。本芹：在北方地区通过春、夏、秋三季栽培可分别在夏秋和初冬收获上市，如采用假植贮藏等手段还可延期至第二年春季供应；长江流域习惯夏秋栽培，秋冬两季采收上市，如播期稍推迟就能延期至来年春季。西芹：在华北和长江流域每年可种春秋两茬；在东北和西北等地每年只能种一茬。

（一）采收要求

收获时应从根基部铲下，不带须根，摘去黄枯烂叶，挑出病株及不良植株，打成捆后暂放背阳处，散去田间热待贮。

（二）贮藏特性

芹菜耐寒性较强，在绿叶菜类中仅次于菠菜。其适宜的贮藏温度为 0±0.5℃；相对湿度 95% 以上；气体成分，氧气不低于 2%，二氧化碳气不高于 5%。芹菜在 -0.5℃时结冻，在冻藏时温度不宜过低，根部和叶片如受冻，解冻后不能恢复新鲜状态。因此芹菜只能适合低温或微冻贮藏。

（三）贮运方法

1. 微冻贮藏　与菠菜冻藏相似，在风障北侧建半地下式冻藏窖。窖宽 200 厘米左右，四周建有高 100 厘米、厚 50～70 厘米的土墙。在培土建南墙时，在墙中间每隔 80～100 厘米立一根直径为 15 厘米左右的木杆，墙建成后拔出木杆，即形成一排垂直的通风筒；再在通风筒的底部横穿窖底挖宽为 25～30 厘米的通风沟，加上北墙贴地面挖的进风口，构成 L 形的通风系统。在通风沟上铺一层秫秸、再铺一层细土，就可把成捆（每捆 10 千克左右）芹菜根向下地斜放入窖内，装满后在其上面盖一层细土，使叶片似露非露。随气温下降可逐渐增加覆盖的土层，其厚度约 15 厘米左右。气温在 -10℃ 以上时，敞开通风系统；到了 -10℃ 以下时，堵塞北墙外的进风口，通过调控使沟温维持在 -1～-2℃，这时菜叶间可呈现出白露，而叶柄和根部不结冻。需要上市时，可从窖中取出，先放在 0～2℃ 的环境下面缓慢解冻，待恢复新鲜状态即可整修上市；或在出窖前 5～6 天拔去南侧遮荫障，而改设在北面，其上覆盖薄膜。待土化冻后一层层地铲去，最后留一层薄土保护芹菜，使之缓慢解冻。后一种方法损耗小，效果较好。

2. 假植贮藏　北方地区普遍采用此法贮藏。先挖宽、深各为 70～150 厘米的假植沟，再把芹菜连根带土铲下，以单、双株或成簇假植在沟内。株、行之间应适当留有通风空隙，以便通风散热。还可每隔 100 厘米左右，在芹菜间横架一束秫秸，或在沟帮两侧按适当距离挖通风道。假植后要灌水浸没根部，以后根据土壤墒情可适时灌水。覆盖物与菜间应保持一定空隙或在沟顶作稀疏棚盖，以便投入一些散射阳光而进行微弱的光合作用。在整个贮期，沟温应维持在 0℃ 左右。

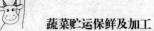
3.冷库贮藏　一般采取自发气调法贮藏，库温控制在0℃、相对湿度保持在95%以上，具体方法可参见菠菜冷库贮藏。采用此法本芹可贮藏1个多月；西芹的耐贮性更强，在相同的条件下可贮2个来月。

4.运输及包装　芹菜的运输多为公路或铁路。应采用保温车，在适宜的温、湿度条件下运输。芹菜植株长而脆嫩，易折断造成机械伤害，要求采用较长型的竹筐包装，严防挤压。

（四）上市质量标准

芹菜质量等级标准分三等。详见表11。

表11　芹菜等级规格

等别	品　质	叶柄长（厘米）	限　度
一等	同一品种，形态良好、色泽正常、新鲜、清洁、脆嫩、整修良好 无老化、抽薹、黄叶、萎蔫、腐烂、破裂、冻害、病虫害及机械伤	大： 最长叶柄≥50	每批芹菜以重量计，一等品质不符合要求者不得超过5%，其中腐烂者不得超过0.5%；最长叶柄不符合要求者不得超过10%
二等	同一品种，形态良好、色泽正常、新鲜、清洁、脆嫩、整修良好 无老化、抽薹、黄叶、萎蔫、腐烂、冻害、病虫害；可有轻微机械伤	中： 最长叶柄≥40	二、三等品质不符合要求者不得超过10%，其中：腐烂者不得超过0.5%，最长叶柄不符合要求者不得超过10%
三等	相似品种，形态、色泽尚好、新鲜、脆嫩、清洁整修良好 无严重老化、抽薹、腐烂、冻害、病虫害和机械伤；可有轻微的萎蔫	小： 最长叶柄≥30	

（五）加工方法

泡制芹菜。参见大白菜的相关部分。

八、茴　香

茴香又称茴香菜、香丝菜或菜茴香。它是伞形科、茴香属，多年生草本，绿叶菜类蔬菜。以鲜嫩的茎叶供食用。茴香按叶片大小分为大茴香和小茴香两种类型，其中大茴香适宜春季栽培，抽薹早；小茴香抽薹晚，适合周年栽培。北方种植普遍，主要春、秋两季栽培；南方很少栽培，主要采用秋播。一般生长 40～60 天就可采收供应市场。

（一）采收要求

当植株生长到 30 厘米左右便可采收。春播当年收割两次；秋播当年只收获一次，如在露地越冬的地区，次年春季开始收割后，隔 40 多天可再次采收，全年可收割4～5 次。

（二）贮藏特性和贮运方法

茴香属鲜活蔬菜，主要鲜销。多为就地生产，就地销售。如市场需求可根据其喜低温和高湿的贮藏特性，在适宜条件下（温度，0℃；相对湿度，95％左右）短贮或调运。

（三）上市质量标准

质地鲜嫩、整洁；无黄烂叶，不带泥土、杂物；扎成捆，筐装。

九、蕹　菜

蕹菜又称空心菜、竹叶菜、藤藤菜或通心菜。它是旋花科、牵牛属，一年生或多年生蔓性草本，绿叶菜类蔬菜。以嫩梢、嫩叶供食用。蕹菜按其结籽与否分为子蕹和藤蕹；按其栽培方法分为旱蕹和水蕹。子蕹种以旱栽为主；藤蕹种，柔嫩、质优，一般利用水稻田或沼泽地栽种。我国华南和西南地区为盛产地，华中、华东包括台湾省也普遍栽培。在广东、福建和四川等地春暖开始播种，40 天后采收，直到 11 月份均可不断采摘上市，为夏、秋季节重要的绿叶菜。

（一）采收要求

蕹菜为多次采收蔬菜，能否适时、合理采摘是高产优质的关键。当主蔓或侧蔓生长达 33 厘米即可采收。采收前期及后期因气温较低，生长缓慢，10 天左右采一次，进入生长旺期，每周采摘一次，藤蔓过密时可疏去部分弱枝，以保证后期产品的质量。

（二）贮藏特性和贮运方法

蕹菜茎叶柔嫩，含水量多，易失水萎蔫老化，不适合远运久贮或加工。短途调运或临时短贮的适宜温度为 5～8℃，低于 5℃将发生冷害。其症状是叶片发生斑点，叶柄呈现暗褐色，从而失去食用价值，此外应注意防晒，要通风、保湿，相对湿度以 98% 以上为宜。

（三）上市质量标准

色正、鲜嫩、茎条均匀；无枯、黄和病斑叶，无须根；捆扎成把，切口整齐，装筐。

十、莴　笋

莴笋即茎用莴苣，又称莴苣笋、莴苣茎、生笋或青笋。它是菊科、莴苣属，一或二年生草本，绿叶菜类蔬菜。莴苣的变种。以肉质嫩茎（包括由胚芽轴发育的茎和花茎两部分）和嫩叶供食用。莴笋按叶形分为尖叶和圆叶两大类型；按笋的外观皮色分为青皮、白皮和紫皮等三种。莴笋除鲜销外，还是很好的蔬菜加工原料。加工用时应选择肉质致密脆嫩、纤维少、含水量低、抽薹晚的中、晚熟品种。我国南北各地普遍栽培。很多城市的郊区通过露地或保护地栽培，实现了常年供应。其中渡淡和加工并重的春莴笋在华北和华中地区，9月至10月播种，经保护地培育第二年4月至5月收获上市。东北和西北地区，越冬有困难，经早春温室培育，6月采收上市。西南等地冬季温暖，秋播后第二年2月至4月采收登市。夏季上市的莴笋需遮荫棚降温栽培。如江、浙6月采收；西北在6月下旬至7月采收上市。秋莴笋北方地区10月下旬至11月上旬收获上市；而在长江流域，9月至10月下旬上市。此茬莴笋收后也可假植贮藏，陆续供应至次年2月。此外在华南地区从11月下旬直到次年2月也可供应冬莴笋。

（一）采收要求

莴笋成熟时的心叶高度与外叶的最高叶片相等、顶部平展，形成"平口"，此时嫩茎长足、品质最佳，应及时收割。除去下部叶片、顶端留小叶4～6片，削去根部即可鲜销。如需贮藏，要选择无病虫害、无裂口、未抽薹的健壮植株，先把下部老叶一片片地摘除，以免表皮受损伤而导致褐变；上端要留完好嫩叶 7～8 片。隔日贴近地面再割取地上茎，放置阴凉通风处待贮。

（二）贮藏特性

莴笋的生理活动旺盛，较易衰老，贮藏适温为 0～3℃，相对湿度在 95% 左右。其冰点约为 -0.17℃，0℃ 以下会发生冻害，而温度过高又会导致空心、褐变。莴笋能忍耐较高水平的二氧化碳，在二氧化碳为 10%～20%、氧气为 2% 的环境中对褐变有一定的抑制作用。

（三）贮运方法

秋莴笋耐寒性强，适于贮藏。

1. 沟藏法　供贮藏的莴笋可适当晚播，上冻前收获。采收前浇水，使土壤潮湿，第二天连根拔起，稍晾晒，叶片略蔫后集中直立放于阴凉处，预贮 4～6 天后将其贮入位于风障北面已挖好的沟中，码放时根向下，贴沟壁稍倾斜码成一排，用湿土覆盖其茎部后再码第二排，再覆土……，直至码满沟，其上覆盖一层土。前期气温高，覆土要薄；随着气温下降，土壤冻结，逐次加厚覆土层，其总厚度不超过 30 厘米。沟内温度如在 0～-2℃，顶部叶片微冻、嫩茎不受冻，就能保持良好的贮效。如遇雨、雪要覆盖薄膜，以防水分进入其内，引起腐烂。市场需要时，随时挖出，除去烂叶、抖掉泥土，切去老根整修干净即可上市。此法依靠覆土控温，应勤检查，发现问题及时处理。

2. 假植贮藏　对生长不足的小莴笋采取假植法，既可延长供应期、又能使其缓慢生长、充实植株。其预贮处理同沟藏法。一般在阳畦内先开 10 厘米宽的沟，然后将莴笋排入沟中，稍向北倾斜，株间留有空隙，行间相距 10 厘米左右，排好后覆土至笋茎的2/3处，并踩实。假植后视土壤墒情，适时喷洒些水，水量不要过多，以免造成腐烂。初期防止温度过高，后期保温防冻。通过增减覆盖物，使畦内温度稳定在0～1℃。假植期管理措施与芹菜相似。

3．冷库贮藏　把待贮的莴笋以3～5棵为一单位，装入厚为0.03毫米的薄膜袋中密封包装后码放在冷库的菜架上，在适宜的温、湿度条件下可贮藏3周左右。

4．运输及包装　短途调运可用人拉板车直送到集散地或销售商店；长途运输应采用保温车在适温下运输，并使用支撑性能好的竹筐、塑料筐包装，减少机械伤害、防止褐变。

（四）上市质量标准

肥嫩新鲜、顶端可保留小嫩叶4～6片，下部无叶片、无老根、不抽薹、不空心、无病虫害、机械伤、无锈斑；筐装。

（五）加工方法

以莴笋为原料可制作多种加工制品。

1．速冻

（1）工艺流程

选料→整修清洗→热烫→冷却→速冻→包装→冻藏

（2）操作要点

①选料整修　选择鲜嫩、粗纤维少，无空心、病虫害的莴笋，去皮，切段后用清水洗涤干净。

②热烫　在100℃沸水中热烫1～1.5分钟，迅速在凉水中冷却，控去水分。

③速冻　置于-35℃的低温下进行快速冻结。

④包装冻藏　成品计量后用销售包装袋包装，再装入外包装箱中，进入-18℃的低温库中冻藏，可存放8～12个月。

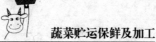

2.酱制　酱莴笋是我国传统酱菜之一，驰名特产有镇江香菜心、潼关酱莴笋等。以潼关酱莴笋为例，其工艺及制作要点如下：

（1）选择肥壮、纤维少、鲜嫩的莴笋　去根梢，用刀刮去外表皮，洗净后切成15厘米左右的笋段。

（2）腌制成坯　将笋段放进波美18度的盐水缸中加盖腌制，第二天翻拌倒动，以后每天翻搅两次，促使盐水均匀渗透，发酵腌制10天左右，缸内白沫基本消失，笋坯成米黄色即可，出坯率约为70%。

（3）酱渍　笋坯捞出及时转入面酱缸内，并用制坯的盐水把面酱调和成糊状（含食盐量在13%左右）。压紧缸内笋坯，其面上保持一定量的酱汁，浸没笋坯。夏季过后，将笋坯捞出泡入清水中一天后捞出剔除破损笋坯，第二次浸入清水，再次脱盐后，第二次转入面酱缸内酱渍。每天搅拌一次，经两周左右，再次捞出浸入清水中……，用同样方法，转入另一酱缸中作第三次酱渍。每50千克酱笋需用面酱42千克。这样酱制1个月即成，保存期可达3个多月。洗去酱汁，削去皮便可食用。

（4）产品质量要求　色正、有光泽、切片后有透明感、质地脆嫩，咸甜适口，酱香浓郁。

3.干制　自然干燥加工方法简单易行，只需利用阳光直接晒干即成。如安徽涡阳薹干就是该地区的特产，又称贡菜。选用当地农家品种秋薹子。它肉质致密、纤维少、脆嫩、含水量低，适于加工干制。

（1）操作法　收获后去掉叶子，清洗干净，剥皮以后将肉质茎纵向划3刀，剖开成3条，挂在绳子上晾晒。最好是当天晒干，以保持其清新的绿色。干制品的含水量约为15%。扎成小把，装入塑料袋中扎口密封入库贮藏。如贮温为20～

25℃，可存 1 个月。如在 5℃的冷库中，还可延长贮期。

(2) 产品质量要求 鲜绿、清香、脆嫩。

十一、茼 蒿

茼蒿又称蒿子杆、蓬蒿、蓬蒿菜或春菊。它是菊科、菊属，一二年生草本，绿叶菜类蔬菜。以幼嫩的茎叶供食用。按其形态可分为大叶茼蒿、小叶茼蒿和花叶茼蒿等类型。大叶种香味浓，品质佳，南方多有栽培；小叶种叶小，多分枝耐寒，主要在北方栽种；花叶种嫩茎叶和侧枝柔嫩多汁，有特殊香味。茼蒿生长期短，适应性强，北方春、夏、秋三季均可露地栽培，冬季保护地也可种植；南方秋冬及春季栽培，根据市场需要，合理安排茬口，可周年生长，常年鲜销。

（一）采收要求

因品种不同，生长期 30～70 天不等。如一次性收获，播后 30～40 天，株高达 20 厘米左右即可收割；如分期采收，播后株高达 14～16 厘米可选大株分期分批采收。春茼蒿易抽薹，应在抽薹之前收获。

（二）贮藏特性和贮运方法

茼蒿是缺乏保护组织、易折、易凋、易腐的绿叶菜。只宜鲜销，不宜久贮远运。如需短贮或短途调运，应装薄膜袋，再装筐。严防失水、挤压。应在 0℃和相对湿度 95%以上的条件下贮藏。

（三）上市质量标准

青绿、鲜嫩、粗壮；无枯黄烂叶、无病虫害，不抽薹；捆扎、筐装。

十二、荠　菜

荠菜又称菱角菜、鸡心菜或护生草。它是十字花科、荠菜属，一二年生草本，绿叶菜类蔬菜。以鲜嫩的茎叶供食用。原为我国野生蔬菜，南北各地均能生长。现在上海、北京、南京、广州等大城市郊区亦有栽培。荠菜分为板叶和花叶两种类型。板叶荠菜耐寒和耐热性都较强，品质优良，但抽薹开花较早，不宜春播；而花叶抽薹比板叶荠菜晚 15 天左右，可延长供应期。春、秋均可栽培。秋季排开播种，可从 9 月中旬至次年 3 月下旬分批采收；春季排开播种，则可从 4 月上旬至 6 月中旬采收供市。

（一）采收要求

荠菜合理采收可增加产量。当长出 10～13 片真叶时，即可间拔收获。采收时尽量拣大留小，但必须注意留下的荠菜要分布均匀。早秋播种的，播后 30～35 天开始采收，以后陆续可收 4～5 次；10 月上旬晚播的，要 40～60 天才能采收，以后再收两次。春播的只能收获 1～2 次，产量也较低。

（二）贮藏特性和贮运方法

荠菜与其他鲜嫩易腐的绿叶菜相似，不宜长途运销和贮藏，也无加工习惯，只宜鲜销。可在阴凉通风处短贮或短途调运，要求环境适宜温度为 0℃，相对湿度在 95% 以上为佳。荠菜株小，必须装筐、净菜上市。还可采用食品袋小包装，便于销售。

（三）上市质量标准

色正、肥嫩、菜棵完整，干爽；无霉烂、病虫害及泥沙杂
物；筐装。

十三、生菜（散叶生菜、花叶生菜和团叶生菜）

生菜即叶用莴苣。它是菊科、莴苣属，一二年生草本，
绿叶菜类蔬菜。以叶球或叶片供食用。因最宜生食，故称生
菜。生菜按形态分为皱叶生菜（又称花叶生菜）、直立生菜
（又称散叶生菜）和结球生菜（又称团叶生菜）等三类。都
是叶用莴苣的变种。我国各地均可栽培。南方多栽种花叶生
菜、直立生菜；北方多栽培团叶生菜等结球品种。充分利用
露地以及阳畦、温室、塑料大棚等保护地，冬春覆盖保温、
夏季遮荫防热，合理排开播种，基本可实现常年供应，宜鲜
销生食。

（一）采收要求

叶用生菜采收要求不严格，可根据市场需求随时采收上
市。结球生菜从开始结球到抽薹前都可收获，一般待叶球较紧
实时采收为佳。应在无雨天采收，采收前 1～2 天停止灌水，
雨后 1～2 天内不得采收。

（二）贮藏特性

生菜含水量高，组织脆嫩，冰点为 - 0.2℃，易受冻害。
贮藏温度以 0～3℃ 为宜，相对湿度应在 98% 以上。在常温下
只能保存 1～2 天。

（三）贮运方法

1. 简易贮藏　生菜采后呼吸代谢旺盛，需及时预冷至1℃，然后装入薄膜中，不要密封，进入冷库在适温下可贮10～15天。需注意生菜不能与苹果、梨、瓜类等混合贮藏，因这些蔬果产生的乙烯气体较多，会使生菜叶片发生锈斑。

2. 假植贮藏　在入冬前即气温降至0℃以前，可将露地栽培的生菜连根拔起，稍晾后使叶片稍蔫，以减少机械伤。第二天就可囤入阳畦内假植。散叶生菜一棵挨一棵囤入；结球生菜株间应稍留空隙通风。用土埋实，不浇水。隔15～20天检查一次，发现黄叶、烂叶及时清除。白天支棚通风，夜间半盖或全盖，使其不受冻害、不受热，又不能让阳光直射。散叶生菜可贮一个月左右；结球生菜可贮10天左右。

3. 运输　生菜鲜嫩易腐，不宜长途运输。中短途运输也需要先预冷。运输时间在1～2天以内时，要求运输环境温度为0～6℃；运输时间为2～3天时，应保持0～2℃。

（四）上市质量标准

色正、新鲜，无黄、烂叶，无病虫害；筐装。

十四、苋　　菜

苋菜简称苋，又称米苋或米苋菜。它是苋科、苋属，一年生草本，绿叶菜类蔬菜。以幼苗或嫩茎叶供食用。苋菜按其叶形分为圆叶和尖叶两种。圆叶种晚熟、质优；尖叶种早熟，品质较差。按叶色分为绿苋、红苋和彩苋等三种类型。品种很多。主要产在南方，现在北方各大城市郊区也有栽培，是增加夏淡季上市量的重要绿叶菜之一。长江中下游地区在5月至7

月和8月至9月分期采收上市；华南和西南地区4月至9月供市；华北和西北地区5月下旬至10月上旬采收上市，只宜鲜销。

（一）采收要求

苋菜是分批收获的叶菜，第一次结合间苗采收，采大留小，以后采取割收。

（二）贮藏特性和贮运方法

苋菜是鲜活叶菜，鲜嫩易腐。采后立即置于通风、阴凉、潮湿处。一般地产地销、快运鲜销。必要时也可短贮或短途调运，适宜温度为7～10℃，低于7℃，易发生冷害，相对湿度以95%以上为佳。

（三）上市质量标准

色正、质地柔嫩、肥壮；无黄、烂叶，无病虫害；不带泥沙等杂物；捆扎成把、筐装。

第九章

根 菜 类

一、萝 卜

萝卜又称萝贝、莱菔或菜头。它是十字花科、萝卜属,一二年生草本,根菜类蔬菜。以肥大的肉质根供食用。按栽培季节分为秋冬萝卜、冬春萝卜、春夏萝卜和夏秋萝卜。其中秋冬萝卜又分为红色种、白色种、绿色种等类型。萝卜在我国分布广,各地上市时间有所差异。秋冬萝卜在北方地区 9 月至 10 月上市;南方地区 11 月上市。秋冬萝卜耐藏性强,可贮藏至第二年 4 月,在贮期内可陆续上市。冬春萝卜分布在长江以南及四川等地,第二年 2 月至 3 月采收上市;春夏萝卜在各地都有栽培,夏秋间采收上市;夏秋萝卜分布在黄河流域以南地区,秋季采收上市。冬春萝卜、春夏萝卜和夏秋萝卜以鲜销为主。

(一) 采收要求

1. 采前要求 肉质根生长后期仍应适当浇水,

既防止糠心，又可提高品质和耐藏性。采收前一周需停止灌水，以防根因水分太多而开裂。

2. 采收标准　当肉质根充分膨大、茎基部变圆、叶色转淡并开始变黄时采收最适宜。贮藏用萝卜必须在霜冻前采收。采收过晚会受冻，贮后易产生糠心。

3. 预贮措施　采收时要随即拧去缨叶，堆成小堆，覆盖上菜叶，防止失水或受冻。

（二）贮藏特性

1. 采后生理特点　萝卜在生理上没有休眠期，遇到适宜的条件就会萌芽，以至抽薹；水分和养分也会向生长点转移，使肉质根质量下降。萝卜表皮无蜡质、角质等保护组织，保水力差，容易蒸腾、脱水。在贮藏时，如果温度高或有机械伤害，会促进呼吸强度增大、养分消耗增大。以上这些因素都会导致肉质根所贮藏的营养被消耗、水分丢失，进而出现糠心、出芽、组织变软、风味变淡、品质变劣，甚至失去食用价值。

2. 适宜的贮藏条件　萝卜贮藏不能低于0℃，一般为0～3℃为宜；相对湿度为95%，应保证肉质根少失水或不失水。萝卜肉质根的细胞和细胞间隙很大，具有高度的通气性，并能忍耐较高浓度的二氧化碳（8%）。这与肉质根长期生活在土壤中所形成的适应性有关，所以它能适应简易气调贮藏方法。

（三）贮运方法

1. 沟藏法　将萝卜散堆在沟内，最好用湿砂层积，保持湿润并提高萝卜周围二氧化碳浓度。堆积厚度一般不超过0.5米，以防底层萝卜受热。萝卜上面盖一层薄土，以后根据气温下降情况并以底层萝卜不受热、表面萝卜不受冻为原则分期添加覆土。

为保持贮藏环境湿润，除用湿砂层积外，一般需往沟内浇水。浇水次数与数量，要根据贮藏品种的差异、土壤干燥及保水力的情况而定。生食品种、土壤干燥或保水力差的可多浇水。浇水前先将覆盖土整平、踩实，浇水后水能均匀缓慢下渗，否则会造成底层积水、腐烂，而上层过分干燥，从而使品质下降。

2. 堆藏法　利用棚窖、通风库进行堆藏。先将采后的萝卜在露地晾晒一天，然后用刀（无锈并且应消毒）削去叶和顶芽，最后堆在库内。堆高 1.2～1.5 米（胡萝卜堆高 0.8～1.0 米），每隔 1.5～2.0 米设一个通风筒，增强通风散热效果。贮藏环境温度不适时用通风窗调剂，温度过低时，可覆盖草苫；湿度不够时，可洒水调剂。贮藏过程中，一般不倒动。立春后需进行全面检查，及时挑出病害、腐烂的萝卜。

3. 塑料薄膜帐半封闭贮藏法　沈阳地区采用这种方法。在库内把萝卜堆成宽 1～1.2 米、高 1.2～1.5 米、长 4～5 米的长方形堆。从入库开始或从初春萌芽前用塑料薄膜帐罩上，使之处于半封闭状态。此法可降低帐内氧浓度、提高二氧化碳浓度并保持高湿。贮藏期可达 6～7 个月，保鲜效果好。贮藏中可定期掀帐通风换气。

4. 塑料薄膜袋贮藏法　将削去叶和顶芽的萝卜装入 0.07～0.08 毫米厚的聚乙烯薄膜袋内，每袋 25 千克左右，折口或松扎袋口，在适宜的温度下贮藏，也有较好的贮藏效果。

5. 运输和包装要求　秋冬大型萝卜运输时采用筐、麻袋或编织袋等包装，也可散装。运输和销售过程中要防冻、防热，防日晒、雨淋。因此，需采取必要的防范措施。

（四）上市质量标准

根据我国部颁行业标准《萝卜》中规定的要求，萝卜上市质量标准详见表12。

表 12　萝卜等级规格

(摘自 SB/T 10159-93)

等级	品　质	限　度
一等	同一品种，形态正常，大小均匀，肉质脆嫩、致密、新鲜，皮细且光滑，色泽良好，清洁 无腐烂、裂痕、皱缩、黑心、糠心、病虫害、机械伤及冻害	不合格率不得超过 5%
二等	同一品种，大小均匀，形态较正常，新鲜、色泽良好，皮光滑，清洁 无腐烂、裂痕、皱缩、糠心、冻害、病虫害及机械伤	不合格率不得超过 10%
三等	同一品种或类似品种，大小均匀，清洁，形态尚正常无腐烂、皱缩、冻害及严重病虫害和机械伤	

（五）加工方法

1．腌制

（1）工艺流程

原料选择→整修→清洗→晾晒→腌渍→成品

（2）操作方法　原料应选择新鲜、无糠心、黑心、无病虫害的白萝卜。削去顶及须根和斑痕，洗净放在阳光下晾晒半天后入缸腌制。盐用量为原料重量的20%，入缸时用其中90%，其余为翻缸时用。顶部压石块。第二天翻缸一次，以后隔2~3天翻缸一次，一般翻缸三次，翻缸时要撒些盐。腌20天后即成成品。

2．酱制

（1）工艺流程

原料选择→整修→清洗→切分→腌渍→酱渍→成品

（2）操作方法　原料选择、整修、清洗工序参见腌制。将原料切成两瓣，入缸腌渍。盐用量为原料的 10%，每天翻缸。7 天捞出，置于阳光下晒干，放入面酱中酱制。甜面酱用量为原料的 70%。每天翻缸一次。4 天即成成品。成品色酱红，质脆嫩。

3．泡制

（1）工艺流程

原料选择→整修→清洗→晾晒→切分→晾晒→泡制→成品

（2）操作方法　选新鲜、脆嫩的萝卜为原料，去须根、去顶，洗净、晾干，切成条或片，晾晒至蔫，与配料一起放入消过毒的泡菜坛中，盖好盖，水封。配料比例：原料 10 千克用咸卤水（2% 盐水）8 千克，白酒 1.2 千克，干辣椒 200 克，盐 250 克，红糖 60 克（心里美萝卜为原料时加白糖），香料 25 克。泡制 3~5 天后即成成品。

二、四季萝卜

四季萝卜又称红水萝卜、小萝卜或西洋萝卜。它是十字花科、萝卜属，一年生草本，根菜类蔬菜。以肉质根供食用。按其肉质根的形态分为扁圆形和长圆形两种类型。主要品种有北京爆竹筒、锥子把，上海小红萝卜，南京扬花萝卜、樱桃萝卜等。四季萝卜适应性强，除严寒酷暑季节外，随时都可栽培，50~60 天便可收获，主要供应春末、夏初市场。

（一）采收要求

四季萝卜收获期依当地气候条件、栽培季节和品种而定。采收过迟，肉质根皮色变浅，品质变劣，出现糠心。采收时要注意不要损伤叶片。

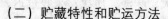

（二）贮藏特性和贮运方法

四季萝卜以鲜销为主，不耐贮藏。在阴凉通风处，洒些水保持湿润，只能短贮，适宜条件参见萝卜；或用假植法进行短贮。贮期长会使品质下降。运输时，以筐作包装。多以 5～10 个萝卜带缨用铭带捆扎出售，也可去缨散装。

（三）上市质量标准

肉质根大小均匀、质地脆嫩、汁多味甜；无须根、无糠心、无病虫害、机械伤；无抽薹、无枯叶；用铭带捆扎或筐装。

三、胡萝卜

胡萝卜又称黄萝卜、胡萝菔、红萝卜、番萝卜、丁香萝卜、黄根、十香菜、甘笋、金笋或药性萝卜。它是伞形科、胡萝卜属，二年生草本，根菜类蔬菜。以肉质根供食用。按肉质根形状分为短圆锥、长圆锥和长圆柱三种类型。短圆锥类型早熟、耐热，春夏栽培，宜生食；长圆锥类型多为中、晚熟品种，耐贮藏；长圆柱类型为晚熟品种。按肉质根皮色分为橘红色、橘黄色、红褐色、浅紫色、黄色等类型。一般春播胡萝卜 5 月至 7 月收获上市；夏、秋播的胡萝卜 10 月至 11 月收获供市，耐贮品种可贮至第二年 4 月左右，在此期间可陆续上市。

（一）采收要求

当胡萝卜肉质根充分长大，心叶变黄绿、外叶稍枯黄时为收获最适期。一般春播胡萝卜播后 90～100 天采收；夏、秋播早熟品种播后 60 天左右采收，中晚熟品种 90～150 天采收。

采收过早，肉质根未充分长大，味淡，质次；采收过迟，心柱变粗，质地变劣，贮藏后易糠心。北方地区贮藏用胡萝卜在严冬来临时采收最适宜。过早因气温高，入贮后品温不能迅速下降，易萌芽变质；过晚在田间易受冻，贮后易腐烂、糠心。采后拧去叶片或削去茎盘（即削顶），在田间临时堆成小堆，稍加覆盖，待环境温度及产品温度显著下降、接近或达到适宜贮藏温度时即可入贮。

（二）贮藏特性

胡萝卜与萝卜一样，无生理休眠期，贮藏中易出现萌芽、抽薹和糠心等问题，可使组织变软、品质降低。贮藏适宜温度为0℃，相对湿度为95%。它还具有忍耐较高二氧化碳的能力。

（三）贮运方法

可参见萝卜的贮运方法。

（四）上市质量标准

色泽正常、光滑，形状整齐；无瘤状物或开裂、分叉；无病虫害、外伤、冷害、冻害；不带泥土；可散装或用塑料袋、网袋包装。

（五）加工方法

胡萝卜可进行干制、腌制、糖制和罐藏，制成胡萝卜的泥、汁、脯等制品。

1. 胡萝卜泥罐头

（1）工艺流程

原料选择→清洗去皮→切分→预煮→打浆→排气→密封→

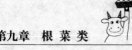

杀菌→冷却→贴标→成品

（2）操作方法

①原料选择　择其色橙红、胡萝卜素含量高的胡萝卜作原料。

②清洗去皮　先用流动水冲洗其上的泥污，在95℃的2%～3%氢氧化钠溶液里浸2～3分钟，再用流动水冲洗后放入0.1%的柠檬酸溶液里护色。

③切分预煮　用高效多用切分机将胡萝卜切成均匀一致的片，送入可倾式夹层锅，在锅内用95～100℃清水预煮3～4分钟。

④打浆浓缩　预煮后的胡萝卜片送入双层打浆机内，打成泥状，测定可溶性固形物含量和pH。送入双层锅内浓缩至可溶性固形物含量提高1倍，再加蔗糖，使可溶性固形物含量达12%～14%。快临近终点把柠檬酸的pH调至5以下（即pH5以下）。

⑤装罐、排气、密封、杀菌、冷却　趁热装罐，在95℃的水浴中排气7～8分钟，然后密封，加热5分钟达到110～120℃，保持20分钟。灭菌后冷却至40℃。

⑥贴产品商标　即成罐制胡萝卜泥。

2.胡萝卜汁罐头

（1）工艺流程

选料→清洗→去皮→修整→预煮→打浆→配料→脱气、均质→装罐密封→杀菌→冷却→贴标→成品

（2）操作方法

①选料　选择成熟，无腐烂、病虫害的胡萝卜；肉质根为橙红色、鲜红色或紫红色；心柱细小而无粗筋的品种。

②清洗　用清水浸泡洗净。

③去皮整修　放入95℃、4%的氢氧化钠溶液中，经90～

100 秒化学去皮，再人工去掉未能脱去的皮和粗筋及叶片。用清水洗去碱液，把酸碱度调为中性（pH 为 7 左右），以免降低维生素 C、B 的稳定性，并导致发生严重褐变。

④预煮　用 0.3%醋酸或 0.5%柠檬酸预煮，有利克服由原料直接制汁时易产生的凝聚现象，使体态均一、浑浊、风味变好，色泽明亮；还可使抗坏血酸氧化酶的活性钝化，有利于维生素 C 的保存。水与原料比例为 1∶2，100℃下煮 7～10 分钟。

⑤打浆　加入一定量水，用打浆机或胶体磨加工制成胡萝卜浆。

⑥调配比例　制 100 千克汁需浆 40 千克加水 50 千克稀释；再加砂糖 10 千克、柠檬酸 200 克、苯甲酸钠 15 克和橘子香精 75 克。

⑦脱气均质　将混合料加热至 45～55℃排气，再经胶体磨均质两次，每次 5 分钟。

⑧装罐密封　加热至 85～90℃，进行热装罐，密封。

⑨灭菌　采用巴氏杀菌法，在 92～95℃温度下灭菌 20 分钟后冷却至 35℃。

⑩贴标　即成产品。

3．干制

（1）工艺流程

选料→整修→切分→漂烫→冷却→干制→成品

（2）操作方法

①选料　选择干物质含量高、橙红色、成熟的胡萝卜为原料。

②整修　削去叶片，用机械或手工去皮，化学去皮即用 3%氢氧化钠，在 90℃下处理 2 分钟后，立即用流动清水漂洗干净。

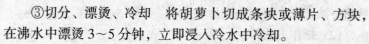

③切分、漂烫、冷却　将胡萝卜切成条块或薄片、方块，在沸水中漂烫 3～5 分钟，立即浸入冷水中冷却。

④干制　用干燥设备烘烤。装载量每平方米 5～6 千克，采用 65～75℃升温方式，干燥 6～7 小时。

（3）产品质量要求　干制品含水量 5%～8%，成品率 6%～10%。

4.腌制

（1）咸胡萝卜

①工艺流程

选料→修整→腌制→成品

②操作方法　选用橙红色或鲜红色、红褐色，粗细均匀的胡萝卜，去掉叶片、须根，洗净入缸，一层胡萝卜撒一层食盐，到了顶部多撒些。压重石后再加入 18 度盐水，将胡萝卜浸没。第三天倒一次缸，隔天再倒一次，20 天即可。产品质量，色泽浅红，硬实嫩脆。

（2）泡胡萝卜

①工艺流程

选料→修整→切分→晾晒→泡制

②操作方法　选择鲜嫩橙红色、鲜红色、红褐色不空心的胡萝卜，去叶、须根，洗净，切成块，晾晒至蔫。将各种调料拌匀装入用开水消过毒的泡菜罐中（花椒、八角要包成包），再将胡萝卜放入，盖罐盖加水封口，5 天后即成。配料比例为：胡萝卜 10 千克；8% 浓度的食盐溶液煮沸后冷却取 8 千克；干辣椒 200 克；八角、花椒各 10 克；红糖 60 克；白酒 120 克；精盐 250 克。

5.糖制胡萝卜脯

（1）工艺流程

选料→清洗→去皮→切分→预煮→漂洗→去芯柱、切分→

糖渍→浓缩→上糖衣→成品

（2）操作方法

①选料、去皮、切分 选择整齐、芯柱小的鲜胡萝卜，清洗去皮后，切成 5 厘米长的段。

②预煮 沸水中煮 15 分钟。

③去芯柱 将胡萝卜段纵向切开，去芯柱，再切成 1 厘米宽的条。

④糖渍 将胡萝卜条放入 40％浓度的糖溶液中浸泡 48 小时，再连同糖液煮沸 20 分钟，之后再糖渍 48 小时。

⑤浓缩上糖衣 将胡萝卜与糖液一起煮沸浓缩 30 分钟，再糖渍 12～24 小时，便为半成品。再将半成品与糖液煮 30 分钟，待温度达到 112℃时起锅，冷晾至 60℃时用白糖（用量 1％～2％）上糖衣，最后筛去多余的糖粉，即为成品。

四、根恭菜

根恭菜又称红菜头、根用恭菜、根甜菜、甜菜根、紫菜头、紫萝卜头或红蔓菁。它是藜科、甜菜属，二年生草本，根菜类蔬菜。以肥大的肉质根供食用。按肉质根形状分为球形、扁圆形、卵圆形、纺锤形和圆锥形，其中以扁圆形的品质好。根恭菜适应性强，较耐寒，也较耐热。因此，可春、秋两季播种，夏秋收获。

（一）采收要求、贮藏特性和贮运方法

一般播后 70～90 天，当肉质根直径达 3.5 厘米时便可采收。早期采收的，可整棵拔起，去根毛、黄叶，洗净以后用铭带捆扎上市，或装塑料袋出售。贮藏的根恭菜，在 11 月（冬前）采收最适宜。贮藏的适宜温度为 0℃，相对湿度为 90％。采后削去

叶丛,在沟或窖内埋藏或库藏。方法参见萝卜的贮藏部分。

（二）上市质量标准

形状整齐、致密,不空心、不烂,无冷害、冻害,无病虫害、机械伤;筐、箱装。

（三）加工方法

可罐藏。参见胡萝卜罐藏。

五、根芹菜

根芹菜又称根洋芹、根用荷兰鸭儿芹、球根塘蒿、根用塘蒿或荷兰芹。它是伞形科、芹属,二年生草本,根菜类蔬菜。以脆嫩的肉质根和叶柄供食用。在夏季冷凉地区,早春育苗,秋冬收获上市;在夏季淡热地区,冬季育苗,初夏收获或夏季育苗,霜冻前收获上市。霜冻前收获后,可贮藏半年,在较长时间内供应市场。在冬季还可利用肉质根进行促成栽培,在14℃条件下长出鲜嫩叶柄采收上市。供鲜销。

（一）采收要求、贮藏特性和贮运方法

根芹菜必须在霜冻前收获,收获后要尽快运输、鲜销。需短贮的,可就地堆码,但要注意防冻。长期贮藏的适宜温度为0~1℃,相对湿度为95%~99%。

（二）上市质量标准

肉质根要色泽正常、表面光滑、形状整齐;无开裂、无分叉,无病虫害、机械伤,无冷害、冻害,无腐烂、褐变;筐装或袋装。

六、蔓　菁

蔓菁又称芜菁、圆根、盘菜、根芥或扁萝卜，新疆地区称恰莫古头，蒙语称沙吉木儿。它是十字花科、芸薹属，二年生草本，根菜类蔬菜。以肥大的肉质根供食用。按肉质根形状分为圆形与圆锥形两种类型；按肉质根皮色有白色、淡黄色、紫红色之分。在我国栽培面积广，一般地区在秋末冬初收获上市；在夏季冷凉地区，7月中旬前后收获上市。

（一）采收要求、贮藏特性和贮运方法

在南方地区定植后 70～80 天后可陆续采收上市；北方地区采收后可直接上市，也可用沟、窖贮藏。贮藏方法参见萝卜贮藏。贮藏的适宜温度为 0～3℃，相对湿度为 98% 左右，但不宜长期贮藏。在运销过程中，以筐作包装。

（二）上市质量标准

肉质根肥大柔软，质地致密，大小均匀；无泥土，无空心、烂心；筐装。

（三）加工方法

蔓菁可进行腌渍加工，参见胡萝卜腌制。

七、芜菁甘蓝

芜菁甘蓝又称洋蔓菁、洋疙瘩、欧洲芜菁、瑞典芜菁或洋大头菜。它是十字花科、芸薹属，二年生草本，根菜类蔬菜。以肥大的肉质根供食用。芜菁甘蓝在我国栽培历史短，品种较

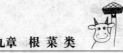

少，主要有上海芜菁甘蓝、云南芜菁甘蓝和南京芜菁甘蓝。由于它适应性广，在我国栽培广泛。在北方较寒冷地区以及夏季不甚严热的云贵地区一般在9月收获上市；黄河流域，11月下旬至12月初收获上市；福建等省第二年1月至2月收获。

（一）采收要求、贮藏特性和贮运方法

由于芜菁甘蓝耐寒性较强，轻霜后叶片变紫，肉质根仍能继续膨大。因此，北方地区一般在严霜后收获，收获后以筐、袋包装转运上市，也可采用沟、窖贮藏，贮藏适宜温度为0～2℃，相对湿度为98％左右。在南方地区，在肉质根基本长成后，就可陆续收获上市，但不宜贮藏。

（二）上市质量标准

色正、整齐，皮光滑、质脆嫩；无开裂、畸形、须根或抽薹，无糠心、黑心，无热伤、冻伤或损伤，无泥土；筐装。

（三）加工方法

收获后，可切片、晒干后保存。也可腌渍，方法可参见胡萝卜的干制和腌制部分。

八、牛 蒡

牛蒡又称东洋萝卜、黑萝卜或蒡翁菜，俗称黑根或牛菜。它是菊科、牛蒡属，二三年生草本，根菜类蔬菜。以肉质根供食用。按形态分为细长种和短根种两种类型。上海、青岛、沈阳等地有栽培。收获期较长。春播自6月至第二年4月；秋播自12月至第二年4月，随时可收获上市，但收获过迟会出现空心。

（一）采收要求、贮藏特性和贮运方法

肉质直根长约60厘米即可收获；收获前应保持土壤干燥。牛蒡常温下易萌发，内部组织易变松软，适宜的贮藏条件是：温度，0～3℃；相对湿度，95％以上。一般采用堆藏或在5℃以下的低温库内保湿贮藏。运输时采用筐、箱、袋装。

（二）上市质量标准

肉质根色正，形状整齐，无病虫害，无损伤，不带泥土；铭带捆扎。

（三）加工方法

酱渍。按50千克原料加3.5千克食盐的比例腌制，煮熟后浸泡，晾干后酱渍。

九、辣　　根

辣根又称西洋山葵菜或马萝卜。它是十字花科、辣根属，宿根、多年生作一年生栽培，草本，根菜类蔬菜。以肥大的肉质根供食用。辣根于11月前后采收上市。

（一）采收要求

辣根长成，根皮呈褐蓝色时，或在结冻前采收。

（二）贮藏特性和贮运方法

辣根采收后可在冷库中长期贮藏，适宜贮藏温度为－2～0℃、相对湿度为90％～95％，其贮期可达10个月。采后运销以散装或筐、袋包装。

（三）上市质量标准

色正、整齐，无空心、无腐烂、无机械伤，无冷害和冻害；筐装。

（四）加工方法

辣根含丙烯（基）硫氰酸，具有强烈的芳香辛辣味，可切分后干制、腌制。参见胡萝卜加工部分。

十、菊 牛 蒡

菊牛蒡又称鸦葱、黄花婆罗门参、黑皮婆罗门参或黑皮参。它是菊科、鸦葱属，多年生作一二年生栽培，草本，根菜类蔬菜。以肥大的肉质根供食用。由于肉质根辣味浓，一般先浸泡，用沸水除去辣味后再烹饪。嫩叶也可生食。秋末冬初采挖上市。

（一）采收要求

由于它很耐寒，肉质根可在田间安全越冬，或在冬前或第二年春季再采挖。如果多年不采收，肉质根会更肥大。

（二）贮藏特性和贮运方法

菊牛蒡耐贮藏。市场鲜销为主；可在冷库或冷窖中长期贮藏。适宜贮藏条件：温度，0℃；相对湿度，90%～95%；氧，3%；二氧化碳，3%。运输时可散装或用筐、箱包装；销售时可捆扎成束。

（三）上市质量标准

肉质根色正，整齐，无损伤、无病虫害；筐装或捆扎。

十一、婆罗门参

婆罗门参又称蒜叶婆罗门参或西洋牛蒡。它是菊科、婆罗门参属，二年生草本，根菜类蔬菜。以肉质根供食用。嫩叶也可食用。婆罗门参在上海和江苏等地有少量栽培。一般从8月至11月上旬收获上市。婆罗门参耐寒性强，在冬前如不收获，可培土保护安全越冬，第二年春再收获上市，供鲜销。

（一）采收要求

肉质根长30厘米，直径3.5厘米即可采收。

（二）贮藏特性和贮运方法

婆罗门参耐寒并耐贮运。肉质根在低温贮藏时可产生极佳的牡蛎样味道。适宜在冷库或冷窖中低温贮藏。贮藏条件：温度，0℃；相对湿度，95%～98%；气体成分：氧，3%；二氧化碳，3%。运输时可用箱、筐、袋装。

（三）上市质量标准

肉质根色正、整齐，无机械伤、无病虫害；筐、箱、袋装。

十二、美洲防风

美洲防风又称芹菜萝卜、蒲芹萝卜、美国防风、欧洲防风、洋防风、金菜萝卜或简称欧防风。它是伞形科、欧防风属，二年生草本，根菜类蔬菜。以肉质根供食用。嫩叶也可食用。我国引进只有近百年历史，上海等地有栽培、销售，从夏

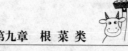

季至第二年春季都可上市。可供鲜销和罐藏。

（一）采收要求

美洲防风一般肉质根有大拇指粗时就可以收获。春播的在6月就可收获，但是肉质根的质地柔软、味淡；第二年春季收获的肉质根较老、品质欠佳；秋季收获的肉质根味甜、质地良好，此时采收最为适宜。秋播的在12月至第二年3月收获。收获时不要在清晨有露水的情况下进行，因为叶片中含有呋喃骈香豆精，它可溶于露水中，收获时人的皮肤接触露水就会引起皮炎或溃烂。

（二）贮藏特性和贮运方法

采收后，需切去叶片才可上市；运销时，以筐和麻袋作包装。周转性贮藏在通风阴凉处就地堆码，常温下可短贮数周，要注意防冻。在0℃和98%的相对湿度条件下，可贮藏半年；如果用聚乙烯薄膜包装，在0℃条件下，采用简易气调贮藏法，效果更好。

（三）上市质量标准

形状整齐，色正，表面光滑；无开裂、分叉，无冷害、冻害，无病虫害和机械伤；筐装。

（四）加工方法

美洲防风可加工成罐头。可参见胡萝卜罐藏加工的相关部分。

第十章

薯芋类

一、马铃薯

马铃薯又称土豆、山药蛋、洋芋或地蛋。它是茄科、茄属,一年生草本,薯芋类蔬菜。以地下块茎供食用。马铃薯种类很多,按块茎皮色分有白皮、黄皮、红皮和紫皮等品种;按薯块颜色分有黄肉种和白肉种;按薯块形状分有圆形、椭圆形、长筒形和卵形品种;按薯块茎成熟期分有早熟种、中熟种和晚熟种。我国南北各地均有分布,东北、西北和华北等寒冷地区,一年一季作,7月至11月收获;长江流域,春马铃薯5月至6月收获、上市,秋马铃薯11月收获上市;华南地区2月至4月收获上市。

(一) 采收要求

在植株枯黄时,地下块茎进入休眠期,此时是收获最佳时间。收获应选在霜冻到来以前,并同时要求在晴天和土壤干爽时进行。收获时先将植株割

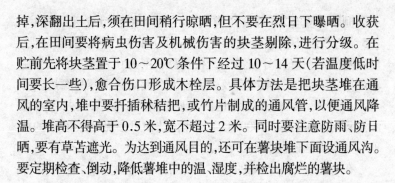

掉,深翻出土后,须在田间稍行晾晒,但不要在烈日下曝晒。收获后,在田间要将病虫伤害及机械伤害的块茎剔除,进行分级。在贮前先将块茎置于 10~20℃ 条件下经过 10~14 天(若温度低时间要长一些),愈合伤口形成木栓层。具体方法是把块茎堆在通风的室内,堆中要扦插秫秸把,或竹片制成的通风管,以便通风降温。堆高不得高于 0.5 米,宽不超过 2 米。同时要注意防雨、防日晒,要有草苫遮光。为达到通风目的,还可在薯块堆下面设通风沟。要定期检查、倒动,降低薯堆中的温、湿度,并检出腐烂的薯块。

(二)贮藏特性

马铃薯块茎收获以后具有明显的生理休眠期。休眠期一般为 2 个月至 4 个月。一般早熟品种休眠期长。薯块大小、成熟度不同休眠期也有差异。如薯块大小相同,成熟度低的休眠期长。另外,栽培地区不同也影响休眠期长短。贮藏过程中,温度也是影响休眠期的重要因素,特别是贮藏初期的低温对延长休眠期十分有利,以 3~5℃ 为最适宜。在此温度范围内,对贮藏也十分有利。马铃薯在 2℃ 以下会发生冷害。但专供加工煎制薯片或油炸薯条的晚熟马铃薯,应贮藏于 10~13℃ 条件下。

贮藏马铃薯适宜的相对湿度为 80%~85%,晚熟种应为90%。如果湿度过高,会缩短休眠期、增加腐烂;湿度过低会因失水而增加损耗。

贮藏马铃薯应避免阳光照射。光能促使萌芽,同时还会使薯块内的茄碱苷含量增加。正常薯块茄碱苷含量不超过0.02%,对人畜无害。若在阳光下或萌芽时,茄碱苷含量会急剧增加,如果误食对人畜均有毒害作用。

(三)贮运方法

1.沟藏 辽宁旅大地区,7 月收获马铃薯,预贮在空房内或荫棚下，直至 10 月下旬沟藏。贮藏沟深 1～1.2 米、宽 1～1.5 米，长度不限。薯块堆至距地面 0.2 米，上面覆土保温，以后随气温下降，分期覆土，覆土总厚度为 0.8 米左右。薯块不可堆得太高，否则沟底及中部温度会偏高，很容易腐烂。

2. 窖藏　山西和西北地区土质较黏重，多采用井窖窖藏法。每窖室可贮藏 3 000 千克。井窖结构可参见蔬菜贮藏的原理和基本方法的相关部分。

在有土丘或山坡地的地方，也可采用窑窖贮藏。以水平方向向土崖挖成窑洞，洞高 2.5 米、宽 1.5 米、长 6 米。窖顶呈拱圆形，底部也有倾斜度，与井窖相同。参见图 38。每窖可贮藏 3 500 千克。

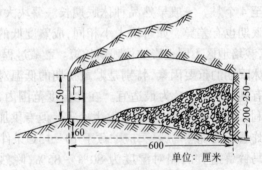

单位：厘米

图 38　马铃薯窑窖示意图
(引自《蔬菜贮藏加工学》)

井窖和窑窖利用窖口通风并调节温湿度。窖内贮藏不宜过满。气温低时，窖口覆盖草帘防寒。如管理得当，窖温稳定，贮藏效果好。

3. 棚窖贮藏　东北地区多采用。棚窖与大白菜窖相似，深 2 米、宽 2～2.5 米、长 8 米，窖顶为秫秸盖土，共厚 0.3 米。天冷时再覆盖 0.6 米稿秆保温。窖顶一角开设一个 0.5 米×0.6 米的出入口，也可做放风用。每窖可贮藏 3 000～

3 500千克。

黑龙江地区马铃薯10月份收获，收后随即入窖，薯堆1.5~2米高。吉林9月中下旬收获后经短期预贮，10月下旬再移入棚窖贮藏。冬季薯堆表面要覆盖稿秆防寒。

4. 通风库贮藏　一般散堆在库内，堆高1.3~2米，每距2~3米垂直放一个通风筒。通风筒用木片或竹片制成栅栏状，横断面积0.3米×0.3米。通风筒下端要接触地面，上端伸出薯堆，以便于通风。如果装筐贮藏，贮藏效果也很好。贮藏期间要检查1~2次。

不论采用哪种贮藏方法，薯堆周围都要留有一定的空隙，以利通风散热。以通风库的面积计算，空隙不得少于1/3。

5. 化学贮藏　南方夏秋季收获的马铃薯，由于缺乏适宜的贮藏条件，在其休眠期过后，就会萌芽。为抑制萌芽，约在休眠中期，可采用α-萘乙酸甲酯（又称萘乙酸甲酯）处理。每10吨薯块用药0.4~0.5千克，加入15~30千克细土制成粉剂，撒在薯堆中。还可用青鲜素（MH）抑制萌芽，用药浓度为3%~5%，应在适宜收获期前3~4周喷洒，如遇雨，应再重喷。

6. 运输与包装　短途运输可用汽车或中小型拖拉机及人力三轮车等工具，包装以筐装为主，也可散装；中长途运输以汽车、火车为运输工具，以麻袋或编织袋及筐、箱等包装。

运输时要防高温、防潮、防冻，尽量避免机械损伤。

（四）上市质量标准

薯块色正，无紫或绿色；块茎肥大充实、完整；无发芽、病虫害和机械伤；无受冻、腐烂，不脱水。可按品种类型、薯块大小、整齐程度以及规格质量进行分级包装。包装物可以选用编织袋、纸袋、塑料袋以及筐、箱。

（五）加工方法

1. 糖制马铃薯脯

（1）工艺流程

原料选择→洗涤、去皮→切片→护色→漂烫→初次糖煮→糖渍→再次糖煮→烘干→回软→包装→成品

（2）操作方法

①原料选择　选择饱满、光滑、新鲜的马铃薯，剔去发芽和有霉斑、虫斑、霉烂以及有紫色或绿色的薯块。

②水洗去皮　用清水洗去泥污，去皮后立即放入水中以防褐变。

③切片　根据需要切成所需要的形状，片的厚度以 2～3 毫米为宜。

④护色　用浓度为 1%～2% 亚硫酸氢钠溶液浸泡 30 分钟，再用清水漂洗二、三次。

⑤漂烫　薯片在开水中漂烫，煮熟为止（约 15 分钟）。漂烫时要翻搅，漂烫后要立即捞出沥去水分。

⑥初次糖煮　配制 40%～50% 的食糖液，加热使糖溶化，放入漂烫后的薯片，煮沸 10 分钟，改文火煮 30 分钟，然后再自然冷却。

⑦糖渍　初次糖煮后的薯片与糖液一起起锅，倒入浸渍缸中浸渍 12～24 小时。

⑧再次糖煮　将糖液浓度调成 55%～60%，加入柠檬酸使 pH 达 3～4，然后加热沸腾 5 分钟，加入糖渍后的薯片，煮 10 分钟，改文火煮 30 分钟。

⑨烘干　捞出薯片沥干糖液，用 50～60℃ 的水冲洗一下薯片，摆入烘盘入烘房，烘干温度为 65℃，烘至表面不粘手时（含水 15%～18%），即可出烘房。

⑩回软　如果烘的太干，口感较硬，可放入密闭容器中回软 2 天，至质地柔软为止。

⑪包装　采用普通塑料食品袋做包装，即成成品。

（3）产品质量要求

①感官指标　产品淡棕色，有光泽，半透明；形态片状、大小均匀、饱满；不返沙、不流糖；酸甜适口并口感柔韧，无异味。

②理化指标　总糖 55%～60%、还原糖 25%～30%、含水量 15%～18%。

2. 脱水干制马铃薯片

（1）工艺流程

原料选择→清洗→去皮→切片→浸泡→漂烫→冷却→护色→干燥→挑选→包装→成品

（2）操作方法

①原料选择　选择表面光滑，无冻伤、未发芽、未失水变软的马铃薯。薯块直径 4 厘米以上。

②清洗　在清洗槽中用清水清洗，去除表面泥土和附着杂质。

③去皮　把洗净的薯块放入擦皮机中去皮，或用浓度为 15%的碳酸钠沸水液中浸泡 2 分钟左右，捞出后用水洗或由人工用竹筷刮去外皮。

④切片、浸泡　用切片机或人工切成 2 毫米的薄片，并立即倒入清水池中浸泡。要不断翻动，既可洗去表面的淀粉、龙葵素，也有防止褐变的作用。

⑤漂烫　浸泡后捞出，倒入夹层锅中加热煮沸 3～4 分钟，煮至基本已熟又不烂的程度为止，捞出放入冷水中冷却，冷却时应轻轻翻动搅拌，并不断更换冷却水，待冷却至室温后捞出沥干。操作中切忌使用铁质器具，以免发生褐变。

⑥护色　漂烫后需进行硫处理，达到护色目的。将冷却后的薯片放入浓度 0.3%～1.0% 亚硫酸液中浸泡 2～3 分钟，捞出后用清水漂洗。

⑦干燥　干燥可用人工或自然干燥方法。人工干燥时，将薯片摊在烘盘中，装量每平方米为 3～6 千克，厚度 10～20 毫米，干燥的后期温度低于 65℃，干燥时间 5～6 小时，薯片水分达 6% 左右为止。采用自然干燥时，将处理后的薯片单层排放在席箔上晾晒，当薯片晒至半干时，整形并翻动一次，使薯片平直，直晒到水分达到要求为止。为防止晾晒中发霉、腐烂，整形前喷洒 0.2% 的山梨酸钾。

⑧挑选　干燥好的薯片要剔除焦片、潮片、碎片和其他杂质。

⑨包装　挑好的薯片称重装入塑料食品袋。为防止吸潮，在小包装内装入微包装的干燥剂。以纸箱做外包装，即成成品。

（3）产品质量要求

①感官指标　薯片表面平整，片形齐整，厚薄均匀；色呈淡褐色；具马铃薯鲜香味。

②理化指标　含水量小于 7%。

3. 炸制

（1）工艺流程

原料挑选→清洗、去皮→切片→浸泡→油炸→拌盐→冷却→包装→成品

（2）操作方法　选择还原糖少、色深的马铃薯作原料。先将薯块洗净、去皮、切成 0.6 厘米厚的圆片，浸入淡盐水中，洗去切口的淀粉并防变色。捞出控水后投入植物油（温度高达 180～190℃）的油锅中炸制。炸至焦黄时捞出，趁热撒拌盐粉。冷却、称重后装入塑料食品袋中即成成品。

二、山　药

山药又称薯蓣、大薯或佛掌薯。它是薯蓣科、薯蓣属，一年生或多年生，缠绕性藤本，薯芋类蔬菜。以地下肉质块茎供食用。我国栽培的山药有两种：普通山药和田薯。普通山药又称家山药，按块茎形状分三种：扁块种，主要分布在我国南方的江西、湖南、四川、贵州和浙江等地；圆筒种，主要分布在浙江黄岩和台湾等地；长柱种，主要分布在河南、陕西、山东和河北等地。田薯又称大薯、柱薯，主要分布在台湾、广东、广西、福建和江西等地，块茎甚大，有的重 40 千克以上。按块茎形状分为三种类型：扁块种、圆筒种和长柱种。北方和长江流域 10 月以后霜降时收获上市；华南地区因冬季土壤不冻结，自 8 月至翌年 4 月可陆续采收、上市。

（一）采收要求

山药采收应在植株茎叶枯黄时。由于山药块茎垂直地面生长，形状长大。因此，采收要认真深挖，以免造成块茎受损或折断。

（二）贮藏特性

山药贮藏的适宜温度为 10～25℃，相对湿度为 75%～85%。

（三）贮运方法

山药贮前要进行必要的晾晒。贮藏方法有层积法、筐藏法、窖藏法和就地埋藏法。

1. 层积法　选冷凉干燥处（如库房等地），用砖砌起 1 米

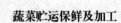

高的贮藏坑，先在坑底铺 10 厘米干细沙，把山药按次序平放在沙土上，一层山药一层沙，堆至离坑口 10 厘米左右，用细沙密封。贮后一个月检查一次，及时剔除发病的山药，翻动时要轻拿轻放，不要碰伤外皮。

2．筐藏法　先按照山药的长度选择适宜的筐，筐经消毒后铺垫稻草、麦秆或纸，使山药按水平方向逐层码入筐内，码至八成满，上面用麦秆或纸覆盖至筐口。筐码放时，最下面要垫砖或木板，以使筐离地面 10 厘米左右，防止地面潮气影响山药块茎。采用骑马式堆码方法，码放 3~4 层为宜。

3．窖藏法　可利用大白菜窖贮藏。

4．就地埋藏法　在冬季不太寒冷的地方，山药成熟后不采收，留在地里，入冬前在栽培的沟上覆土，至第二年清明再采收上市。

5．运输和包装　短途以汽车等运输工具为宜；中长途以火车、汽车为宜。运输中，以筐或麻袋做包装，要保持干爽环境，防止腐烂、严防压挤。

（四）上市质量标准

色泽正常，薯块完整、肥厚，皮细而薄；无病虫害、损伤、腐烂、冷害、冻害，不带须根，不带泥土；筐、箱包装。

（五）加工方法

1．糖制山药脯
（1）工艺流程
原料选择→清洗→去皮、切块→护色→漂烫→糖煮→烘制→包装→成品
（2）操作方法
①原料选择　选择条顺直、无腐烂、无虫咬、无机械伤的

新鲜山药为原料。

②清洗 在清水中刷洗干净。

③去皮、切块 用不锈钢刀或竹片刮去外皮，并挖净斑眼，然后再斜切成3～5毫米厚的片或切成条状。

④护色 将切好的山药立即浸入浓度为0.4%～0.5%的亚硫酸氢钠溶液中，溶液要没过料坯，浸泡时间为2～3小时，浸泡至折断处的料坯断面可见一层白色外壳为止，捞出后再用清水漂去药液及胶体。

⑤漂烫 将漂净的山药放入沸水中漂烫5～10分钟后捞出并用清水漂去黏液。

⑥糖煮 先配制浓度为40%的糖液，并加入适量柠檬酸，将pH调至4左右；投入山药用文火煮沸10分钟左右，然后连同糖液倒入缸中浸泡12小时。配制浓度50%和60%的糖液，先后在两种糖液中依上述方法煮制、浸渍；最后再置于浓度超过65%的糖液中煮制。

⑦烘制 将山药捞出，沥净糖液，摆在烘盘上送入烘房，用60～65℃温度烘8～12小时，待表面不粘手、含水量约为20%时取出。

⑧包装 以普通塑料食品袋定量、分级包装为成品。

(3) 产品质量要求

①感官指标 色白或微黄，颜色均匀，有光泽；组织饱满，韧性适中；不粘手，不结块，无返砂、流糖现象，口味清甜，无异味。

②理化指标 总糖65%～70%，含水18%～22%。

2. 罐藏

(1) 工艺流程

原料选择→清洗→去皮、整修→切段→预煮→冷却→装罐→加糖液→封罐→杀菌、冷却→检验→成品

（2）操作方法

①原料选择　选择新鲜、成熟度适中，无明显弯曲、畸形或扁形，风味正常、果肉呈白色，无霉烂、无虫害、无机械伤，以及横径不小于2厘米的山药。

②清洗　人工逐一清洗，去除表面泥污和杂质。

③去皮、整修　用不锈钢或竹片削皮，并将山药整修成圆形。为防止褐变，应立即放入清水中。

④切段　用不锈钢刀将山药切成粗细均匀10～10.5厘米的条或1.5～2.5厘米的段，切后放入清水中。

⑤预煮　切好的山药放入含0.3%柠檬酸的沸水中，煮沸7～10分钟。切成段的煮沸4～6分钟。预煮后需漂洗。

⑥冷却　预煮后放入冷水中冷透。

⑦装罐、加糖液　采用马口铁7114#罐，可装山药225～235克，加糖液200～190克，总净重425克；用玻璃罐装，可装山药270～280克，加糖液240～230克，总净重510克。糖液的浓度为30%～35%。

⑧封罐　抽气密封，真空度约为53.3千帕。

⑨杀菌、冷却　马口铁罐在100℃下杀菌5～30分钟；玻璃罐在100℃下杀菌5～40分钟。杀菌后冷却至37℃左右。

⑩检验　冷却后擦去水分，涂上防锈油，在常温下保持5～7天，剔除变质胀罐的不合格罐头。贴商标后即为成品。

3．注意事项

（1）不用铜铁器具　生产中应防止山药与铜铁等器具接触，借以防止蛋白质与重金属结合产生沉淀。

（2）用软化水　生产中应使用软化水，以减少沉淀。

（3）防淀粉沉淀　用柠檬酸液预煮后，要充分漂洗；也可

以用适量淀粉酶破坏山药表面的淀粉，防止因淀粉沉淀而使汁液混浊。

4.产品质量要求

(1)感官指标 果肉呈白色或黄色，色泽较一致，糖水较透明，允许少量果肉碎屑及白色沉淀，具有糖水山药应有的滋味与气味，无异味；组织软硬适度，块形完整，同一罐中的山药条（段）粗细和长短大体一致，允许有少量毛边，不允许有外来杂质。

(2)理化指标 糖水浓度（以折光度计）14%～18%。

三、芋 头

芋头又称芋艿、芋魁、芋根，俗称芋仔、青芋或毛芋。它是天南星科、芋属，多年生作一年生栽培，草本，薯芋类蔬菜。以球茎或叶柄供食用。芋头分为叶用芋和茎用芋两个变种。叶用芋以叶柄为食用部分；茎用芋以肥大的球茎为食用部分。在茎用芋中依据母芋和子芋的发达程度及子芋着生习性分魁芋、多子芋、多头芋三种类型：魁芋的母芋占球茎总重量的1/2以上，质量优于子芋；多子芋的子芋多，产量和品质都优于母芋；多头芋的球茎丛生，母芋和子芋及孙芋无明显差别。叶用芋与茎芋中又分水芋、旱芋两种，以旱芋栽培面积较广，水芋品质较好。按成熟期又可分为早熟种与中晚熟种。不同类型的芋头对温度要求不同：魁芋要求温度高，主要分布在珠江流域；多子芋和多头芋能适应较低温度，主要分布在长江流域及华北地区。早熟栽培的芋头6月至7月就可采收上市，普通栽培的早熟品种8月开始采收；中晚熟品种10月至11月采收上市。在温暖的地区可留在田间，越冬后再采收上市。芋头可贮藏6个月，一般至谷雨节前可陆续供应市场。

（一）采收要求

水芋在 9 月后必须放干水。芋头在采收前要保持土壤干松，采前几天先割去地上部分的叶柄，伤口愈合后方可采收。当芋叶发黄凋萎及须根枯萎时，便是最适采收期。

采挖后除去病、伤、烂芋头，晾晒 1～2 天后入窖贮藏。一时不进窖的可在较温暖而干燥的室内暂存。

（二）贮藏特性

芋头较耐贮藏。适宜的贮藏温度为 8～15℃。在 7℃ 以下会发生冷窖：内部组织褐变，表皮易被微生物侵染而腐烂。低于 0℃ 会受冻。温度过高（25℃ 以上）也会引起腐烂、脱水。贮藏要求的适宜相对湿度为 85％，贮藏芋头有宜湿不宜干之说，过干也会导致腐烂。

（三）贮运方法

1. 沟藏　沟深 2.3 米、宽 1.3 米，长度以贮量决定。芋头在沟里铺 1.3 米高，然后填土覆盖至沟顶。贮藏期间可随时挖取，供应上市。长江流域采用沟藏时，需在沟两侧埋设竹筒或竹把子，作为通气装置。

2. 窖藏　选择地势较高、排水良好、不向阳的地方挖窖。窖深 1 米、宽 1～1.5 米、长 2～3 米。立冬前后入窖。入窖前，窖内先撒些硫磺粉消毒。入窖时底部用干燥的麦秸或稻草垫好，随后将芋头放入窖内，堆高 30 厘米，堆顶呈弧形，在上面盖一层 10 厘米厚的麦秸或稻草，然后盖土约 50 厘米，拍打结实，呈馒头状。在窖的四周稍远的地方挖排水沟。通过控制覆盖土的厚度和含水量的方法来调节窖内温湿度。每窖可贮藏 1 500～2 000 千克。

3. 运输与包装 芋头主要产区在南方，供应北方市场，运输起到重要作用。火车与汽车为重要交通工具。在运输时要注意防冻、防腐烂，要采取必要的防范措施，使芋头处于适宜的温湿度条件下。

运输中应以筐、箱作包装。

（四）上市质量标准

球茎致密、洁净，无腐烂、冷窖、冻窖、病虫害及机械伤；筐、箱包装。

（五）加工方法

速冻：选择新鲜、表皮黄褐色、肉质洁白并无病虫害、无机械伤的子芋或孙芋，去皮后磨成圆形，经热烫、冷却、沥水、排盘、速冻及脱盘、包冰衣、包装等工序制成。产品质量要求色正味纯、无黄斑，大小均匀，松散不结块，无附着物，无杂质。

四、魔　芋

魔芋又称蒟蒻、蒻头、鬼头、蒟头、蛇六谷、蛇头草、花杆莲、黑芋头或麻芋。它是天南星科、魔芋属，多年生草本，薯芋类蔬菜。以球状块茎供食用。因含有毒植物碱，必须用石灰水漂煮处理后才能食用。四川、云南、湖北和湖南都有栽培。一般多春播，秋季收获。

（一）采收要求

当秋季气温降至 15℃ 以下，地上叶部开始枯黄至完全倒伏时，采收最适宜。采收时，应从叶柄下挖出球状块茎。采后在常温下预贮 3～4 天，待皮层干爽并形成愈伤组织后再贮藏。

（二）贮藏特性

魔芋的适宜贮藏温度为 8～10℃，相对湿度以 70%～80% 为宜。贮藏最忌沾水造成腐烂。

（三）贮运方法

1. 堆藏　顶芽朝上堆放在室内或库内的干燥处。一般可堆放三层，每层之间铺一层细土或稻草，顶部再用细土和稻草覆盖好。

2. 埋藏　在室外或田间选高燥处堆放，然后用沙土埋藏，顶部覆盖沙土或稻草，以保温、保湿。

3. 就地埋藏　在不太寒冷的地区，可以让其在土壤中越冬，也可在地面上铺一些干草防冻。

4. 运输方法　参见芋头的相关部分。

（四）上市质量标准

球茎肥大、完整，组织充实；无腐烂、无损伤；筐、箱包装。

（五）加工方法

1. 干制　可制成魔芋角或魔芋干。

（1）工艺流程

原料挑选→去皮→清洗→漂煮→切分→干燥→包装→成品

（2）操作要点

①切分　芋角切成 4 厘米见方的块；芋干切成 0.5 厘米厚的片。

②干燥　可采用自然晒干和人工干燥。如用烘箱干燥，始温需 80～90℃，到表面收缩后降到 50～60℃，边翻倒边烘烤，

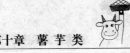

最后调到 30~40℃烘干。

③分级包装　用塑料袋和纸箱作内外包装。置于阴凉通风处贮藏。贮温不宜超过 14℃。

（3）产品质量要求　大小整齐、厚度均匀，含水量15%～18%；无杂质、无虫蛀、无腐烂、无黑斑。

2．制粉　魔芋干和角还可制成魔芋粉。

（1）工艺流程

魔芋干（或角）→粉碎→磨细→过筛→干燥→包装→成品

（2）操作要点

过筛：要通过 120 目的细筛。

（3）产品质量要求　色正味纯，细密，无杂质。内包装为塑料袋密封，外包装为纸箱。

3．魔芋豆腐

（1）工艺流程

原料→调浆→煮沸→凝聚→切块→脱涩→成品

（2）操作方法

①原料　由魔芋粉、米粉、芋头粉、白萝卜汁组成。配料比例为1:0.5:0.2:1。或可不加白萝卜汁。

②调浆　用冷水将原料调成浆。

③煮沸凝聚　按 50 克魔芋干粉（约可做成魔芋豆腐 4 千克），取水 5 千克，放入锅中煮沸；再将原料浆缓慢倒入沸水锅正中，倾入量要小得像一根线，同时迅速而均匀地搅拌；微火煮半小时，此时应加碱凝聚。加碱比例为魔芋粉 1 份加苏打粉或纯碱0.5～1 份。加碱水时必须缓慢倒入，同时要搅拌，溶液先成灰绿色，然后变成白色。碱水倒完后仍继续搅拌，微火再煮半小时，变成凝胶。如果未成凝胶，应再加碱水。当表面已不粘手时就制成了魔芋豆腐。

④切块、脱涩　制成魔芋豆腐后，再用余火加热闷煮半小

时后倒入冷水，用刀将魔芋豆腐切成大块，再用大火猛煮，并换水几次，煮至无涩味为止，即为成品。

（3）产品质量要求　色洁白，凝胶状，有弹性，绵软，无杂质。

五、姜

姜又称鲜姜、生姜或黄姜。它是姜科、姜属，多年生作一年生栽培，草本，薯芋类蔬菜。以地下肉质根茎供食用。根据形态分为两种类型：疏苗型姜块肥大，根茎节少，多单层排列；密苗型根茎节多而密，根茎双层或多层排列。完整的根茎由母姜和多次分枝形成的姜球组成，采收时间会因生长部位及成熟度不同而有所差异，用途也会有所不同。在长出新地下茎后就可采收母姜，直至立秋前后，母姜质地粗糙，辣味浓郁；嫩姜立秋后可采收，此时根茎组织柔嫩、含水多、辣味淡，宜鲜食或腌制加工；根茎充分膨大、老熟后采收，称为老姜，采收时间在霜降至立冬。老姜耐贮藏，可较长时间供应市场。

（一）采收要求

采收贮藏用老姜时，必须在根茎充分膨大老熟时进行。如果采收过晚，会使根茎受冻。采收时，不可选在雨天或雨后，否则不耐藏；但也要避开晴天暴日。

老姜采收后不需晾晒，应立即入库。如果根茎过湿，可稍晾，不可过夜。

（二）贮藏特性

姜有休眠期，贮藏期间可强制休眠，所以姜的耐贮性较好，贮期长达 5～6 个月，甚至 1～2 年。

姜的适宜贮藏温度为 15℃。入贮前期是伤口愈合、增厚外皮和加强耐贮性的过程，要求温度较高，以 18～20℃ 为宜；贮藏后期的温度以 12～13℃ 为宜。低于 10℃ 以下，易受冷害，温度过高易发生腐烂。姜发生腐烂后，可产生毒性很强的黄樟素。

姜贮藏的适宜相对湿度为 90%～95%。如果在室温、相对湿度为 65% 时，会干缩或出芽，贮藏期会缩短为 1 个月。

如果贮藏环境中二氧化碳含量为 2%、氧含量为 19%，对姜的呼吸有抑制作用。

（三）贮运方法

1. 井窖贮藏　在土层深、土质黏重而冬季气温较低的地区，可采用井窖贮藏。山东莱芜、泰安一带的姜窖深约 3 米，在井底挖两个贮藏室，高约 1.3 米、长宽各约 1.8 米。贮藏量为 750 千克。入贮时，一层沙一层姜，最后用沙封顶。

2. 坑窖贮藏　浙江等地的地下水位较高，故多采用坑窖埋藏法。浙江杭州、嘉兴地区的姜窖为圆形坑。窖底直径 2 米、窖口直径 2.3 米，其地下部分深 0.8～1 米，以不出水为原则，挖出的土围在窖口四周，拍实做土墙，使窖深达 2.3 米。窖要防止漏风、崩塌。一般贮藏量不低于 2.5 吨，否则冬季难以保温，超过 15 吨不便管理。

姜块入窖采用散堆方法，直堆至窖口，姜堆中央高，像馒头形；堆中要加芦苇或细竹捆成直径为 10 厘米的通风束；大约每 500 千克需加一个通风束。姜堆上面覆盖一层姜叶，四周盖一圈土，以后随气温降低分次添加覆土，并逐渐向中央收缩。窖顶用稻草做成圆尖形顶盖；四周开排水沟；东、西、北三面设风障防寒。

3．土窖贮藏　山区丘陵地区，可利用避风朝阳的南山坡挖成坑洞型土窖，先向山腰挖5～10米的隧道，窖大小由姜贮量的多少而定。其隧道底部如潮湿，须垫一层木板隔潮。在平原湖泊地区，应选地势稍高的地方挖成土窖，四周堆土高2～3米，用木柱支撑封顶，洞口背风朝阳，再留一个通气口。

土窖要先除湿消毒。坑洞型土窖用烟熏法，可将枯枝落叶150～250千克放在窖内，焖火自燃，把灰烬撒在四周；一般型土窖用生石灰消毒。在窖内设离地30厘米的姜床，姜床用木条制成，在床上铺稻草，把姜分层堆放在床上，姜上盖河沙或沙土15～30厘米，既可预防姜块上结水珠，还可以防止姜块失水。

4．姜入贮后的管理　贮藏初期的姜块呼吸旺盛，窖内温度容易上升，二氧化碳积累较多，人不可入窖检查。因此，窖口或窖顶不能全部封死，要保持正常通风。刚采收的姜块组织很脆嫩，易脱皮，入贮一个月后，逐渐老化；而以前剥离茎叶处的疤痕也逐渐长平，顶芽处长圆，称为"圆头"。这个过程是加强姜的耐贮性的过程，必须保持18～20℃的窖温。以后姜堆会下沉，覆土或沙层出现裂缝，所以必须注意保持姜窖的严密，防止冷空气袭入，维持内部自然形成的良好贮藏条件。贮藏中要经常检查贮藏情况，并注意窖底是否有积水，发现问题要及时解决。

贮藏的生姜在第二年可随时供应市场，但一经开窖，必须一次出完。

5．运输与包装　姜在运输中应采用筐、箱或编织袋、麻袋包装，以免造成姜块的损伤。在运输中要注意防冻、防热，严禁日晒雨淋。途中温度不得低于11℃。

（四）上市质量标准

质量要求应符合姜的部颁行业标准的规定。详见表 13。

表 13　姜的等级规格

（引自 SB/T 10160-93）

等级	品　　质	重　量	不合格限度（以重量计%）
一等	形态完整，具有该品种的特征，肥大丰满充实 同一品种形态色泽一致，表面光滑、清洁干燥 气味正常 无腐烂、霉变、焦皮、皱缩、冻伤、日灼伤、机械伤 无杂质	一级整块单重≥200 克	总项≤5 其中： 第四项≤1 第五项≤2
二等	形态基本完整，具有该品种固有的特性，丰满充实 同一品种形态色泽基本一致，表面基本光滑，清洁干燥 气味正常 无腐烂、霉变、冻伤、日灼伤、机械伤，允许轻微皱缩 无杂质	二级整块单重≥100 克	总项≤7.5 其中： 第四项≤2 第五项≤2
三等	形态色泽尚正常丰满 具有相似品种特征，允许少量异色品种，表面尚清洁干燥 气味正常 无腐烂、霉变、机械伤，允许轻微皱缩 无杂质	三级整块单重≥50 克 重量分级不符合各级要求的不得超过 10%	总项≤10 其中： 第四项≤3 第五项≤2

用筐、箱或编织袋包装。

（五）加工方法

1. 糖制

（1）工艺流程

原料选择→整理去皮→初腌→复腌→初次醋渍→切片、脱盐→再次醋渍→糖渍→染色→煮姜→包装→成品

（2）操作方法

①原料选择　选择新鲜、质嫩、肉肥、未纤维化、皮浅黄、辣味淡以及无腐烂、病虫害、发霉、异味和变色的姜块。

②整理去皮　采收后尽快整修，不得超过 3 天；时间过长，姜皮皱缩，不易刮皮，还会影响产品质量。先用刀削去姜芽、老根、姜仔，如块过大可切成段。清水洗净，用薄竹片刮去一薄层姜皮。一般 50 千克生姜去皮量不应超过 8 千克。

③初腌　姜去皮后分次装入木桶（杉木桶耐潮、防蛀，高 2 米、口径 2.15 米）。第一层 0.5 米厚，可按 50 千克原料用盐 9 千克的比例均匀撒入食盐。2 小时后腌出汁液、姜层下降；再按此种方法装入第二层；以后逐层加入，最后一层的加盐量要多加 0.5～1 千克。盖好竹篾盖，再压相当于姜重 50% 的石头，3 小时后排出大量汁液，用管吸出少许，所剩余的汁液以漫过姜面 7 厘米为宜。再腌 24 小时，将姜捞出放在竹筐内，盖上竹篾盖，再压上相当于姜重 50% 的石头，压出水分。

④复腌　挤压 3 小时后，重新逐层装入木桶中。每层姜按第一次腌后重 50 千克加食盐 6 千克的比例均匀撒入食盐，最上一层多加食盐 0.5～1 千克，盖上竹篾盖，压上石头，但不需压出汁液。24 小时后，把姜捞出放在竹筐内，压上相当于姜重 50% 的石头。3 小时后，姜表面的汁液基本沥净，姜块也被压扁、变软。

⑤初次醋渍　先在桶底加入相当于姜重 5% 的食醋，把姜装入，当距桶口 20 厘米时，再加入桶内相当于姜重 25% 的食醋，醋液面要漫过姜面 10 厘米，如果食醋的量不够可适量添加。

⑥切片、脱盐　醋渍 24 小时后捞出，先将姜块纵劈成两

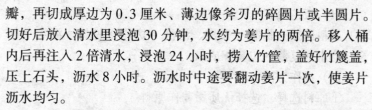

瓣，再切成厚边为 0.3 厘米、薄边像斧刃的碎圆片或半圆片。切好后放入清水里浸泡 30 分钟，水约为姜片的两倍。移入桶内后再注入 2 倍清水，浸泡 24 小时，捞入竹筐，盖好竹箅盖，压上石头，沥水 8 小时。沥水时中途要翻动姜片一次，使姜片沥水均匀。

⑦再次醋渍 脱盐后把姜装入木桶，按桶内姜片重量的 50％加入食醋，使醋液漫过姜面 10 厘米，加盖。12 小时后捞入竹筐沥净醋液。醋液还可再次利用。

⑧糖渍 沥滤 3 小时后将姜片再放入缸中，装至距缸口 20 厘米。加入相当于缸内姜重 70％的白糖，并翻动、搅拌均匀后加盖。浸渍 24 小时，捞入竹筐沥净糖液。糖液可再用。

⑨染色 沥滤 2 小时后把姜片再次装入缸内，但不能装满。然后按每 100 千克糖渍姜片用 1 克苋菜红对少量净水溶解后的溶液倒入缸中，搅拌均匀，再把滤出的糖液灌进去，加盖后存放 7～8 天，使姜片充分染透，同时再次吸收糖。

⑩煮姜 把浸渍姜片的糖水倒入锅内煮沸，捞去杂质，再把染好色的姜片放入锅内，煮沸 3 分钟翻动一次，一直煮到姜片膨胀饱满为止，然后捞入筐内、摊平、散热。当姜片和糖水都凉之后，一并放入缸内，即成糖醋酥姜。

⑪包装 将姜片计量装入复合塑料薄膜袋，加入少量糖液，真空抽气包装后为成品。

（3）产品质量要求

①感官指标 口感清脆凉爽，甜中略带辣，色泽鲜红，切开后内外颜色一致；外形丰满柔软，表面糖液粘稠度大。

②理化指标 水分≤80％，食盐 2％～3％，还原糖＞20％，总酸（以醋酸计）＜2％。

2.酱制酱姜片

（1）工艺流程

原料选择→腌制→去皮、清洗→切片→脱盐→沥水→初酱→沥水→复酱→包装→成品

（2）操作方法

①原料选择　选择优质嫩姜作原料。

②腌制　加20％的食盐后再用18度盐水腌渍20天。

③去皮、清洗　将姜块用水浸泡后放入桶中，加入半桶水，用棍棒翻搅，使姜皮自然脱落，用清水洗净并控水。切片的厚度为0.7～0.8厘米，厚薄要均匀，头部再切3～4刀，切成佛手状。

④脱盐、沥水　将姜片倒入冷水中浸泡10～15分钟，捞入筐中，用筐与筐的上下挤压方法沥水。沥水过程中要上下调动，约4～5小时可沥干水分。

⑤初次酱渍　将沥干水的姜片倒入缸中，再用可重复使用的回笼酱油浸泡12～15小时。

⑥沥水　捞起姜片，同样方法沥干水分。

⑦再次酱渍　沥干水的姜片倒入缸中。按10千克咸姜坯加入6千克甜酱油、1.5克糖精、10克苯甲酸钠和50克白糖的比例调成配料，搅拌均匀后，倒入姜片缸中，随倒随用木棍翻缸，以后每天翻一次，连续3～4天。

⑧包装　按10千克咸姜坯加60克味精的比例拌入味精，即可进行包装，包装以复合塑料袋为宜。

（3）产品质量要求　成品色泽深红，味咸、甜、辣适中。如果酱渍原料使用面酱、大酱，会使成品具有甜味或咸味。

3.酱制酱姜芽

（1）工艺流程

原料→制咸坯→清洗→整修→脱盐→沥水→初次酱渍→再次酱渍→包装→成品

（2）操作方法

①原料及咸坯制作　选择鲜姜芽做原料。先洗净入坛，一层姜芽一层盐。盐用量为姜芽重量的 17%，装满后再倒入 18 度的盐水，以浸没姜芽为宜。上压石块，第二、三天各翻动一次，经 10 天后即成咸姜芽坯子。

②清洗、整修　咸坯子洗净后，切去较嫩的姜芽部分，使姜芽长度为 1.5 厘米，每个姜芽粗细度不超过 1 厘米，每块头部切 3~4 刀，刀口要深至姜芽的 1/2。

③脱盐、沥水　方法同酱制姜片。

④初次酱渍　沥水后的姜芽装进布袋浸入甜面酱中，渍 3~4 天，每天要打耙。

⑤再次酱渍　捞出并敲净面酱，倒入另一空缸中，用甜酱油进行第二次酱渍。酱油与辅料及用量同酱制姜片的第二次酱渍。

⑥包装　同酱制姜片。

（3）产品质量要求　色泽深红，有光泽，味咸、甜、辣俱全。

六、菊　芋

菊芋又称洋姜或鬼子姜。它是菊科、向日葵属，一年生草本，薯芋类蔬菜。以地下块茎供食用。按形态可分为白菊芋和紫菊芋两种：白菊芋外皮淡黄色、肉白、块茎大而整齐；紫菊芋外皮紫红色、肉白、块茎小，表皮凹凸不平，肉质脆嫩纤维少。我国各地均有分布，春季播种，霜降后收获。

（一）采收要求

花谢以后采挖为宜。

（二）贮藏特性和贮运方法

因块茎无周皮，不耐贮藏。但耐低温，可在 $-25\sim-30℃$ 的冻土层中越冬贮藏。宜就近鲜销或供腌制。适宜贮藏条件：$-0.5\sim0℃$；$90\%\sim95\%$（相对湿度）。

（三）上市质量标准

块茎肥大、完整、洁净；无病虫害、机械伤；筐、箱装。

（四）加工方法

腌制：

（1）工艺流程

原料选择→整修、洗涤→初酱→出缸→复酱→成品

（2）操作要点

①整修　整修时应去掉须根，过大的姜块用手掰开。

②初酱　初酱时可用乏酱（即次酱），用量占原料的 75%，时间为 $3\sim5$ 天，每天打耙 3 次。

③复酱　出缸控净后复酱时应用甜面酱，用量占半成品的 50%，时间为 1 个月，其间每天打耙 3 次。

（3）产品质量要求　金黄色、有光泽，脆嫩，酱味浓厚。

七、草 石 蚕

草石蚕又称甘露、地蚕、地螺、宝塔菜、螺丝菜、玉环菜、地溜儿、地瓜儿、地牯牛或土蛹。它是唇形科、水苏属，多年生草本，薯芋类蔬菜。以地下块茎供食用。

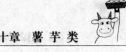

（一）采收要求

秋末茎叶萎缩后可随时收获，也可延至第二年解冻后采收。

（二）贮藏特性和贮运方法

草石蚕以鲜销为主，在低温干燥通风处只能避光短贮，或快速运输。

（三）上市质量标准

大小均匀，肉质脆嫩；不带泥土、不带毛根、外皮光滑；筐或塑料袋包装。

（四）加工方法

1. 腌制　可分别制成咸、酱制品。

（1）工艺流程

原料选择→清洗→腌制→脱盐→酱制→成品

（2）操作方法

①原料选择　选大小均匀，无腐烂、病虫害、机械伤的草石蚕为原料。

②清洗　用清水洗净、控干。

③腌制　一层草石蚕一层盐，依次入缸，其原料和食盐的比例为5∶1，满缸后压石块。第二天先翻缸一次，以后每隔两天翻缸一次，共翻3次。腌20天即制成咸草石蚕。

④脱盐　腌制完成后，放入清水漂洗约4小时，中间换水两次。

⑤酱制　捞出控干水分，装入布袋（每袋2.5千克），投入甜面酱缸，每天打耙3次，10天后即为成品。可散装、玻

璃瓶装或塑料袋装。

（3）质量要求　色正味纯、质地脆嫩、咸甜适度、酱香味浓郁。

2．糖制　糖醋宝塔菜。

（1）工艺流程

原料选择→清洗→加入配料→糖醋渍→成品

（2）操作方法

①原料选择、清洗　选择大小均匀，无病虫害、机械伤、腐烂的草石蚕为原料，用清水洗净、控干。

②腌制　控干水的草石蚕加盐拌均匀后装缸，加盐比例为原料重的8%。上压石块腌制5～7天，捞出沥去部分水分。

③配料　用占原料重3/10的红（白）糖和3/10的食醋混合，加入占原料重1/10的水，烧开，使糖溶化，或加入少量（0.1%）的糖精，冷却后待用。

④糖醋渍　将草石蚕和配料同时加入坛中封口。30天后即为成品。

八、银　苗

银苗又称银条菜或银根菜。它是唇形科、水苏属，多年生草本，薯芋类蔬菜。以地下肉质茎供食用。主产于北京等地；冬前收获上市。主要用于腌制加工。

（一）采收要求

鲜销可随时采挖。或在初霜后地上部枯萎时集中采挖。

（二）贮藏特性和贮运方法

参见草石蚕的相关部分。

（三）上市质量标准

肉质茎洁白、脆嫩，不带泥土；袋或筐装。

（四）加工方法

腌制方法　参见草石蚕的相关部分。

第十一章

葱 蒜 类

一、薤

薤又称薤头，荞头或薤子。它是葱科、葱属，多年生宿根草本，葱蒜类蔬菜。以嫩叶和鳞茎供食用。按食用部位可分为头薤、菜薤、野薤以及苦薤等四类。头薤叶较少，以鳞茎供食用；菜薤叶较多，鳞茎细小以食叶为主，野薤，鳞茎与叶兼用；苦薤，味略苦，主要品种有南薤和长柄薤。南薤大而圆，以薤头上市，而长柄薤薤柄长，白而嫩，品质好，以整株供食用。

菜薤一般在秋季栽种，12月至第二年7月采收；头薤4月至6月采收上市；叶用薤头在大寒至次年清明期间可陆续采收。南方多栽培，它主产于湖南、江西、广西以及贵州等地。宜鲜销或腌渍加工。

（一）采收要求

以叶和鳞茎供食用的可随时采收；以鳞茎供食

用的,待叶子转黄时采收。

(二)贮藏特性与贮运方法

因为薤头易失水凋萎,宜快运鲜销。短期贮藏可在通风保湿条件下堆放或带叶捆束、挂藏。长期多采用加工腌渍。

(三)上市质量标准

1. 菜薤 鳞茎粗大、肥壮、洁白,无泥沙、无杂物、无枯黄叶,略切去须根和管状叶尖,白色鳞茎应占40%以上。

2. 头薤 鳞茎健壮、洁白,肉质肥厚、紧密,切去根部和茎白以上的管状叶。筐、箱包装。

(四)加工方法

腌制:

(1)工艺流程

选料→清洗→腌渍→沥干→醋渍→杀菌→包装→成品

(2)操作要点 选择优质薤头为原料,以每100千克鲜品用32千克食盐的比例腌成咸薤头应市。还可用咸薤头再添加食糖等辅料进行醋渍,制成甜酸薤头。产品可用陶坛或玻璃瓶包装。密封、避光保存。

二、大 葱

大葱又称葱、木葱或汉葱。它是葱科、葱属,二年或多年生草本,葱蒜类蔬菜。一般以叶及假茎供食用。大葱的品种较多,依据葱白的形态,可分为长葱白型、短葱白型和鸡腿型。大葱对温度的适应范围较广,各地都有栽培。葱苗及抽薹前的成株,可随时收获供应;用以冬春季供应的贮藏大葱,多在冬前采收，宜鲜销。

（一）采收要求

冬贮大葱的收获时间需尽量延迟，早收因气温尚高，贮藏期间的损耗较大，适宜的收获时间应在晚霜后，当管状叶由厚变薄，呈现萎枯发黄状态时采收为宜。采收前7～10天停止浇水。大葱在收刨后，需在田间晒晾，然后进行初步整理、捆扎。

（二）贮藏特性

大葱的抗寒力比洋葱和大蒜都强，它能忍耐－20℃以下的低温，其后在0℃以上的低温条件下，还可以慢慢缓解，细胞仍具有活力。因此，冬季时节的大葱可低温贮藏，适宜温度为0℃、相对湿度为85%～90%；微冻贮藏时温度为－3℃～－5℃，其相对湿度为80%左右。

（三）贮运方法

1. 架藏法　将采收并晾好的大葱，捆成7～10千克的捆，依次堆放在贮藏架上，中间留出一定空隙，以便于通风透气，防止腐烂。如果露天架藏，需有覆盖物防雨雪。贮藏期间定期开捆检查，发现发热变质的要及时剔除。同时注意天气变化，及时做好防雨、防雪和保温工作。

2. 窖藏法　把采收后的大葱，先在田间晾晒数日，待表层半干后，捆成7～10千克的捆，直立排放于干燥、有阳光、避雨的地方晾晒。每半个月检查一次，以防腐烂。当气温降到0℃以下时入窖贮藏。贮藏期间注意通风、防热和防潮。

3. 冷库贮藏法　将符合质量要求的大葱，捆成7～10千克的捆，装入筐或箱内，或置于架上，放入冷库。冷库内适宜的温度控制在0℃～1℃，相对湿度85％～90％。贮藏期间要定期检查，及时剔除腐烂的葱。

4．微冻贮藏法　将经过晾晒的大葱，按质量要求捆成7～10千克的捆，竖排于宽1～2米、深0.2米左右的浅沟内。贮藏的初期，需将葱捆的上部敞开，每个星期翻动一次，使葱叶全部干燥；天气转寒，待葱白微冻时，给葱培土，顶部用草帘子盖住，此后不宜经常翻动。

（四）上市质量标准

葱白长、粗壮均匀、叶色青绿；无泥土、无病虫害、无枯黄烂叶、无折断破裂；一般1～5千克一捆，捆扎成束；筐装或箱装。

三、韭　菜

韭菜又称丰本或起阳草。它是葱科、葱属，多年生草本，葱蒜类蔬菜。以叶与假茎供食用。韭菜依照其食用器官可分为根韭、叶韭及花韭和花叶兼用韭等四种类型。叶韭食用量较大，它可分为宽叶韭和窄叶韭。宽叶韭的叶片宽厚，品质柔嫩，辛香味较淡，主要品种有汉中冬韭和北京大白根；窄叶韭的叶片细长，纤维较多，辛香味较浓，主要品种有保定红根韭和北京铁丝苗。我国的南北各地广有栽培。种植韭菜需要冷凉的气候，早春及晚秋是收割上市的季节。一般每年可收获三四次。可常年供应。宜鲜销，或可干制加工。

（一）采收要求

当韭菜长到30厘米左右、生长期大约为20多天，此时最适宜收获。收获时应在晴天的早晨，并注意留韭茬，韭茬留的高度一般为3~4厘米。

（二）贮藏特性及贮运方法

韭菜易腐烂，不耐贮藏；忌风吹、日晒、雨淋。临时存放可装筐花码，以利于通风散热，也可摊摆放置在阴凉湿润处。或扎成小捆，放入筐或箱中立即预冷，待品温降到0℃时，用0.03毫米的薄膜包装，然后再放入筐中，在保持库温为0~2℃、相对湿度90%左右的条件下，可贮藏半个月左右。

运输要求：先将韭菜捆扎成1~2千克重的捆。短途运输可散码或筐装；长途运输则需要冷藏车运输；南菜北运多采用捆把装筐，在筐内再放冰瓶或在车内采取打冰墙等措施。这样可保持低温环境。

（三）上市质量标准

植株鲜嫩粗壮、色泽正常、整齐洁净，不浸水、无抽薹、无腐烂、无黄叶、无杂质、无异味；无冻害、无病虫害、无机械伤；捆扎或用收缩膜包装。

（四）加工方法

随着方便食品的增加，韭菜在加工方面可进行脱水干制后添加到方便食品中，作为调味品或配料。韭菜干制工艺流程：

原料选择→清选→漂洗→切分→甩水→烘干→检验→包装→成品

干制方法可参见绿叶类蔬菜的相关部分。

四、洋　葱

洋葱又称圆葱头、葱头或洋葱头。它是葱科、葱属，二年生草本，葱蒜类蔬菜。以肥大的鳞茎供食用。其叶鞘部逐渐膨大，形成肥厚的鳞片，鳞片互相抱合成鳞茎。按形态分类有圆球形、扁球形、纺锤形等；按外皮颜色分类有紫红色、黄色和白色。

由于洋葱适应性强，又耐贮藏和运输，我国各地都有种植。华南地区近冬播种，到初夏收获；长江流域秋季播种，到翌年的 5 月至 6 月收获；华北和东北地区早秋播种、幼苗贮藏越冬或进行早春保护地播种育苗、春季定植，到夏末或早秋收获。经贮藏加工可周年供应。

（一）采前要求

采收前一周内要停止灌水。当洋葱基部的第 2 至 3 片叶子开始枯黄、假茎逐渐失水变软并且开始倒伏，鳞茎停止膨大、外层鳞片呈革质状时即可收获。收获时要选择晴天。采收后要及时晾晒，即就地将葱头放在畦埂上，叶片朝下，呈覆瓦状排列。葱头不要被阳光直接照射，每 2～3 天翻动一次，直到叶片发软变黄、外鳞片干缩成膜状才能贮藏。为了防止抽芽影响贮藏期，可以用青鲜素（又称 MH 或抑芽丹）的 0.25% 水溶液，在洋葱收获前两周喷到叶子上。这样，采收后可以贮藏到第二年的 3～4 月而仍不抽芽。经过处理的鳞茎，不能留做种子用，只能上市鲜销。

（二）贮藏特性

洋葱是具有休眠期的蔬菜，夏季收获后便进入休眠期，虽然有适宜的生长条件，鳞茎也不会发芽，可安全度过炎热的夏季。休眠一般为1.5个月至2.5个月。过了休眠期就会发芽。一般长江流域过10月以后易发芽。所以，如何控制洋葱度过休眠后鳞茎的发芽，是贮藏中应该解决的问题。经过多年的研究试验验证，除了可以采用青鲜素水溶液喷洒外，采后重要的是及时进行干燥处理。即充分晾晒或用热风干燥。等到叶片发软变黄、外层鳞片干缩时即可贮藏。适宜条件：温度，0℃；相对湿度65%～70%。

（三）贮运方法

这里主要介绍一下常用的几种贮藏方法。

1. 一般贮藏方法　首先，将经充分晾晒的洋葱去掉叶子，装入木箱或筐内，然后堆入窖内或码在普通贮藏库内，一般堆码3～5层，并保持经常性的通风、干爽。冬天最低温度不得低于-1℃，这样可以贮藏较长的时间。

2. 简易气调贮藏法　将选择好的鳞茎，装入用5%的漂白粉水溶液消过毒的筐内，码放在凉棚下进行通风预贮，等到7月下旬进行封闭。封闭的方法是：在地势高、干燥、通风良好的凉棚下，根据每垛贮量的多少，先用木杆搭成屋脊或木架；垛底贴地面铺0.1毫米厚的塑料薄膜，上面摆放双排双层砖块，搭上木架，码放洋葱筐；垛高3～4层，宽1.2米，每垛贮藏约为1 000千克。在垛的四周挖成深0.16米、宽0.1米的小沟，垛上罩以塑料薄膜，然后再与垛底的塑料薄膜边缘对齐，并合卷在一起，埋入沟内，形成塑料薄膜帐子；四周离地面0.6米以上处，安装直径为0.2米的袖口，以备检查质量使用。正面、两侧安装测气使用的气门嘴儿和调气使用的小塑料袖口。

采用自然降氧法调节塑料帐内的气体成分，应每天测量垛

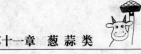

内的气体含量，根据垛内气体的变化情况进行调节。一般帐内的氧气应控制在5%左右、二氧化碳应控制在13%左右。如果每帐的贮藏量大于1 000千克，帐内的氧气含量可适当升高，二氧化碳含量可适当降低。如果每帐的贮藏量少于1 000千克，帐内的氧气含量可适当降低，二氧化碳含量可适当升高。切忌帐内绝氧。每当帐内的氧气低于5%时，用吹风机从袖口向帐内送风，使帐内的氧气上升到6%～7%。一般情况下，不要开帐检查。如果必须开帐，在重新封帐时，必须充入二氧化碳，以便快速降氧。其间每周采用氯气消毒一次，每次充氯气4 000毫升，然后进入帐内进行气体循环。注意控制垛内湿度。白天应避免阳光直射，夜间在垛的迎风面设置席子或草袋子挡风。

3.冷库贮藏法　这是在人工控制有制冷设施的贮藏库内进行的冷藏。一般是将挑选好的干爽洋葱，装入筐或编织袋内，放在冷库的货架上。温度控制在0℃左右，库内相对湿度控制在65%～70%。

此外，还可以采用α射线或γ射线处理，可以防止洋葱发芽，延长贮藏期。一般用于贮藏的品种多为中、晚秋的黄皮或紫皮品种。

（四）上市质量标准

鳞茎完整、坚实、色泽正常；外面的两层鳞片、鳞茎顶部、鳞茎盘等部位均应充分干燥；无鳞芽萌发、无损伤、无异味、无腐烂、无病虫害；可采用编织袋包装。

（五）加工方法

1.脱水洋葱的工艺流程

选料→整修→切分→甩水→摊筛→烘干→检验→包装→成

品

2. 操作要点　　选择适用于脱水加工的白皮品种的洋葱，经热风干燥脱去游离水分；此过程必须注意保持外扩散与内扩散的配合与平衡。在脱水干制过程中，热风进风口的温度要控制在 65℃ 左右；如烘道温度过高，成品易焦。进出风的风量要保持平衡，或出风量稍大于进风量，以利于干燥。一般要 5~6 小时。其标准要符合相关的国际标准。洋葱片的感官指标见表 14；洋葱粉的感官指标见表 15；脱水洋葱的理化指标见表 16。卫生指标要求各种重金属不能超标。

表 14　洋葱片的感官指标
（引自 SB/T 10026 - 92）

等级项目	优级			一级			二级		
	黄皮种	白皮种	紫皮种	黄皮种	白皮种	紫皮种	黄皮种	白皮种	紫皮种
色泽	乳白	白	淡粉红	淡黄	乳白	淡红	黄	乳黄	淡红稍紫
形态	呈月芽形平伏，大小均匀			稍有皱皮，大小较均匀			大小基本均匀		
气味	具有洋葱特有的香气，无异味						允许有轻微焦味		
杂质	不　得　检　出						≤0.1 克/千克		

表 15　洋葱粉的感官指标
（引自 SB/T 10026 - 92）

等级项目	优级			一级			二级		
	黄皮种	白皮种	紫皮种	黄皮种	白皮种	紫皮种	黄皮种	白皮种	紫皮种
色泽	乳黄	白	淡红	淡黄	乳白	淡紫红	深黄	乳黄	淡紫红略灰
气味	具有洋葱特有的香味，无异味						允许有轻微焦味		
细度（微米）	250（60 目 筛），95%通过			250（60 目 筛），93%通过			250（60目筛），90%通过		
斑点	允许微量黄斑点			允许微量黄斑点			允许少量黑斑点		

表 16　脱水洋葱的理化指标
（引自 SB/T 10026-92）

项　目＼等　级	优　级		一　级		二　级		检验方法
	片	粉	片	粉	片	粉	
水分最大含量（%）	8.0	6.0	8.0	6.0	8.0	6.0	GB5009.3-85
总灰分（%）（折干计，最大）	5.5	5.5	5.8	5.8	6.0	6.0	GB5009.4-85
不溶于酸的灰（%）（折干计，最大）	0.5	0.5	0.8	0.8	1.0	1.0	

五、大　蒜

大蒜又称蒜头。它是葱科、葱属，一二年生草本，葱蒜类蔬菜。以鳞茎供食用。按色泽分为白皮蒜和紫皮蒜。有苍山紫皮、昌吉白皮和嘉定白蒜等名品。大蒜耐寒，早春2～4月即可播种，6～7月收获；秋播经露地越冬，第二年5～6月收获。经贮藏后常年供应市场。

（一）采收要求

当蒜薹收获20天左右，叶片约有1/2或2/3变黄、鳞茎已充分肥大时为蒜头的适宜收获期。适时采收，对大蒜的贮藏很重要，采收过早，叶中养分尚未完全转移到鳞茎，鳞茎不充实，含水量高，不耐贮藏；采收过迟，干枯的叶鞘不易编辫，若遇雨淋或高温，还易发霉、散裂。采收前3～5天要停止灌水，以降低土壤的湿度，提高鳞茎的品质和耐藏性。采收时宜选择晴天，收获后在田间晾晒数日，以免贮藏时发霉腐烂。

（二）贮藏特性

大蒜具有明显的生理休眠期，休眠期长达 2～3 个月。大蒜在脱离休眠期后，环境温度高于 5℃时易萌芽，高于 10℃时易腐烂。休眠期过后，控制零下低温及干燥的贮藏条件，也可抑制萌芽及生根。一般适宜的贮藏温度为 0℃左右，相对湿度为 70％左右。大蒜的冰点为 - 0.83℃。

（三）贮运方法

大蒜采后经过充分晾晒便进入休眠状态，可采用编织袋组织贮藏运输。贮藏方法有如下几种：

1．挂藏法　大蒜晾干后，经挑选，剔除机械伤、腐烂或皱缩的蒜头，编成辫。夏秋之间放在临时晾棚、冷宅或通风的贮藏库内；冬季为避免受潮、受冻，最好放在通风贮藏库内；也可将蒜头假茎用铁丝串起来，悬挂在通风保温处，使蒜头自然风干，采用此方法，鳞茎不易腐烂、质量好，简单易行。

2．窖藏法　选择地势较高、干燥、土质坚厚、地下水位低的地块挖窖。在窖底铺一层蒜，堆一层草，但堆积的厚度不可过高，以便通风。窖内安设通风道，窖藏期间要定期检查，随时除去腐烂或变质的蒜头。此法利用窖的低温和低湿等条件使大蒜有一个稳定的贮藏环境。在东北等寒冷地区使用窖藏的效果较好。

3．冷库贮藏法　入库前先将大蒜放入预冷间进行降温，当大蒜的品温接近 0℃时，便可入库进行贮藏。贮藏时摆放在架子上，以便通风。要保持库内温度均匀一致。入库后要及时控制温度。根据包装和堆码方式的不同，库温可控制在 - 1℃至 - 3℃之间。

4．射线照射贮藏法　用钴 60γ 射线照射，除可抑制发芽

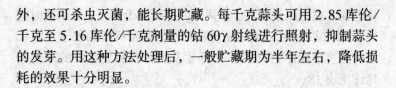

外，还可杀虫灭菌，能长期贮藏。每千克蒜头可用2.85库伦/千克至5.16库伦/千克剂量的钴60γ射线进行照射，抑制蒜头的发芽。用这种方法处理后，一般贮藏期为半年左右，降低损耗的效果十分明显。

（四）上市质量标准

鳞茎外鞘包被完整；蒜瓣丰满、清洁、干爽，气味正常；不散瓣、无病虫害、无霉变、无发芽、无机械伤；采用编织袋或箱体包装。

（五）加工方法

1. 干制　可分别制成大蒜片、大蒜粉等制品。下面重点介绍大蒜片的制作方法。

（1）脱水大蒜的一般工艺流程

选料→切蒂（短缩茎）、分瓣（鳞芽）→切片→漂洗→甩水→摊筛→烘干→风扇吹去鳞衣过筛→拣选→检验→包装→成品

（2）操作要点　用于加工的大蒜，以嘉定白蒜为最好。其加工时热风进风口的温度应控制在65℃左右，烘道温度不宜过高，如过高会造成成品色泽发红、发焦；进出风的风量要保

表 17　大蒜片的感官指标

（引自 GB8861-88）

等级 项目	优级	一级	二级
色泽	乳白	乳黄	淡黄
形态	片形完整、大小均匀、无碎片	片形完整，大小较均匀、无碎片	片形大小基本均匀
气味	具有大蒜特有的辛辣味，无异味		允许有轻微焦味
杂质	不得检出		≤0.1克/千克

持平衡，或出风量稍大于进风量，以利于干燥。一般烘制时间为 5~6 小时即可。其产品质量要符合国家标准的要求。大蒜片的感官指标详见表 17；大蒜片及大蒜粉和大蒜粒的理化指标详见表 18。

表 18　大蒜片、大蒜粉、大蒜粒的理化指标

（引自 GB8861-88）

项　目　＼　等　级	优　级		一　级		二　级	
	大蒜片	大蒜粉、粒	大蒜片	大蒜粉、粒	大蒜片	大蒜粉、粒
水分最大含量（％）	8.0	6.0	8.0	6.0	8.0	6.0
总灰分（％）（折干计，最大）	5.5	5.5	5.8	5.8	6.0	6.0
不溶于酸的灰分（％）（折干计，最大）	0.5	0.5	0.8	0.8	1.0	1.0

注：水分含量及总灰分的检验方法参见 GB5009.3－85 和 GB5009.4－85。

2．糖制

（1）工艺流程

选料→盐腌→翻动→换水→控水→糖渍→滚坛→出坛→包装→成品

（2）操作要点　采用红皮蒜、大六瓣品种，夏至前三天收获。剥除蒜皮，剪去过长的假茎（留 1 厘米长）。按每 10 千克大蒜加盐 300 克的比例腌入。入坛时，放一层盐一层蒜；入坛 8~10 小时后加水至与蒜相平即可。连续 7 天，每天换水；倒坛后按 1 千克大蒜用 0.5 千克糖和 100 克左右的盐水再度进行腌制，装坛后把坛口封严。倒放在阴凉处进行滚坛，立秋时糖蒜制成。糖醋蒜则在换过 7 次水以后，将水控净，每千克加 18 度盐水 50 千克和白糖 10 千克，每天倒坛连续一周。出售前三天，每 100 千克蒜加醋 10 克，每天倒坛两次即成。

六、蒜 薹

蒜薹又称蒜苗或蒜毫。它是葱科、葱属，一或二年生草本，大蒜植株的花茎。以由薹茎和花苞组成的花茎供食用。南北各地均有栽培。云南和四川等地3月至4月采收；山东和华北地区5月至6月采收；西北和东北地区7月中旬采收。经贮藏可常年供应。宜鲜销，或可腌制加工。

（一）采收要求

薹苞弯曲是最佳采收期。一般要比采收蒜头早25~30天。应选择晴天采收。

（二）贮藏特性

由于蒜薹采后新陈代谢旺盛，又缺少保护组织，所以嫩茎在后熟过程中花苞易膨大或开放，花梗易变黄或发糠。通过控制温、湿度和气体成分，可以抑制蒜薹的后熟，从而达到贮藏保鲜的目的。

适宜的贮藏条件是：温度控制到品温为0℃；相对湿度控制在85%~95%。

（三）贮运方法

1. 冷藏法　将选好的蒜薹经充分预冷后装入筐、板条箱等容器内，或直接放在库内的菜架上堆码好，然后再将库温控制在1℃左右。此方法操作简便，但易脱水而导致失绿、老化。

2. 小包装气调贮藏法　先把选好的蒜薹捆成小把，送入冷库快速预冷。当蒜薹的品温达到0℃时，装入0.06~0.08

毫米厚、100～110 厘米长、70～80 厘米宽的聚乙烯塑料薄膜袋中。每袋贮量约为 15～20 千克。扎紧袋口，放于菜架上进行贮藏。在贮藏过程中，应该随时用仪器抽样检查袋内的气体指标。当氧气下降到 1%～3%、二氧化碳高于 14% 时，就应及时打开袋口，进行通风换气。当氧含量升到 18% 以上、二氧化碳降到 2% 左右时，再将袋口扎紧密封。一般在贮藏前期，这样开袋换气的间隔时间可以长一些，约 10 天左右；后期则需一周左右的时间开袋一次。开袋通风换气时，要注意观察蒜薹的质量变化，对不宜继续贮藏的蒜薹，要及时检出。

3. 大帐气调贮藏法 采用 0.23 毫米厚的无毒聚氯乙烯薄膜，根据贮藏架子的大小，制作成长方形的大帐子。贮藏用的菜架，要视情况而定。一般其高度为 2～3 米，架子每层之间的间距约为 50 厘米。贮藏前，事先用四边都大于菜架边长约 50～80 厘米的薄膜做帐底而平铺于地面，然后再将菜架放在帐底上，将选好的蒜薹，以薹苞向外的方式，均匀地码放在菜架上进行预冷。每层码放的厚度为 30～35 厘米，每立方米可码放 150～180 千克蒜薹。当蒜薹的品温降到 0℃时，方可罩帐。罩帐前一天，加入消石灰，加入量以贮量的 5% 为宜。密封时，把长方形的大帐罩在菜架的外边，帐子的两端留有取气孔，同时两端另设空气循环口。封帐时，需把帐底与帐边卷合在一起并压牢、密封。封帐后，分别采用快速降氧或自然降氧的方法，使氧降到 1%～6%，将二氧化碳控制在 5% 以内。库内温度可偏低些，可保持在 −1℃左右。

4. 硅窗贮藏法 利用硅橡胶薄膜的透气性较高，以及对二氧化碳和氧的透性较大的特性，根据预定的贮量和贮温等要求，把一定面积的硅橡胶薄膜镶嵌在塑料袋上或塑

料帐上，简称"硅窗"。它可使袋内的氧气和二氧化碳气体含量，维持在适宜的指标范围内。一般贮存 1 500 千克商品，硅窗的面积多采用 100 平方厘米。可使袋内氧的指标保持在 3%～5% 范围内，二氧化碳气的指标控制在 5% 以下。

5. 气调库贮藏法　利用密封性能良好的气调库进行贮藏，在制定好气体指标以后，应注意保持湿度。一般温度控制在 0℃ 条件下，氧和二氧化碳气体的指标都控制在 3%～5% 的范围内。

（四）上市质量标准

蒜薹按其品质可分特等、一等和二等，并规定了品质和包装规格。参见国家行业标准《蒜薹》。其中质量要求详见表 19。

表 19　蒜薹质量等级

（摘自 SB/T10330-2000）

等　别	品　质　规　格
特　等	质地脆嫩，色泽鲜绿，成熟适度，不萎缩、糠心，去两端保留嫩茎，整洁均匀。规格：嫩茎长度 30～45 厘米 无病虫害、损伤、划薹、畸形、霉烂等现象；扎成 0.1～1.0 千克小捆
一　等	质地脆嫩，色泽鲜绿，成熟适度，不萎缩、糠心，基部不老化，薹苞绿色不膨大，允许顶尖稍有黄梢。规格：嫩茎长度 ≥30 厘米 无明显病虫害、损伤、斑点、划薹、畸形、腐烂现象。扎成 0.5～1.0 千克小捆
二　等	质地脆嫩，色泽淡绿，不脱水萎缩，薹茎基部无老化，薹苞稍大，允许稍变黄或干枯，但不开散。规格：嫩茎长度 ≥20 厘米 无严重病虫害、斑点、损伤、腐烂等现象。扎成 0.5～1.0 千克小捆

（五）加工方法

腌制泡菜：

（1）工艺流程

选料→清洗→切分→拌料→腌制→封坛→成品

（2）操作要点　用3%～4%的食盐与切成小段的蒜薹充分搅拌后放入泡菜坛中，使菜汁和盐水淹没蒜薹。或可加入花椒、茴香、丁香等配料的提取液。泡制时要注意密封，泡菜坛的水槽一定要加满水。

（3）产品质量要求　色黄绿、质脆嫩、味咸辣爽口。

七、韭　　葱

韭葱又称扁叶葱、鬼子蒜、洋葱苗或洋大蒜。它是葱科、葱属，多年生作二年生栽培，草本，葱蒜类蔬菜。以嫩叶、假茎和花薹供食用。宜鲜销，可干制。

（一）采收要求

嫩叶春秋采收；假茎初冬到早春采收；花薹初夏采收。采收前一周左右停止浇水。

（二）贮藏特性和贮运方法

较耐贮运，可在0℃和相对湿度80%～95%的条件下贮存1～3个月。

（三）上市质量标准

叶片肥厚、青绿；假茎细嫩、洁白无泥；花薹鲜嫩；无腐烂、病斑；扎捆或筐装。

（四）加工方法

脱水干制。参见脱水大蒜部分。

八、分　葱

分葱又称菜葱或四季葱。它是葱科、葱属，多年生宿根草本，葱蒜类蔬菜。以叶和假茎供食用。南方栽培较多，全年栽培，随时都可采收。以鲜销为主。

（一）采收要求

当植株长到15厘米时，假茎和叶子都可采收。

（二）贮藏特性和贮运方法

短期可存放在阴凉、通风处，最好在0℃和95%以上的相对湿度条件下贮藏。运输需捆扎或筐、箱装。

（三）上市质量标准

叶色青绿，叶尖无枯黄，株棵完整；无斑点、无霉烂叶，干爽、无泥；捆扎包装。

（四）加工方法

可进行脱水加工。参见脱水大蒜部分。

九、胡　葱

胡葱又称火葱、蒜葱或洋蒜。它是葱科、葱属，二年生草本，葱蒜类蔬菜。以鳞茎和嫩叶供食用。主产于四川等南方地区。宜鲜销。

（一）采收要求

当植株长到 15 厘米时，食叶便可采收，从 10 月到翌年 4 月陆续供应上市。腌渍则需在 5 月至 6 月鳞茎膨大后收获。

（二）贮藏特性和贮运方法

参见分葱的相关部分。

（三）上市质量标准

葱株完整，干爽、无泥，无干枯、无霉烂；捆扎包装。

（四）加工方法

腌制：以鳞茎为原料。腌制加工参见蒜薹的相关部分。

十、韭　黄

韭黄，又称黄韭、黄韭菜或韭白。它是葱科、葱属，多年生草本，葱蒜类蔬菜韭菜的软化栽培产品。以软化后的假茎和黄叶供食用。宜鲜销，不宜加工。

（一）采收要求

一般在 11 月到翌年 2 月陆续采收上市。当叶片露出土埂 7~10 厘米时，即可采收。采收时需选择晴天，在近中午气温高时进行，以免遭受冻害。

（二）贮藏特性和贮运方法

因其质地脆嫩，不耐贮运。适宜的温度为 0℃ ，相对湿

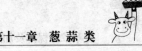

度以95%以上为佳。可在低温、高湿条件下进行周转性短贮。

（三）上市质量标准

叶片粗壮、肥厚，色正、干爽、鲜嫩；无腐烂、无斑点；捆扎包装。

十一、韭菜薹

韭菜薹，又称韭菜莛或薹用韭菜，我国台湾省称年花韭菜。它是葱科、葱属，多年生草本，葱蒜类蔬菜韭菜的嫩花茎。以嫩花茎供食用。夏、秋采收上市，供鲜销或腌渍加工。

（一）采收要求

当花薹已抽出、花苞紧密时可在清晨采收。

（二）贮藏特性与贮运方法

韭菜薹鲜嫩，宜作鲜销，不耐贮运。适宜的贮藏条件是：温度，0℃；相对湿度，95%以上。临时可存放在低温或冷凉通风处，防止日晒、雨淋。长途运输时，则应加冰降温、保湿，以免变质。

（三）上市质量标准

花茎粗壮、脆嫩；花蕾未开放，干爽整齐；宜捆扎包装。

（四）加工方法

腌渍。其方法可参见蒜薹的相关部分。

十二、韭 菜 花

韭菜花，又称韭菁。它是葱科、葱属，多年生草本，葱蒜类蔬菜韭菜的花序。以花序供食用。宜腌制加工或鲜销。

（一）采收要求

南北方气候不同，一般多在8月间采收半籽半花状态的花序。

（二）贮藏特性和贮运方法

参见韭菜薹的相关部分。

（三）上市质量标准

花蕾未开，鲜嫩洁净；无病虫害、无损伤；用筐、箱包装。

（四）加工方法

腌制：

（1）工艺流程

选料→清洗→分别腌渍→搅拌→混合装坛→密封→包装→成品

（2）操作要点　选择优质韭菜花以及苤蓝、辣椒，添加玉米酒、红糖、食盐等辅料，分别腌制；然后混合装罐再腌制而成。其中分别腌制需时5～6个月，每千克原料与酒、糖、盐等辅料的配比是50克、100克、75克；混合腌渍需时4～5个月，每千克混合原料与辅料的配比是20克、50克、10克。成品可袋装、罐装或瓶装。

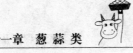

十三、青蒜和蒜黄

青蒜又称青蒜苗、叶用大蒜或蒜青。它是葱科、葱属，多年生草本，葱蒜类蔬菜大蒜的幼苗。以嫩叶及假茎供食用。宜鲜销。

蒜黄是葱科、葱属，多年生、草本，葱蒜类蔬菜大蒜软化栽培的幼株。以软化叶或假茎供食用。北方多在冬季温室中避光、软化栽培，可供应冬春市场。只宜鲜销。

（一）采收要求

青蒜应在地下鳞茎未形成时采收为好，过迟则组织老化、纤维增多，食用价值降低。南方秋播，11月至翌年4月采收；北方春播，初夏采收上市。蒜黄在株高30厘米左右时采收为宜。

（二）贮藏特性和贮运方法

青蒜叶面积大，柔嫩多汁、组织分散、生理活性强，易蒸发萎蔫，不耐贮运。一般多就近生产，就近鲜销。短期存放的适宜条件是：温度为0℃；相对湿度为95%。

蒜黄与青蒜相似，但更柔嫩，不宜贮藏。临时存放时要在低温条件下摊开摆放。运输时需捆扎包装或筐装。

（三）上市质量标准

1. 青蒜　叶片青绿，叶尖不干枯，鳞茎不膨大，洁净、粗壮、柔嫩；无折断、无病虫害；用铭带捆扎或筐装。

2. 蒜黄　叶片乳黄色，整齐、挺直、鲜嫩；无腐烂；捆扎或筐装。

（四）加工方法

干制青蒜。参见脱水大蒜部分。

第十二章

瓜 菜 类

一、黄　瓜

　　黄瓜又称青瓜、王瓜、刺瓜或吊瓜。它是葫芦科、甜瓜属，一年生攀缘草本，瓜类蔬菜。以幼嫩果实供食用。按形态分有刺黄瓜、鞭黄瓜、短黄瓜和小黄瓜；按栽培季节分有春黄瓜、夏黄瓜和秋黄瓜。在全国各地均有栽培。南方地区春、夏、秋三季栽培，4月开始上市；广州地区冬季都可栽培，可周年供应；北方地区6月开始上市，无霜期长的可栽培春、秋两季，无霜期短的只能种一季；冬季还可采用保护地生产。贮运、加工在流通中有非常重要的作用。

（一）采收要求

　　鲜食用黄瓜在花开后18天采收，此时瓜已长大，具有该品种固有的果形、果色和风味；种子也未变硬、未膨大。用于贮运的黄瓜要采收生长在植株中部的"腰瓜"，忌用"根瓜"。"根瓜"多与地面接触，瓜形不好，带病菌，贮后易发病；顶部长瓜时瓜秧已衰老、枯竭，瓜形大小不一，营养物质含量不足，也不耐贮藏。采收时要轻拿轻放，避免发生机械伤害，力求"顶花带刺"。

采收后，要避免日晒、雨淋。应及时包装，并放在阴凉处或冷库中预冷。由于黄瓜鲜嫩，易受损伤，包装必须有一定支撑能力，如塑料筐、竹筐、纸箱等。为减少瓜条与瓜条、瓜条与包装之间的摩擦，包装内要衬纸、要码严，这样还可吸收呼吸时产生的水分，使包装内不致形成过高的湿度环境。预冷温度要依情况而定。就近或只需短途运输就可达销售地，置于阴凉处即可；供贮藏或长途运输的，特别是供冷链运输的，必须在冷库中预冷，而且要求 24 小时内达到适宜的贮藏或运输温度。

(二) 贮藏特性

1. 采后生理特点　黄瓜含水量高、质地脆嫩、新陈代谢旺盛，保护组织又不完善，容易失水和遭受微生物的侵害。采收后营养物质还易转移，使头部种子膨大，尾部组织萎蔫、收缩、变糠，形成"大头瓜"，味道变酸，品质下降，以至变质、腐烂。因此，在贮运过程中，必须创造适当的条件，抑制这些过程，才能有较好的贮运效果。

2. 适宜的贮藏条件　我国的《黄瓜冷藏与运输技术》行业标准中规定，黄瓜的适宜贮藏温度为 10～13℃，适宜相对湿度为 90%～95%。温度低于 10℃黄瓜就会发生冷害，但在高湿度情况下，可以减少冷害的发生。参见表 20。

贮藏环境中适宜的气体条件：氧和二氧化碳含量均为 2%～5%。黄瓜对乙烯要求严格，在一立方米空间内 1 毫克乙

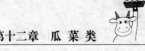

烯，一天内就会使黄瓜变黄，所以黄瓜不能与容易产生乙烯的果蔬（如香瓜、番茄、苹果、梨等）混存、混运。

表20　黄瓜冷害与贮藏环境温湿度的关系

（据 Morris 等，1938）

温度（℃）	相对湿度（%）	萎蔫（%）	凹陷程度	温度（℃）	相对湿度（%）	萎蔫（%）	凹陷程度
3.9~5.5	50~60	7.69	严重	9.4~10.0	50~55	9.46	轻微
	79~88	3.75	轻微		81~90	3.29	无
	95~100	0.85	无		90~100	1.05	无

注：贮藏期7天。冷害症状：脱水、萎蔫、果皮出现凹陷。

（三）贮运方法

1. **缸藏法**　先用白酒擦净贮藏用缸，以消毒防腐。秋冬季在室内将缸埋入地下一半或放在地面上，缸里放入15厘米深的清水，在水面上6~10厘米处放上木板钉成的十字架或井字架，上面放秫秸圆箅子或竹箅子，再把黄瓜码在上面：可沿缸壁码放，也可放射状码放；柄朝外，花蒂朝中心。缸中央要留空隙，以使缸内温度均匀，也便于检查。码至距缸口10~13厘米为止，然后用牛皮纸将缸口封严。

前期要防热，要经常检查。如果缸内温度过高、湿度过大，可打开缸口通风换气。后期随气温降低，要在缸周围和缸上面加保温防寒物。

2. **窖藏法**　在背阴处挖2米宽、1.5~2米深的沟，长度依贮量而定，顶口要有盖，中间留出入口（窖口），一端放一个通风用瓦管。窖底和四壁铺设光洁的秫秸，以防刺伤黄瓜。然后便可将黄瓜放入窖内，同时要盖严窖口。

入窖后要勤检查，发现变质瓜要及时挑出，以防病菌传染。

3. 地下式小菜窖贮藏法　利用城镇或农村房前屋后的空地，建地下式永久性小窖可用于贮藏黄瓜。

贮藏方法是：在窖内搭架子，将黄瓜码在架子上，瓜的上、下均用塑料薄膜铺盖保温。也可将黄瓜装箱，码垛贮藏。如果有条件还可将黄瓜 3~5 条装入塑料袋内，采用松扎口或折口方法贮藏，效果更好。

4. 水井贮藏法　选一适宜的水井，在距水面 33 厘米处安一个结实的井字架，将黄瓜间隔地码在木架上，码完一层铺一层秫秸。相邻的两层瓜码的方向要错开，一直码至距井口 30 厘米左右为止。大气不太冷时，井口盖木盖；立冬后天气转冷，井盖要加稻壳或碎棉花等防寒。

5. 简易气调贮藏法　在能控制贮藏温度的场所，可采用简易气调贮藏方法。

(1) 垛藏　将黄瓜装篓，盖 1~2 层纸，码垛，用聚乙烯薄膜（0.03~0.08 毫米厚）帐子罩上。利用开关通风口进行气体调节。

(2) 篓藏　用 0.03 毫米厚聚乙烯薄膜衬在篓内，把黄瓜码在篓中，码好后再用薄膜盖严。

(3) 袋藏　用 0.03 毫米聚乙烯薄膜制成小袋，每袋装瓜 1~2 千克，折口，装篓或上架。

6. 运输和包装要求　黄瓜对运输和包装的具体要求与采收地至集散地或销地的距离及气候条件等因素有关。地产地销及中短途运输可采用常温运输；炎热夏季遇雨要采用遮荫和遮雨设施，防止日晒、雨淋；严冬季节要采用防寒措施，如盖棉被、盖草苫等。以加衬篓装为宜，或用散装，但要码放牢固并加铺垫，以免造成损失。如长途运输则需采用低温运输，以加内衬的纸箱、竹篓等做包装，严禁与释放乙烯较多的果蔬混运。

（四）上市质量标准

黄瓜上市质量标准按《黄瓜》国家行业标准执行。详见表21。

表21 黄瓜等级规格
（摘自 ZB/TB31030-90）

等级	品 质	规 格	限 度
一等	同一品种，成熟适度，新鲜脆嫩，果形、果色良好，清洁 无腐烂、畸形、异味、冷害、冻害、病虫害及机械伤	大：单果重≥200克 中：单果重≥150克 小：单果重≥100克	每批样品不符合品质要求的不得超过5%。其中腐烂不得超过0.5%，不符合该等级果重规格的不得超过10%（以重量计）
二等	相似品种，成熟度较好，新鲜脆嫩，果形、果色较好，清洁 无腐烂、畸形、异味、冷害、冻害，无明显病虫害及机械伤		二、三等每批样品不符合品质要求的不得超过10%。其中腐烂者不得超过1%，不符合该等级重量规格的不得超过10%（以重量计）
三等	相似品种，成熟度尚好，新鲜，果形、果色尚好，清洁 无腐烂、异味、冷害、冻害，无严重病虫害与机械伤		

（五）加工方法

1. 罐藏酸黄瓜罐头

（1）工艺流程

原料选择→清洗→浸泡→冲洗→整修→预煮→配料处理→汤汁配制→装罐→排气→密封→杀菌→冷却→贴标→成品

（2）操作方法

①原料选择和处理　选择无刺或少刺的品种；瓜条要求幼嫩（种子尚未发育），直径3～4厘米左右，粗细均匀；无病虫害、无腐烂以及色泽均一的黄瓜。选好后用清水洗净，放入清

水中浸泡 6～8 小时（最好为硬水），浸泡后仔细洗净，再按罐的高度（至罐颈处）切段，各段要顺直。黄瓜用量：以 500 克容量的罐计算，用 265 克。

②配料处理与汤汁配制　选择新鲜、鲜嫩并除去病虫害、损伤及枯黄腐烂部分的茴香、芹菜（叶）、辣根（或叶）、荷兰芹（叶）、薄荷（叶片），切成 4～6 厘米小段；干月桂（叶）、红辣椒（去籽）切成 1 厘米小段；大蒜去皮后洗净切成 0.5 克小片。用食用酸味剂将汁液调成 pH 在 4.2～4.5 范围内。

配料：用量与配制依罐头容量而定。500 克罐头需配料 13.5 克。其中：

鲜茴香 5 克　芹菜叶 3 克　辣根（或 2 片叶）3 克　荷兰芹叶（2 片）1.5 克　薄荷叶（2 片）0.25 克　月桂叶 1 片　红辣椒 0.5 克　大蒜（1 片）0.5 克

汁液：每 500 克容量的罐头需 225 克。

③装罐　将做罐头用的罐、盖及橡皮圈洗净，用沸水消毒。装罐时，先装入配料，再装入黄瓜，最后装汤汁。汤汁温度不低于 75℃，有利于排气。加汤汁以距盖 6～8 厘米为度。

④排气和封罐　装好后送入排气箱（锅），使罐内温度为 90℃，维持 8～10 分钟，取出趁热封罐。

⑤杀菌与冷却　杀菌温度和时间依罐头大小而定。500 克玻璃罐，在 100℃下经 10 分钟就可达到杀菌目的。

冷却方法由罐的材料决定。玻璃罐分阶段降低，每阶段相差 20℃；马口铁罐放入冷水中冷却。

⑥检验、贴标　即成产品。

2．速冻

（1）工艺流程

原料选择→清洗→切剖→去籽→切片→热烫→冷却→甩水→速冻→包装→冷藏

（2）操作方法

①原料选择　选用新鲜、无花斑、绿色的黄瓜为原料。采后应立即加工。

②切剖、去籽　可用机械或手工切剖，用人工去籽。

③切片　用机械进行。厚度为 2.5 毫米。

④热烫　为保持风味，也可不热烫。必须将切片充分洗净，防止污染。

⑤冷却　用冷水冷却。

⑥甩水　用离心机甩去附着在瓜片上的水分，以免速冻时粘连。

⑦速冻　用速冻机完成。速冻时间 3～5 分钟。

⑧包装　包装间温度 -18℃，至少温度要低于 0℃。

⑨冷藏　冷藏间（库）要求 -18℃。保质期为一年。

（3）产品质量要求　速冻黄瓜质量要符合我国《速冻黄瓜》行业标准。详见表 22、表 23。

表 22　速冻黄瓜等级规格

（摘自 SB/T10027 - 92）

等级项目	优　级	一　级	二　级
色泽	表皮鲜绿，瓜肉绿白色	表皮鲜绿，瓜肉绿白色	表皮绿色，瓜肉微绿白色
形态	形状一致，大小均匀，薄厚为 2.5±0.5 毫米，单体间允许有 5% 粘连，表面无明显冰片，破碎片不得超过 3%	形状一致，大小均匀，薄厚为 2.5±0.5 毫米，单体间允许有 10% 粘连，表面无明显冰片，破碎片不得超过 5%	形状一致，大小基本均匀，薄厚为 2.5±1.0 毫米，单体间允许有 15% 粘连，表面有少许冰片，破碎片不得超过 10%
风味	无异味	无异味	无异味

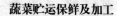

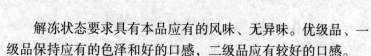

解冻状态要求具有本品应有的风味、无异味。优级品、一级品保持应有的色泽和好的口感，二级品应有较好的口感。

表23　速冻黄瓜杂质要求
（摘自 SB/T10027 - 92）

项　目＼等　级	优　级	一　级	二　级
有机杂质	不得检出	每千克小于或等于100毫克	每千克小于或等于200毫克
无机杂质	每千克小于或等于15毫克	每千克小于或等于25毫克	每千克小于或等于35毫克

3．腌制酱黄瓜

（1）工艺流程

原料选择→清洗→腌制→脱盐→第一次酱制→第二次酱制→成品

（2）操作方法

①原料选择　选择顶花带刺的鲜嫩黄瓜。

②清洗、腌制　将选好的黄瓜清洗后入缸腌渍。盐用量为原料的25%。入缸后连续五天每天翻缸一次，共腌十天。腌缸要放在通风处，避免日晒和高温，以防黄瓜发热或发黑而影响品质。

③脱盐　将腌瓜取出，放入清水中浸泡4小时，其间换水两次，取出后压水分。

④酱制　把脱盐的黄瓜装入布袋（每袋4千克），放入黄酱中。黄酱用量为原料的30%。每天早、中、晚各翻动一次。春、冬季5天出缸；夏、秋季3天出缸，完成第一次酱制。

出缸后沥干酱汁，放入面酱中进行第二次酱制。面酱用量为原料的30%。每天早、中、晚翻动一次。春、冬季5天出

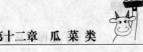

缸；夏、秋季 4 天出缸。出缸后即成酱黄瓜成品。成品色泽褐绿，酱香浓郁。

二、丝　瓜

丝瓜又称布瓜或天罗。它是葫芦科、丝瓜属，一年生攀缘草本，瓜类蔬菜。以果实供食用。丝瓜分普通丝瓜和有棱丝瓜。普通丝瓜别称圆筒丝瓜、蛮瓜、水瓜或长丝瓜；有棱丝瓜又称棱角丝瓜、胜瓜或角瓜。丝瓜具有耐热性特点，在我国华北、华东和华中等地区作为渡淡菜栽培，7～9 月采收上市；华南地区采收期自 4 月中旬可延至 11 月。如果配合保护地生产，可以做到周年供应。是南菜北运的一种重要蔬菜。由于品质鲜嫩，多供鲜销，不宜制作加工制品。

（一）采收要求

丝瓜食用的是嫩瓜。花后 10～15 天就可采收。此时肉质细嫩，食用品质佳。采后要置于阴凉处，待贮运的丝瓜应立即预冷，预冷的温度不应低于 7℃。

（二）贮藏特性和贮运方法

鲜嫩丝瓜不耐贮藏。在 8～10℃ 时，可贮藏 9～14 天，温度低于 6～7℃ 会发生冷害；贮藏时环境相对湿度应在 95% 以上。为减少水分损失，贮藏时可采用保鲜膜或纸类等包装，对丝瓜还会提供一定的保护作用。运输中以筐做外包装。

（三）上市质量标准

果形端正，果皮青绿、有光泽，新鲜柔嫩；无病虫害、无折断、无损伤；无冷害、冻害；筐装。

三、冬　瓜

冬瓜又称白瓜、枕瓜或东瓜。它是葫芦科、冬瓜属，一年生蔓性草本，瓜类蔬菜。以果实供食用。按果实大小分小型冬瓜和大型冬瓜。其中小型冬瓜为早熟或较早熟，以嫩瓜供食，6～7月采收上市；大型冬瓜为中熟或晚熟，以老熟瓜供食，7～9月采收上市，也可经贮后上市。配合保护地栽培，供应时间可延长。还可制成加工制品。

（一）采收要求

1. 采前要求　采前10天要停止施肥、灌水，以提高耐贮运性能。

2. 采收标准及预贮措施

（1）嫩瓜　开花后21～28天，果实的大小、体积和重量的增长已变缓时即可采收。

（2）老熟瓜　大型中晚熟冬瓜开花后40～50天采收最适宜。一般选九成熟瓜，而且是主蔓的第二个瓜供贮藏用。采收时要留5厘米左右的果柄。采收要在晴天下午进行，不宜在雨后或烈日下采收。另外要在霜降前采收，不能遭霜打。

采收后要轻拿轻放，小心搬动，严禁滚动、抛掷，否则造成内瓤振动而受伤，导致腐烂。这是提高冬瓜耐贮性的重要措施。采后要放在阴凉处预冷。

（二）贮藏特性

贮藏用冬瓜为生理成熟的果实，呼吸强度与代谢能力均已下降，而且已经形成较好的保护层：皮厚又带蜡粉，

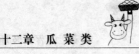

较耐贮藏。由于有保护层的保护，果实水分散失小，贮藏环境相对湿度要求较低，以 70%～75% 为宜。贮藏适宜温度为 10℃。

（三）贮运方法

1. 贮藏方法　通常采用窖藏或室内堆藏或架藏等法。具体方法是：在窖内或室内地上铺一层干沙或稻草，把冬瓜摆在上面，可堆放 2～3 层。摆放方式应是：地里怎么长、窖里怎么放。防止肉瓤因重力作用与生长时不同，造成内部产生裂伤，导致腐烂。如果把瓜摆在架子上，便是架藏。

贮藏初期，白天关闭窖门，夜间通风降温，使窖内保持适宜温度。入冬以后，要紧闭窖门，用窖口调节窖内温、湿度。贮藏期间要定期检查，及时剔除病、烂瓜。

如果是长期贮藏，最好就地产、就地贮藏，如果经调运后再贮藏，瓜瓤多因经颠簸而受伤，会影响贮藏效果。

2. 运输和包装要求　因运输距离不同而有所差异。近距离运输可采用汽车运输，散装形式。为减少机械伤害，在车帮或箱底加垫草或麻袋片等物；瓜在车箱内要码严、紧。长距离运输如仍采用散装，会因时间长、运输条件不当而造成内瓤损伤，引起腐烂，损耗可达 30%～40%。为减少损耗，运输中必须使用包装（筐），包装内要加衬物。另外，运输中要有较适宜的条件，即接近适宜的贮藏温湿度。同时在路途中还要随自然条件变化进行调剂。

（四）上市质量标准

果实端正，色泽正常，果皮厚而坚硬，有蜡粉的品种必须具蜡粉；肉质充实，瓜不软、不烂；无病虫害，无机械伤或疤痕；无冷害、冻害；散装或筐装。

（五）加工方法

1. 糖制冬瓜条

（1）工艺流程

原料选择→去杂→切分→硬化→漂烫→糖渍→煮制→烘干→包糖衣→包装→成品

（2）操作方法

①原料选择 选择瓜形整齐、充分成熟、重量为 10～15 千克、无腐烂、无病虫害和机械伤的冬瓜为原料。

②去皮、瓤籽、切分 原料清洗后，去皮、瓤籽后，切成 6～7 厘米长、1.5 厘米见方的条。

③硬化 用 1% 的石灰水浸泡冬瓜条 10 小时，然后用清水漂洗，除去附着在瓜条上的石灰。

④漂烫 用沸水漂烫 5～6 分钟至瓜条肉质透明。再用清水浸泡 1 天，每隔 3 小时换一次水。

⑤糖渍 瓜条捞出沥干。再浸入 20%～25% 浓度的蔗糖溶液，4 小时翻动一次，4～6 小时后增添砂糖，使糖浓度达 40%，再浸泡 8～10 小时。

⑥煮制 将糖渍液及瓜条一起倒入煮锅，用中火煮 40 分钟。煮制过程中注意调整糖液浓度，每次调整糖液浓度增加 10%，煮 2～3 分钟，浸渍 8～24 小时，煮制最后浓度为 75%。

⑦烘干、上糖衣 捞出瓜条，沥干，在 60℃烘房内烘干。用 3 份蔗糖、1 份淀粉糖浆和 2 份水混合制成过饱和糖浆，煮沸到 113～114.5℃，离火冷却至 93℃后，将干燥的瓜条放入浸渍 1 分钟，立即取出散放筛上，在 50℃下晾干，便形成透明的糖衣。经包装即成成品。

2．酱制

（1）工艺流程

原料选择→去皮、瓤、籽→切分→腌制（制坯）→切分→脱盐→酱制→浇汁→成品

（2）操作方法

①原料选择　选择老熟、色绿、肉厚的大型冬瓜。

②去皮瓤、切分、腌制　将瓜洗净，去皮、瓤和籽后切成4瓣，入缸用盐腌制。盐用量为原料的20%。每天倒缸一次。腌制2周即成咸冬瓜坯。

③脱盐　将咸瓜坯切成3厘米长、1.3厘米宽的块，浸入清水中脱盐。6小时换一次水，1天即可。

④酱制　捞出沥干，装面袋入缸，用甜面酱酱制。甜面酱用量为原料的60%。酱制1周，每天翻动4次。酱制后出缸。

⑤浇汁　把相当于15%原料重的白糖加入酱冬瓜的原汤中，加热熬成汁，均匀地浇在酱冬瓜上即成成品。成品金黄色、有光泽，酱味香浓。

四、节　瓜

节瓜又称毛瓜。它是葫芦科、冬瓜属，一年生蔓性草本，瓜类蔬菜冬瓜的一个变种。以嫩或老熟果实供食用。按果实形状分有短圆柱形和长圆柱形；按颜色分有浓绿色、绿色和黄绿色。有的品种果皮被白蜡粉，有的没有。华南地区春、夏、秋三季栽培，分别于4~6月、6~8月和9~11月采收上市；长江流域春、夏季分期播种，夏、秋排开上市；北京地区一般为7~8月上市。节瓜除内销以外还远销港、澳等地区。只适宜鲜销，不适于加工。

（一）采收要求

1. 嫩瓜　花开后 10 天左右采收。特别是出口瓜，除要求品质嫩外，还要求瓜重 150～200 克。如果采收期延误至花后 15 天，种子发育，品质下降。

2. 老熟瓜　开花后 30 天达到生理成熟时采收。

（二）贮藏特性和贮运方法

嫩瓜不耐贮藏，在阴湿冷凉通风处只能保存 3～5 天。老熟瓜因达到生理成熟，耐贮藏。可供应淡季市场。适宜贮藏条件及方法参见冬瓜。

（三）上市质量标准

1. 嫩瓜　瓜形端正，色泽正常，品质鲜嫩柔滑，茸毛鲜明；带顶花，无黏液，无畸形，无病虫害。

2. 老熟瓜　果实端正，色泽正常；无茸毛，无腐烂、病虫害、机械伤害。

筐、箱包装。

五、苦　　瓜

苦瓜又称癞瓜、凉瓜或锦荔枝。它是葫芦科、苦瓜属，一年生攀缘性草本，瓜类蔬菜。以果实供食用。按果形和表面特征分有长圆锥形和短圆锥形两种，表面有十条不规则凸起的纵棱；按果皮颜色分有浓绿色、绿色和绿白色。其中浓绿色、绿色品种产于长江以南，瓜的苦味较浓；绿白色品种产于长江以北，苦味较淡。苦瓜栽培面积较广，华北地区 6 月下旬至 9 月上旬上市；长江流域 6～9 月下旬上市；华南地区可春、夏、

秋三季栽培，5~11月都可上市。如配合保护地生产，供应期还可延长。由于各地上市时间有差异，因此苦瓜也是可供调运的蔬菜。宜鲜销。

（一）采收要求

一般在花开后12天左右采收。要求果实的条状或瘤状突起比较饱满，果皮有光泽，果顶颜色开始变淡。采收后，必须尽快置于阴凉处。有条件的地方可在冷库中预冷，使苦瓜温度接近贮运的适宜温度。

（二）贮藏特性

苦瓜适宜的贮藏温度为10~13℃，低于10℃会发生冷害。贮藏环境相对湿度为85%~90%。苦瓜对乙烯较为敏感，用保鲜膜包装，在高温条件下贮藏一天，就会因为乙烯的积累，而出现黄化。

（三）贮运方法

1. 贮藏方法　凡可提供适宜贮藏条件的冷库、半地下式菜窖或土窖均可作为苦瓜的贮藏场所。贮藏用包装与包装内贮量不宜过大，如采用聚乙烯薄膜袋做包装，需用折口贮藏法，以防止乙烯的过多积累。贮运时不宜与释放乙烯较多的果蔬混藏或混运。在适宜条件下，苦瓜可贮藏2~3周。

2. 运输与包装要求　参见黄瓜。但苦瓜必须使用包装及衬物。

（四）上市质量标准

果形端正、新鲜，色泽正常，种子未变硬；无花斑点，无病虫害和损伤，无冷害、冻害；筐、箱包装。

六、蛇　瓜

蛇瓜又称蛇丝瓜、蛇豆、印度丝瓜、蛮丝瓜、毛乌瓜或大豆角。它是葫芦科、栝楼属，一年生攀缘草本，瓜类蔬菜。以鲜嫩果实供食用。蛇瓜在我国只有零星种植，一般为夏秋季收获。由于质地鲜嫩，只适于鲜销。

（一）采收要求、贮藏特性和贮运方法

开花后 10 天左右便可采收嫩果。嫩果不耐贮运。运输中，可采用散装或筐装。可在常温、高湿下短贮。

（二）上市质量标准

果实鲜嫩，色泽正常；无病虫害和损伤；筐装。

七、越　瓜

越瓜又称梢瓜或脆瓜。它是葫芦科、甜瓜属，一年生蔓性草本，瓜类蔬菜。以嫩果实供食用。可分为生食和加工两个类型。生食型果皮薄，肉质脆嫩多汁，可鲜销，直接食用，也可加工；加工型果皮较厚，果肉致密，生食略感酸味。我国栽培面积较广，一般 5～6 月上市。

（一）采收要求

果实停止生长时为适宜采收期。

（二）贮藏特性和贮运方法

越瓜果实皮薄，易失水皱缩，不耐贮藏。适宜贮温为10～

13℃，低于 10℃ 可能产生冷害；相对湿度以 95％～98％ 为佳。可以置于阴凉处可贮藏 3～5 天。运输中，以筐作包装，为避免造成伤害，筐内需加衬纸或草。

（三）上市质量标准

果实鲜嫩，充实，色泽正常；无腐烂，无锈斑，无虫害和损伤；筐装。

（四）加工方法

越瓜的加工方法以腌制为主。

1．咸越瓜

（1）工艺流程

原料选择→清洗→切分→去瓤→腌渍→成品

（2）操作方法　将选好的越瓜清洗后，顺瓜切成两瓣，去除瓜瓤，入缸腌制。底部少放盐，顶部多放盐。放好后对入少量 17 度的盐水，上面压石块。第二天和第三天各倒缸一次，腌制 20 天即为成品。腌制时盐用量为原料的 15％。

2．酱越瓜

（1）工艺流程

原料选择→制咸坯→脱盐→第一次酱渍→第二次酱渍→成品

（2）操作方法

①制咸坯　盐用量为原料的 20％，制成坯的方法参见咸越瓜。

②脱盐　将咸坯捞出放入清水中浸泡一夜，中间换水 2～3 次，使咸度降为 10 度。捞出压干水分。

③第一次酱渍　用酱油酱渍。用量为原料的 10％。酱渍两天捞出。

④第二次酱渍　用甜面酱、酱油、白糖和苯甲酸钠调成的汤料酱渍。用料比例：甜面酱为原料的 40%，酱油为原料的 10%，白糖为原料的 4%，苯甲酸钠为原料的 0.1%。经第一次酱渍的越瓜放入汤料中，拌均匀，放在室外日晒夜露，每天翻动两次，1～2 周即为成品。成品鲜、甜、脆、嫩。

八、菜　瓜

菜瓜又称生瓜或蛇甜瓜。它是葫芦科、甜瓜属，一年生蔓性草本，甜瓜的一个变种，瓜类蔬菜。以嫩果实供食用。有青皮和花皮两种。我国各地均有栽培，主要供应夏季市场。宜腌渍加工，或可鲜销。

（一）采收要求

因生、熟瓜均可食用，所以采收标准可灵活掌握，一般不再长大即可收获。

（二）贮藏特性、贮运方法、上市质量标准及腌渍加工方法

可参见越瓜的相关部分。

九、南　瓜

南瓜又称番瓜、窝瓜、倭瓜或饭瓜。它是葫芦科、南瓜属，一年生蔓性草本，瓜类蔬菜。以果实供食用。南瓜按果形分为圆南瓜和长南瓜两个变种；按颜色分有墨绿、黄红、绿色加黄红色斑点和黄红色加黄白色斑点；按结果习性和成熟期分有早熟、中熟和晚熟三种。其中早熟种食用嫩瓜，品质最佳；

中晚熟种食用老熟瓜。南瓜依成熟状况确定采收期：北方在下霜前采收，即在 9 月上旬采收上市。由于较耐贮藏，供应期可延长至 12 月。

（一）采收要求

南瓜在花谢后 15～20 天就可采收嫩瓜；贮藏用南瓜在花后 50～70 天成熟采收。果实成熟的标志是果皮变硬，果粉增多，果柄变黄。采收后要在室内预贮，预贮温度为 24～27℃，时间为两周。预贮能使果皮进一步硬化，尤其对成熟度较差的瓜，预贮更为重要。

（二）贮藏特性

贮藏用南瓜是生理成熟的果实，新陈代谢强度已经下降，营养物质积累丰富；果皮较厚，并有果粉，有较好的保护组织，所以较耐贮藏。贮藏时不需要较高的湿度环境来防止果实散失水分，环境相对湿度达 70%～75% 即可。适宜的贮藏温度为 5～10℃，温度低于 0℃ 会发生冻害。

（三）贮运方法

由于南瓜较耐贮藏，一般用湿度较低的空房子或窖贮藏。贮藏方法有：

1.堆藏法　先在地上铺一层沙子或稻草、麦秸，上面码 2～3 层瓜。

2.架藏　采用上述方法在贮藏架上码放南瓜，码放高度为 2～3 层。

南瓜入贮时，气温较高，晚上需开窗通风降温；冬季要注意防寒，室内温度保持在 0℃ 以上，最好在 5～10℃。贮期可达 2～3 个月。

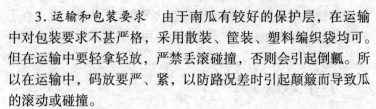

3. 运输和包装要求　由于南瓜有较好的保护层，在运输中对包装要求不甚严格，采用散装、筐装、塑料编织袋均可。但在运输中要轻拿轻放，严禁丢滚碰撞，否则会引起倒瓤。所以在运输中，码放要严、紧，以防路况差时引起颠簸而导致瓜的滚动或碰撞。

南瓜可采用常温运输，但要防止日晒、雨淋及 0℃ 以下的低温，必要时需采取些防护措施。另外，要有适当的通风条件，防止车体内湿度过大。

（四）上市质量标准

1. 嫩瓜　品质鲜嫩，皮色正常，无病虫害、机械伤及污染等。

2. 老熟瓜　果实结实，老熟健壮，瓜形整齐，组织致密，种子腔小，瓜肉肥厚，色正味纯，瓜瓤不松弛，瓜皮坚硬有蜡粉；无损伤，不破裂，无病虫害和腐烂斑点。

（五）加工方法

1. 干制
（1）工艺流程
原料选择→去蒂、外皮、瓤及种子→切分→漂烫→干燥→成品
（2）操作方法
①原料选择　选择老熟、无腐烂和病虫害的南瓜为原料。
②去皮等　用手工方法去蒂、外皮，刮去瓤和种子。
③切分　切成片或丝。
④漂烫　护色漂烫 5～8 分钟。
⑤干燥　采用人工干制。装载量每平方米 5～10 千克。干燥后期温度不超过 70℃，完成干燥需 10 小时。

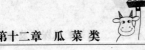

⑥成品 成品率6%～7%。含水量6%以下。

2. 糖制南瓜酱

（1）工艺流程

原料选择→清洗→去蒂、外皮、瓤和种子→切分→软化→打浆→浓缩→装罐→杀菌→冷却→检验→成品

（2）操作方法

①原料选择 选择成熟度适宜、皮薄肉厚、组织紧密、无腐烂和病虫害的南瓜为原料。

②清洗 用0.02%高锰酸钾溶液洗涤，再用清水冲净。

③去蒂、外皮、瓤和种子 用手工方法完成。

④切分 用人工或机械切成块。

⑤软化 在沸水中热处理3分钟，以南瓜块变软为度。

⑥打浆 用卧式打浆机打浆，筛网直径为0.6毫米。

⑦浓缩 用夹层锅浓缩。将南瓜浆倒入夹层锅中，分3～4次加入白砂糖，并加入适量的柠檬酸，使浆酸甜适口，浓缩至固形物含量达65%时出锅。

⑧装罐 趁热装罐。

⑨杀菌 100℃温度下杀菌10分钟。

⑩冷却、验收 杀菌后立即用冷水冷却至37℃。经检验合格，即成成品。

3. 南瓜澄清汁

（1）工艺流程

原料选择→清洗→去蒂、外皮、瓤和种子→切分、破碎→热处理→冷却→沥干→酶处理→榨汁→粗滤→调配→超滤→装罐→杀菌→冷却→检验→成品

（2）操作方法

①原料选择 清洗，去蒂、外皮、瓤和种子参见南瓜酱。

②切分、破碎 用多功能切碎机切成直径为0.5厘米的

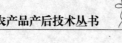

丝。

③热处理、冷却、沥干　用2.5%柠檬酸调整pH为4.0的溶液，然后在80℃下热处理3分钟。用冷水喷淋冷却，之后沥干。

④酶处理　加入0.032%果胶酶、0.06%纤维素酶和0.005%淀粉，在夹层锅内50℃下处理50分钟。

⑤粗滤　用离心机进行离心粗滤。

⑥调配　粗滤后的汁按12%的绵白糖、0.24%的柠檬酸和0.04%食用粗盐的比例调配。

⑦超滤澄清　选用PS3膜采用HL—UF—2.4平方米的平板式超滤机进行超滤澄清。

⑧装罐　装瓶、密封后，在85~60~50℃的水中杀菌10分钟。

⑨冷却、检验　杀菌后采用80~60~40℃进行分段冷却，至38~40℃。擦干瓶外水分，经检验合格即成成品。

十、西葫芦

西葫芦又称美洲南瓜、西洋南瓜、夏南瓜、搅瓜或美国南瓜。它是葫芦科、南瓜属，一年生草本，瓜类蔬菜。以果实供食用。按植株性状西葫芦分三类：矮生、半蔓生和蔓生；按生长期分早、中、晚熟三种。一般矮生种为早熟；半蔓性为中熟；蔓性为晚熟。早熟和中熟种，5月至6月采收上市；晚熟种供应秋季市场。保护地生产可以供应冬春市场。

（一）采收要求

西葫芦以嫩瓜为食的，一般花谢后7~9天采收，瓜长20厘米左右，每个瓜重0.25~0.5千克。也可在种子未硬前采

收，瓜重1～2千克。食用老熟瓜时，外皮变硬、种子变硬才可采收。

（二）贮藏特性及贮运方法

西葫芦老熟瓜较耐贮运。参见南瓜。适宜的贮藏温度10～15℃，相对湿度：70%～75%，在此条件下可贮藏2～3个月。

（三）上市质量标准

果实端正，色泽鲜艳，无腐烂、损伤；筐装。

十一、笋 瓜

笋瓜又称印度南瓜、玉瓜、北瓜、番南瓜、冬南瓜、白玉瓜、拉米瓜、腊梅瓜、白瓜或洋瓜。它是葫芦科、南瓜属，一年生蔓性草本，瓜类蔬菜。以果实供食用。按果皮颜色可分黄皮笋瓜、白皮笋瓜和花皮笋瓜三种。华南地区4月至10月上市；华东地区5月至9月上市；华北地区9月至10月采收。宜鲜销。

（一）采收要求

初期嫩瓜在1.5～2.5千克时便可采收；后期瓜可老熟采收。

（二）贮藏特性和贮运方法

参见南瓜的相关部分。

（三）上市质量标准

果实端正，色泽鲜艳；无腐烂，无病斑，无损伤；散装或筐、箱装。

十二、金　瓜

金瓜又称搅丝瓜、崇明金瓜、崇明金丝瓜或金丝瓜。它是葫芦科、南瓜属，一年生草本，瓜类蔬菜西葫芦的变种。以成熟果实供食用。果实金黄色，瓜肉黄白色、致密、清脆，有"植物海蜇"之称，经沸水煮2～5分钟，横断切开，用筷子搅动果肉，使成面条状。南北各地均有少量栽培。主要供应秋季市场鲜销。

（一）采收要求、贮藏特性和贮运方法

当果实变成金黄色后采收。采后放在阴凉处预贮。崇明金瓜耐贮运，在温度为10～15℃、相对湿度为70%～75%的条件下，可贮藏2～3个月。贮运方法可参见南瓜的相关部分。

（二）上市质量标准

色泽鲜艳，瓜肉饱满，瓜味纯正；无腐烂、无病虫害和机械伤害；无冷害、冻害；散装或筐装。

十三、佛手瓜

佛手瓜又称菜苦瓜、菜肴梨、万年瓜、隼人瓜、安南瓜、佛掌瓜、合掌瓜、丰收瓜、香橼瓜、香圆瓜、瓦瓜、棒瓜、土耳其瓜、洋茄子、洋丝瓜或拳头瓜。它是葫芦科、佛手瓜属，多年生宿根攀缘性草本，瓜类蔬菜。主要以果实供食用；嫩叶和嫩茎也可食用。我国栽培的佛手瓜有两种：绿皮种和白皮种。绿皮种瓜大，味稍差；白皮种瓜小，组织致密，味较佳。

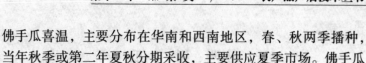

佛手瓜喜温，主要分布在华南和西南地区，春、秋两季播种，当年秋季或第二年夏秋分期采收，主要供应夏季市场。佛手瓜耐贮运，也可加工。

（一）采收要求

开花后 15～20 天可采收嫩瓜。佛手瓜花期长，结果有先后，需分期采收，一般 7～10 天采收一次。

（二）贮藏特性

佛手瓜的适宜贮藏温度 10～12℃。如遇 5～7℃ 的低温会发生冷害，瓜表面出现斑点，甚至会溃烂。适宜的相对湿度为 80%～90%。对乙烯敏感，不要与释放乙烯多的果蔬混存或混运。

（三）贮运方法

1. 贮藏方法　如在昆明地区，后期采收的佛手瓜在不加任何措施的情况下，在冷凉的屋子里可保鲜至来年 3 月。其间发现长芽的瓜，把芽去掉仍可食用。

2. 运输与包装要求　运输技术与其他瓜类相同。可采用散装、筐装。运输中要防日晒、雨淋，防挤压。

（四）上市质量标准

果实鲜嫩，色泽正常；无病虫害和机械伤害。佛手瓜有"胎萌"的特点，采收不及时或贮藏后，种子在瓜中萌发，去掉芽仍可做商品出售。

（五）加工方法

佛手瓜可制腌制品。可参见其他瓜类的相关部分。

十四、瓠 瓜

瓠瓜又称葫芦、葫芦瓜、扁蒲、蒲瓜、夜开花、龙蛋瓜、瓠子瓜或大黄瓜。它是葫芦科、葫芦属，一年生草本，瓜类蔬菜。以鲜嫩果实供食用。苦瓠因含过量葫芦甙等苦素，有毒，禁食。瓠瓜按形态分为瓠子、大葫芦瓜、长颈葫芦和细腰葫芦等四个变种。其中瓠子果实长，绿白色，柔嫩多汁，果肉白色，按果实外观又分为长柱形和短柱形。长柱形瓜长 42～66 厘米，最长达 1 米，直径 7～13 厘米；短柱形长 20～33 厘米，直径 13 厘米以上。瓠子在我国栽培面积较大。大葫芦瓜、长颈葫芦瓜外形为扁圆形；细腰葫芦为细腰形。这三种瓠瓜的嫩瓜均可食用，老瓜可做容器，在我国栽培面积较小。瓠子主要供应夏季市场。广州地区采用分期播种方法，供应期较长。瓠瓜只适于鲜销，不宜加工。

（一）采收要求

适宜采收期在开花后 10～15 天、果实具有白茸毛时。采收后必须立即置于阴凉处或冷库中，可采用水冷或强制通风预冷。

（二）贮藏特性

瓠瓜的适宜贮藏温度为 8～10℃，6～7℃以下会发生冷害。冷害的主要表现是在瓜表面出现褐斑，并逐渐扩大。在 15℃ 时呼吸作用旺盛会导致组织蓬松，外表呈现凹凸不平，品质下降，甚至失去食用价值。贮藏环境最适宜相对湿度为 95%。贮藏期 12～16 天。

（三）贮运方法

由于瓠瓜质地鲜嫩、具茸毛，贮运销过程中，要避雨、防晒、忌挤压；必须使用包装（以箱筐为主），包装内要衬纸，而且码一层瓜应垫一层纸。

（四）上市质量标准

果形端正，皮色鲜艳，具茸毛，果肉柔嫩，无腐烂和病斑；散装或筐装。

十五、甜　瓜

甜瓜又称香瓜或果瓜。它是葫芦科、甜瓜属，一年生蔓性草本，瓜类蔬菜。以果实供食用。按生态特征分有厚皮甜瓜和薄皮甜瓜。厚皮甜瓜主要包括网纹甜瓜、冬甜瓜、硬皮甜瓜；薄皮甜瓜又称普通甜瓜、中国甜瓜、东方甜瓜或香瓜。一般为夏收或秋收，夏秋季供应市场。

（一）采收要求

1. 采前要求　贮藏用瓜在栽培过程中，要适当控制灌水，采收前早停水，才可提高耐藏性。

2. 采收标准

（1）贮藏用瓜　厚皮甜瓜中的中、晚熟品种适于贮藏。中熟品种花后40～45天采收；晚熟品种花后65～70天采收。

（2）鲜销瓜　薄皮甜瓜20～30天采收；厚皮甜瓜的早熟品种花后25～35天采收。

甜瓜食用的是成熟瓜。但因其有后熟作用，采收时瓜的成熟度会因瓜的用途不同而不同。就地销售或经短途运输再销售的应在清晨采收九十成熟的瓜；供长途运输的应在午后 1～3 点采收八九成熟的瓜，有的品种成熟度还要低；供冬藏的应采收九成熟的瓜。采收时要用小刀或剪刀切断。瓜柄应保留 1～2 厘米长。

3. 预贮措施　采收时要轻拿轻放，不要擦伤瓜皮。采后应就地晒瓜 1～2 天。有条件的贮藏前对瓜可进行灭菌、消毒处理。方法有两种：温水浸渍，用 55～60℃（不能超过 62℃）的水浸泡 1 分钟；药剂灭菌，用 0.2% 浓度的次氯酸钠或 0.1% 浓度特克多、苯来特、多菌灵、托布津，或 0.05% 浓度的抑霉唑浸泡 0.5～1 分钟，也可以结合其他药剂使用。

（二）贮藏特性

厚皮甜瓜由于具有较厚的皮，含糖量高，所以耐贮藏或极耐贮藏。适宜的贮藏温度为 2～3℃，相对湿度 85%～90%。如在气调贮藏条件下（氧含量 3～5%、二氧化碳含量为 1～1.5%）温度 3～4℃、相对湿度 80% 左右，也有较好的贮藏效果。

（三）贮运方法

1. 土窖吊藏、架藏法　在土窖内安装一排排相距 50 厘米的横梁，梁上系若干粗麻绳或布带，每三根为一组，每 50 厘米系一个死结，将瓜放在结与结之间形成的兜内，果柄朝上。吊后每 7～15 天检查一次，及时剔除瓜顶变软的瓜。也可制成木架，每层架上摆放一层瓜，定期翻瓜，防止与木板接触处腐烂。贮藏初期夜间使外界冷空气进入窖内，降

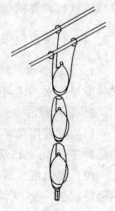

图 39　甜瓜吊藏示意图

低窖内温度；后期要注意防寒。窖内要保持适宜相对湿度。吊藏参见图 39。

2．冷库贮藏法

（1）聚乙烯薄膜包装贮藏 利用聚乙烯薄膜包装，采用抽气充氮方法快速降氧并提高二氧化碳浓度，达到适宜气体条件。在贮藏过程中要定期换气，以继续保持适宜的气体条件。冷库应保持适宜的温湿度条件。

（2）纸箱贮藏 将瓜装在箱内贮藏。纸箱要距地 15～30 厘米，可码放 10～20 个箱高。垛与垛之间要留有空隙，保证库内温度均匀，便于操作、检查。

3．运输和包装要求 就近销售或需短途运输的，采用常温运输，散装或编织袋、筐装；长途运输或出口品运输必须采用纸箱包装及低温运输方法。

（四）上市质量标准

果实周正、充实，并具有该品种特有的色泽或香味；无腐烂、锈斑，无病虫害，无损伤；散装或筐、箱装。

（五）加工方法

1．干制 这是新疆地区的传统产品。应选用果肉细密及白色的厚皮品种，当果实充分成熟时采收，经去皮、瓤，切块，再自然晾晒而成。

2．腌制

（1）工艺流程

选料→清洗→切分→腌渍→成品

（2）操作方法 参见越瓜的相关部分。

3．酱制酱包瓜

（1）工艺流程

选料→制壳→配料→腌渍→酱渍→混合搅拌→装料→封盖→成品

（2）操作要点

①配料比例　每制成 10 千克酱包瓜成品需用：香瓜 4 千克、苤蓝丁 1.5 千克、黄瓜丁 2 千克以及花生米 2 千克、核桃仁 200 克、葡萄干 200 克、青红丝 100 克、鲜姜丝 100 克和桂花 100 克。

②制作包瓜外壳　选择五六成熟及瓜型匀称的小香瓜（单重 150～200 克为宜）为原料。先从瓜蒂部完整地开一个口，取出瓜瓤，削下的瓜蒂用做酱包瓜的盖子。把瓜壳放入 20 度的食盐水中腌制 10 天，每天翻倒一次。经清水浸泡 3 天，每天换水两次，再捞出晾晒 4～5 天，以瓜皮出现皱纹为度。

③腌渍　把香瓜、黄瓜和苤蓝洗净，削去外皮；分别用 20 度的食盐水腌制 10 天，每天翻倒两次；再把咸香瓜和咸黄瓜去籽，与苤蓝分别切成 5～6 厘米见方的丁块。

④酱渍　把上述三种咸坯分别捞入清水浸泡 12 小时，再慢慢控去水分，且勿压榨，借以保持良好的外观。然后分别装入面袋，每袋可装 2.5～3 千克，放入面酱中酱渍 4～6 天。每天需搅动三次，以使酱汁均匀地浸入咸坯中，每 10 千克咸坯需加面酱 6 千克。

⑤糖渍　捞出酱坯，控干酱汁。酱香瓜晾干备用。酱黄瓜和酱苤蓝则分别加白糖搅拌均匀后再腌渍 5～6 天，每天搅拌一次，至色泽透明、光亮为止。每 10 千克酱坯需加白糖 4 千克。

⑥混合灌装　把腌制好的三种原料与花生米等辅料兑在一起翻拌均匀后装入包瓜壳内，装紧压实，加上瓜蒂盖，用绳捆好即成成品。最后放入坛中封严保存。

第十三章

茄果类

一、番 茄

番茄又称西红柿。它是茄科、番茄属,一年生草本,茄果类蔬菜。以浆果供食用。按果实形状分有球形、扁球形、梨形和樱桃形;按用途分有鲜食种和加工种;按成熟期分有早、中、晚熟三种类型。番茄在我国各地都有栽培。华北地区6~7月和9~10月采收上市;东北和西北地区8~9月采收上市;长江流域5~7月和10~11月采收上市;华南地区4~7月和11月至翌年3月采收上市。地域之间的差异以及保护地生产的发展都为周年供应提供了货源。

(一) 采收要求

贮藏用番茄应选择耐贮藏的品种,早熟和皮薄的品种不耐贮藏。耐贮藏的品种一般具有子室小、种子腔小;皮厚、肉质致密、干物质和糖含量高,以及组织保水能力强的特点。若长期贮藏应选用含糖量在3.2%以上的中熟或晚熟品种。

番茄果实成熟分五个阶段：一是青熟期（绿熟期）果实基本停止生长，果顶白，未着色；二是变色期（转色期、顶红期），果顶由绿白色转为淡黄或粉红色；三是半熟期（半红期、红熟前期），果实表面约50%着色；四是坚熟期（全红期、红熟中期），整个果实着色，果肉较硬；五是完熟期（过熟期、红熟后期），肉质变软。用于长期贮藏的应在青熟期采收；一般贮藏或长途运输的应在变色期采收；中途运输的可在半熟期采收；地产地销的应在坚熟期或完熟期采收。番茄采收应在清爽干燥的条件下，即在晴天的早晨，露水干后进行。采收时要轻拿轻放，避免雨淋、曝晒。

入贮或运输的番茄要严格进行挑选，剔除畸形果、裂果、腐烂果、有病害果、过熟果、未熟果及极小果，果实不要带果柄。挑选后装入塑料箱或纸箱等包装容器内，分批次、等级、成熟度分别预冷。待品温达到适宜贮藏温度时便可入贮。

（二）贮藏特性

番茄为呼吸跃变型果实。其呼吸高峰始于变色期，半熟期达到最高值，此时果实品质最佳，然后呼吸强度下降，果实衰老，完成转红过程。若采取措施，抑制这个过程，就可延长贮藏期。

不同成熟度的番茄适宜的贮藏条件和贮藏期也是不同的。红熟番茄在0～2℃下贮藏最适宜；绿熟番茄在10～13℃下贮藏最适宜，低于8℃会遭冷害。遭冷害的果实呈现局部或全部水浸状软烂或蒂部开裂，表面出现褐色小圆斑，不能正常后熟，易感病而腐烂。半熟期果实在9～11℃下贮藏最适宜。红熟期只能短贮；绿熟果实贮藏时间最长，可达30天左右，若

配合气调措施，进一步抑制后熟过程，贮期可达 2～3 个月。气调适宜的气体配比：氧和二氧化碳含量约为 2%～5%。空气相对湿度为 85%～90%。

（三）贮运方法

1. 常温贮藏法　在不具备制冷设备的地方贮藏番茄，一般利用土窖、通风库、地下室等阴凉场所。将包装好的番茄平放在垫有枕木的地面上，码 2～4 个箱高；或把它直接码在货架上；小型土窖贮藏时，可直接码在铺垫物（如玉米秸）上面，其高度不宜过高（25～35 厘米）。采用箱存的，箱与箱按品字形码放，以保证通风、散热。入窖后，若外界温度较高，应充分利用夜间低温通风换气，降低库内温度；白天关闭通风口。外界温度下降后，要注意防寒。窖内相对湿度控制在 85% 左右，过低时要喷水保湿。

2. 塑料薄膜帐气调贮藏法　将包装、预冷的番茄迅速入帐，每帐容量可达 1 000～2 000 千克。封帐后，最好采用快速降氧方法，使帐内氧气含量降低，使用碳分子筛气调机效果最好；在没有条件的地方，可采用自然降氧法，用消石灰吸收过多的二氧化碳（消石灰用量为果重的 1%～2%），氧不充足时从帐口充入新鲜空气。在封闭条件下，帐内湿度较高，易感病。为防止病害发生，多采用在帐内放入防腐剂，如仲丁胺，常用量为 0.05～0.1 毫升/升（以帐内体积计算），有效期 20～30 天；也可把 0.5% 过氧乙酸放在盘中置于垛内；还可使用漂白粉，用量为果重的 0.05%，有效期为 10 天。严格控制库内稳定温度，以减少帐内凝结水，是防止病害发生的重要措施。利用焦炭分子筛气调机除有快速降氧性能外，还具备脱除二氧化碳、降低乙烯含量和脱水的性能，对延缓果实衰老、提高贮藏效果有很大作用。

3.塑料薄膜袋贮藏法　单箱套袋扎口，定期放风。每箱贮量 10 千克左右。防腐措施参照上述方法。也可采用 0.02～0.03 毫米厚聚乙烯膜小袋贮藏。

4.运输和包装技术　番茄果实皮薄、汁多、怕压，运输时要采用有一定支撑力的包装。可以选用钙塑纸箱、木条箱、加固竹筐或塑料周转箱作包装。包装内要衬纸，减少擦伤，吸收水分。每层果之间要加瓦楞纸板，以保护果实。冬季在没有保温运输的条件下，为使果实不发生冷害或冻害，还可采用泡沫塑料箱包装。

运输期间温度要根据运输时间和番茄果实成熟度来确定。详见表 24。

表 24　番茄运输温度条件

（引自 SB/T10331－2000）

装车时成熟度	运　输　天　数			
	2～3 天		4～6 天	
	运输期间温度(℃)	运输终点成熟度	运输期间温度(℃)	运输终点成熟度
绿熟期	9～10 10～12	变色期 红熟前期	9～10 10～12	红熟前期 红熟中期
变色期	9～10 10～12	红熟前期 红熟中期	9～10	红熟中期
红熟前期	9～10	红熟中期	9～10	红熟后期
红熟中期	6～8	红熟后期	—	—
红熟后期	6～8	红熟后期	—	—

按照我国的国家行业标准：《番茄》中的要求，红熟中后期番茄运输天数不应超过 3 天，运输过程中必须保持表中要求的温度。长途运输应采用低温运输，温度按表中要求执行，没有条件采用低温运输时，可采取辅助措施，尽量达到运输温度要求。运输时的空气相对湿度应保持在 80%～90%。

长途运输宜采用铁路运输；中短途运输采用汽车或更轻型的车辆运输。运输过程中，要严防挤压，码放要牢固，要避雨、防晒。

（四）上市质量标准

应按国家关于番茄的行业标准中有关鲜食番茄的质量要求条款执行。详见表25。

表25　番茄等级规格

（摘自 SB/T10331 - 2000）

等　级	规　格（克）	限　度
一 等	1. 色泽良好，果面光滑、新鲜、清洁、硬实、无异味，成熟度适宜，整齐度较高 2. 无烂果、过熟、日伤、褪色斑、疤痕、雹伤、冻伤、皱缩、空腔、畸形果、裂果、病虫害及机械伤 3. 果重分级： 　（1）特大果：单果重≥200克 　（2）大果：单果重150～199克 　（3）中果：单果重100～149克 　（4）小果：单果重50～99克 　（5）特小果：单果重<50克	第一、二两项不合格个数之和不得超过 5%，其中软果和烂果之和不得超过1%；第三项不合格个数不得超过10%
二 等	1. 果形、色泽较好，果面较光滑、新鲜、清洁、硬实、无异味，成熟度适宜，整齐度尚高 2. 无烂果、过熟、日伤、褪色斑、疤痕、雹伤、冻伤、皱缩、空腔、畸形果、裂果、病虫害及机械伤 3. 果重分级： 　（1）大果：单果重≥150克 　（2）中果：单果重100～149克 　（3）小果：单果重50～99克 　（4）特小果：单果重<50克	第一、二两项不合格个数之和不得超过 10%，其中软果和烂果之和不得超过1%；第三项不合格个数不得超过10%

（续）

等　级	规　格（克）	限　度
三 等	1. 果形、色泽尚好，果皮清洁，较新鲜，无异味，不软，成熟度适宜 2. 无烂果、过熟，无严重日伤、大疤痕、裂果、畸形果、病虫害及机械伤 3. 果重分级： 　（1）大中果：单果重≥100克 　（2）小果：单果重50～99克 　（3）特小果：单果重<50克	第一、二两项不合格个数之和不得超过10%，其中软果和烂果之和不得超过1%；第三项不合格个数不得超过10%

用筐箱包装或可采用泡罩包装。

（五）加工方法

1. 罐藏整体番茄罐头

（1）工艺流程

原料选择→清洗→挑选、修整→去皮→装罐→排气、密封→杀菌→冷却→成品

（2）操作方法

①原料　选择果型中等、完整、均匀、光滑、色泽鲜红、果肉丰实、组织较硬、种子腔小、种子少且无空洞、耐压、果胶含量高、可溶性固形物含量5%以上、香味浓的番茄果实作罐头最适宜。品种有北京早红、长箕大红、浙江1号、浙江2号、扬州红、扬州24号、罗城1号、浦江1号、佳丽矮红、奇果等。

②修整、去皮　先挖除柄、蒂。去皮可采用热烫法、真空法或红外线法。其中以热烫法最为简便：一般用沸水（90～98℃，15～40秒）或用热烫去皮机（蒸汽压力0.3～0.6千克/厘米^2）热烫；然后浸入冷水或用冷水喷射即可去皮。热烫去皮时不要伤及皮下肉质，原料也不宜积压过多。

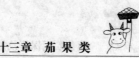

③装罐 为增强果肉的坚硬度、减少破裂，并能经受高温处理，需用千分之五的氯化钙溶液浸泡 10 分钟。经洗果、分选装罐。装罐前需备好汤汁，由番茄原汁、盐、糖配比而成，汤汁温度不低于 90℃。罐头内容物 pH 在 4.3 以下，可用柠檬酸调剂。

④排气、密封 排气中心温度不低于 70℃；抽气密封，真空度应为 40~46.7 千帕，即 300~350 毫米汞柱。

⑤杀菌 可采用常压杀菌法。杀菌温度 100℃，杀菌 28~30 分钟。

⑥冷却 杀菌后立即冷却。

2. 番茄汁

(1) 工艺流程

原料选择→清洗→挑选、整修→烫漂→榨汁→均质→脱气→装罐→密封→杀菌→冷却→成品

(2) 操作方法

①原料选择 必须选用新鲜、成熟度适宜、色泽鲜红、香味浓郁、汁多且含固形物在 5% 以上，糖酸比例适度（6:1），果胶含量低的番茄。对番茄成熟度要求严格，过熟会降低番茄汁的香味和风味，未熟的色香味差。生产番茄汁的原料，进厂后贮藏时间一般不得超过 26 小时。

②清洗、挑选与整修 清洗要充分，除去果实表面的泥污、杂质，除去附着番茄表面的微生物，以增进杀菌效果，保证制品的稳定性和质量。清洗后要去除果蒂、果芯及黑色斑疤，同时要挑出青绿色果实，保证加工后番茄汁的正常色泽和纯正风味。

③烫漂和榨汁 番茄在 100℃ 的沸水中烫漂 6~8 分钟，中心温度达 50~60℃。烫漂的目的是：消灭附着表面的微生物，提高杀菌效果；破坏酶活性，防止或减轻果胶物质

的分解和维生素的破坏，增强细胞透性，提高番茄的出汁率，改善制品的品质和风味；增强果胶的溶解度，使汁液形成良好的胶体状态，保持番茄汁固形物的稳定性。烫漂后要立即进行榨汁。榨汁的方法可选择浆叶式打浆机或螺旋式榨汁机。

④均质　为增加番茄汁的风味，可在汁中加入 1.5% 的砂糖和 0.5% 的食盐。如果番茄汁用做调味，只需加入食盐。加热至 70℃，调整固形物含量为 7%。若用浆叶式打浆机榨汁时，因为汁液中有空气，需在一定压力下脱气 3～5 分钟，否则果肉颗粒易沉淀。之后用均质机均质，需要在（152～182.4）10^5 帕压力下进行。均质后可使番茄汁增加稠密度，防止发生分层现象。

⑤装罐、密封与杀菌　均质后加热至 85～90℃，装罐；利用真空封罐机密封；置于沸水中杀菌 15 分钟。或先经 121℃ 高温杀菌 45 秒，再降温至 95℃ 装罐，快速冷却至 38℃ 左右。即成产品。

（3）产品质量要求　番茄汁质量应符合国家有关番茄汁的标准所规定的各项要求，其中番茄汁的理化指标详见表 26；番茄汁的感官指标详见表 27。

表 26　番茄汁的理化指标

（引自 GB10474 - 89）

名　　称	指　　标
每百毫升总糖（克）	≥5（以葡萄糖计）
每百毫升总酸（克）	≤0.5（以柠檬酸计）
每百克番茄红素（毫克）	≥6
氯化钠（%）	0.3～1.0

表27　番茄汁的感官指标

(引自 GB10474 - 89)

名　称	指　标
色泽	汁液呈红色，橙色或橙黄色
滋味及气味	具有新鲜番茄汁应有的纯正滋味，无异味
组织及形态	汁液均匀混浊，允许有少量的微小番茄肉悬浮在汁液中，静置后允许有轻度分层，浓淡适中，但经摇动后，应保持原有的均匀混浊状态，汁液黏稠适度
其他杂质	不得检出

3.番茄酱

（1）工艺流程

原料选择→清洗→挑选→破碎→预热→打浆→浓缩→加热→装罐→密封→杀菌→冷却→成品

（2）操作方法

①原料选择　选择新鲜、红色、可溶性固形物含量高、成熟度适宜、无病虫害和腐烂的果实。

②清洗　清洗要彻底。

③破碎　用人工或去籽机破碎脱籽。

④预热、打浆　破碎、去籽后应迅速加热至80℃以上，抑制果胶酶活性。用打浆机分三道打浆（筛网孔径分别为0.8、0.6、0.4毫米），分别清除果皮、小种籽和粗纤维。

⑤浓缩　采用真空浓缩锅进行浓缩，可以在较低温度下（60～62℃）、较短时间内完成浓缩过程，使成品的色泽、香气、风味和营养成分都保持较好状况。

⑥密封、杀菌　浓缩后，通过加热器加热至90～95℃，快速装罐、密封，密封时酱温不能低于85℃，借以提高真空度。密封后立即杀菌、冷却，以提高杀菌效果，减少色泽变暗。为提高番茄酱质量，生产过程中严防与铜、铁等金属设备

接触。

4.番茄沙司

(1) 工艺流程

原料选择→番茄酱→浓缩→装瓶→密封→杀菌→冷却→成品

(2) 操作方法 原料选择至番茄酱的操作方法同番茄酱，只是浓度低于成品番茄酱，浓度为 12%。

①浓缩 先调配辅料：洋葱丝 18 千克，大蒜末 200 克，丁香籽 500 克，五香籽 400 克，桂皮 1 000 克，肉豆蔻粉 85 克，生姜粉、辣椒粉各 184 克，冰醋酸 8.5 千克，清水 67 千克，加入夹层锅中加热煮沸 2 小时，过滤、去渣，再加入砂糖 96.7 千克、食盐 19.7 千克，加热溶解并加水至 150 千克，用绢筛过滤，贮于不锈钢桶中备用。浓缩时，取 150 千克番茄酱放入夹层锅中，加入 150 千克辅料液，浓缩至可溶性固形物含量为 32%～33%，出锅。

②装瓶、密封 趁热装瓶，酱温不可低于 85℃，密封。酱要距瓶口 5 毫米。

③杀菌、冷却 杀菌温度 100℃，杀菌时间 10 分钟。杀菌后分段冷却至室温。

(3) 质量要求 番茄沙司呈均匀的鲜红色;酱体均匀细腻，久置无沉淀、不分层;具有番茄沙司应有的风味，无异味。

以上介绍的番茄汁、番茄酱、番茄沙司均为番茄浓缩制品，三者不同之处在于干物质的含量不同。番茄汁的干物质含量小于或等于 20%;番茄酱的干物质含量一般为 22%～24% 或 28%～30%;番茄沙司的干物质含量有 33%、29%、25% 等三种。

5.番茄脯

(1) 工艺流程

原料选择→清洗、整修→浸钙→清洗→浸糖→烘干→包装→成品

（2）操作方法

①原料选择 选择果实饱满、颜色鲜红、色泽均匀、果肉厚而紧密、籽少、汁液少、风味浓郁、无病虫害、无机械伤的番茄。

②清洗、整修 果实用清水冲洗干净；切除果柄，在果实上划几个小口，加压挤出部分籽和汁液，最后压成饼状。

③浸钙、清洗 将番茄饼浸入 0.5％的石灰水中约 4 小时，再用清水漂洗，除去石灰味，沥干。

④浸糖 浸糖时间共计七天。第一天将处理后沥干的番茄加入 40％的糖液中浸泡；第二天以后，每天都先将糖液加热浓缩，然后再将番茄浸入。浓缩糖液的浓度分别为：第二天 30％～35％；第三天 40％～42％；第四天 45％～48％；第五天 50％～55％；第六天 60％；第七天 60％～65％。最后一天需加入 0.5％柠檬酸。

⑤烘干 浸糖后的番茄移入 60℃ 的烘房内烘烤，烘至含水量为 20％时止。再经包装即成成品。

（3）产品质量要求

①感官指标 色泽红色或深红色，色泽一致，半透明，有光泽；组织形态完整不破碎，柔软有韧性，不粘手，保存期内不返砂，不流糖，无杂质；酸甜可口，有番茄浓郁风味，无异味。

②理化指标 总糖 60％～65％，还原糖占总糖的 50％，酸（以柠檬酸计）0.7％～1％，水分 18％～20％。

6. 腌酱番茄

（1）工艺流程

原料选择→清洗、整修→腌制→脱盐→酱制→调味→装

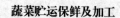

坛→密封→成品

（2）操作方法

①原料选择　选择长成而未成熟的青番茄。

②清洗、整修　去蒂后，用清水洗净，在邻近蒂部扎3~4个眼。

③腌制　把处理后的番茄分层放入缸内，上压石块，兑入20度盐水。番茄与盐水的比例为1:4。隔二天倒缸一次，共倒三次，腌制十天成为咸番茄。

④脱盐　将咸番茄切片，放入清水中浸泡4小时，中间换水两次，捞出控水，阴干一天。

⑤酱制　脱盐后放入酱油中浸泡，每天翻拌两次。番茄与酱油的比例为10:4。一星期后捞出，沥干酱油。

⑥调味、包装、密封　酱制后拌入桂花，装坛、密封。桂花用量为咸番茄的1%。三天后即成成品。

（3）产品质量要求　产品艮脆适度、味鲜、香味浓。

二、茄　子

茄子又称茄瓜或矮瓜。它是茄科、茄属，一年生草本，茄果类蔬菜。以嫩果实供食用。茄子品种繁多，按果实形状分有圆茄、长茄、矮茄三种；按成熟期分有早、中、晚熟三种。其中圆茄为晚熟种；长茄为中、早熟种；矮茄为早熟种。茄子在我国各地均有栽培和销售。一般北方6~10月采收上市；江南在5~9月采收上市；华南地区全年可栽培，春茄4~6月上市，夏茄6~8月上市，秋茄7~11月上市，冬茄10~12月上市。随着南菜北运和保护地生产的发展，茄子的供应期有所延长，基本做到常年供应。茄子可鲜销，也可加工成干制品和腌制品。

（一）采收要求

当萼片与果皮相邻处无明显白色或淡绿色带状环时是适宜的采收期。此时的茄子果实已充分长大，果皮色泽好且光亮平滑，种子刚开始转黑。采收过晚果皮变厚，种子发育，种皮变硬，品质下降，不宜贮藏。贮藏用茄子应选择中果位果实（四门斗），而且要在霜前采收。

采收应在早晨进行，其次为傍晚。采收时，要用剪刀从果柄处剪下，要保留萼片和一段果柄。采收后要轻拿轻放，装入筐中，不宜散堆。可置于阴凉处或接近适宜贮藏温度的场所预冷。

（二）贮藏特性

1. 茄子贮藏中容易出现的问题　茄子贮藏中极易腐烂变质，主要表现在：第一，果柄与萼片易产生湿烂或干烂，会直接引起果实腐烂；或引起果柄、萼片与果实脱离。第二，果实易出现褐纹病、绵疫病等多种病害的病斑，或导致全果腐烂。第三，茄子含水量高，呼吸旺盛，极易萎蔫。贮藏好茄子，必须针对这些问题采取必要的措施。

2. 茄子适宜的贮藏条件　适宜贮藏温度为 $10\sim12℃$，相对湿度 $85\%\sim90\%$。当温度低于 $7℃$，会出现冷害。冷害表现是果实表面水浸状或呈褐色凹陷斑点，内部种子和着生种子的胎座组织变褐。茄子对二氧化碳敏感，浓度超过 7% 会造成伤害。低氧、低二氧化碳对防止果柄脱落和保鲜有一定效果，但对果实腐烂不能起到有效控制作用。茄子对氯气敏感，因此防腐杀菌时不可采用氯气，采用仲丁胺有一定效果。

（三）贮藏方法

1. 沟藏、窖藏法　选择地势高、排水好的地方挖贮藏沟，沟东西走向、深1.2米、宽1米、长3米，顶部先盖6.7厘米厚的秫秸，再盖10厘米干土，一端留出入口。也可用窖藏。

码放方式：最下一层果实的果柄向下并扦入土中，第二层以上果实的果柄向上，在果实间应留有空隙，以免扎伤。码放不宜超过4层。堆上盖牛皮纸被。最后在进口处用秫秸封好。要经常入贮藏沟内或窖内检查温、湿度，用覆土或开闭换气孔进行调节。沟藏或窖藏多采用散堆，堆上覆盖纸被或席；也有的采用单个用纸包或用稻壳层积。

2．塑料袋、帐气调贮藏法　用40厘米长、30厘米宽的聚乙烯塑料袋，两侧打5个直径5毫米的小孔，每袋装入4～5个茄子，折口或扎口贮藏。

在常温20～25℃以下的库房里，用塑料帐气调贮藏，帐内氧气含量为2%～5%、二氧化碳含量为5%，可贮藏30天。

3．化学贮藏法　为减少茄子发生腐烂或萎蔫，北京市农林科学院蔬菜研究中心曾用苯甲酸洗果，单果包装，温度控制在10～12℃，贮藏30天好果率可达80%以上。

4．涂膜贮藏法　用涂料涂在果柄上，可达到控制呼吸强度、防腐保鲜、延缓衰老的目的。涂料的配制方法：（1）10份蜜蜡、2份酪朊、1份蔗糖脂肪酸酯，混合均匀呈乳状液；（2）70份蜜蜡、20份阿拉伯胶、1份蔗糖脂肪酸酯。混合均匀加热至40℃，即成糊状保鲜涂料。

5．运输和包装要求　运输包装以筐为主，也可采用麻袋、编织袋或与果皮颜色适宜的塑料袋。

运输方式依产地至销地的距离而定。地产地销或短途运输后便可至销地的可采用汽车或更轻型的运输工具在常温下运输；较远距离的运输需采用火车，在接近适宜贮藏温度或适当的低温条件下运输。在运输过程中要防雨淋、日晒。

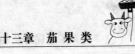

（四）上市质量标准

茄子上市质量要求果实端正、无裂口，鲜嫩、无萎蔫，色泽正常、有光泽，萼片新鲜，种子未发育，种皮未变硬；无腐烂、病虫害、冷害、冻害和机械伤；筐装。

（五）加工方法

1. 干制　茄子的干制多采用自然风干方法。可把整个茄子切片，晾晒；也可把茄皮和切片的果肉分别晾晒。茄子的干制要选择气候较干燥的季节。采摘后，去果蒂，剔除有病虫害的果实，洗净，风干，切片或削皮再切片，在风凉、干燥、干净的地方晾晒。切忌雨水淋。晒干后放在干燥处贮存。

2. 腌制　茄子的腌制品有咸茄子、酱茄子或其他风味茄子。下面主要介绍咸茄子和几种酱茄子。

（1）咸茄子　将茄子去柄、洗净，若是茄子大，腌渍前需切成两瓣然后入缸。一层茄子，撒一层盐，用盐量为原料的15%，然后加入少许 18 度盐水，盐水与茄子平，上压石块。放在通风阴凉处，每天倒缸一次，一星期后每两天倒缸一次。20 天腌成。

（2）酱油茄子　选择一千克可称 30~40 个的小茄子，去柄。按 10 千克茄子用盐 500 克的比例加盐，掺水少许，与茄子拌匀，放在大笤筐中摇晃，撞掉涩皮。去皮后入缸压实，灌入凉开水，以浸过茄子为准，封严。发酵三天出缸。压净水分，再入缸腌渍。每 10 千克发酵的茄子加入酱油 5 千克、盐 2 千克。每天搅动 2~3 次，酱渍 15 天即可封缸贮存。

（3）酱茄子　将鲜茄子洗净，入缸，一层茄子一层盐，盐用量为原料的 12%。兑入少量 15 度盐水，上压石块。每天倒缸一次，待盐全部溶化后，每隔三天倒缸一次。15 天后捞出茄子，放在清水中浸泡一天，中间换水三次，使茄子略带咸味为止。捞出放在通风处晾干，切成小块或切成片、条，装布袋后，投入酱缸，每天搅动 4~5 次，半个月后完成酱制过程。

三、甜　椒

甜椒又称菜椒、青椒、大椒、柿子椒、灯笼椒或包子椒。它是茄科、辣椒属，一年生或多年生草本，茄果类蔬菜。以浆果供食用。甜椒的品种繁多，按果实大小分有大甜椒、大柿子椒和小圆椒三种。其中大甜椒果实大，果肉肥厚，味甜；大柿子椒果肉稍薄；小圆椒果实较小，肉厚坚硬，微辣。按果实形状分为扁圆形、圆锥形、圆筒形、纯圆形和长筒形等五个变种。在我国各地普遍栽培、销售。北方地区 7~9 月，长江流域 6~10 月，华南地区 4 月至第二年 1 月采收上市。地域采收日期的差异，为贮运调剂和周年供应提供了可能。甜椒可鲜销，也可加工。

（一）采收要求

贮藏用甜椒必须选择果肉厚、皮坚、表皮光亮、褶皱少、果实干物质含量多和色泽浓绿的晚熟品种。

采收标准：果实颜色为深绿色、光亮而挺拔，果实充分长大，果肉增厚、质地变脆时采收最适宜。采收的季节对果实的耐藏性有直接影响。在高温多雨季节采收，田间带病多，易引起腐烂；凉爽季节采收则较耐贮藏，但必须在霜前采收，经霜的果实不耐藏。利用塑料大棚种植的甜椒，11 月采收，可贮藏至春节。

贮藏用甜椒采收前 1~2 天不可浇水，如遇雨要推迟 1~2 天，否则会降低耐藏性。采收应在早或晚无露水又凉爽时进行。采收时要握住果柄采摘，防止果肉、胎座受伤。采后切忌在田间曝晒，需及时放在阴凉处，或在高于适宜贮藏温度 2～3℃的条件下预冷 1～2 昼夜。

（二）贮藏特性

甜椒适宜贮藏温度为 9～11℃，低于 9℃时易遭冷害，高于 12℃果实老化加快。采后的甜椒极易失水萎蔫，贮藏时需较高的相对湿度，以 90%～95% 为适宜。在贮藏中易产生辛辣味，要注意通风。

（三）贮运方法

待贮的甜椒需经过挑选，剔除有病虫害、机械伤、半红果和全红果等不耐藏果实。主要的贮藏方法有：

1. 沟藏法　沟藏是普遍采用的贮藏方法，西北、华北、东北等地区都有应用。先挖 1 米深、1 米宽的沟，长度依贮藏量而定。沟底先铺一层 6.6～10 厘米厚的砂子或秫秸，把甜椒堆在上面，厚度 20～30 厘米，有的地方堆 0.33～0.5 米，上面盖上 10～13 厘米砂子或秫秸，沟口处盖草帘或其他防寒物。也有的将甜椒装入筐内（八成满），再放入沟中贮藏。入贮后，前期注意防热，白天温度高，用草帘盖好，夜间掀开以降低温度；后期气温转冷，要注意增加覆盖物的厚度。入贮后 10～15 天检查一次，同时要注意放风。沟口还需添设防雨雪设备，以免雨雪进入沟内，造成腐烂。

2. 通风库贮藏法

（1）筐藏　先将蒲包用 0.1%～0.5% 的漂白粉液消毒，沥水至半湿状态，垫在干净的筐内，装入甜椒至八成满，码成垛。垛表面盖湿蒲包片。白天气温高不放风，只需掀开垛面上的蒲包片，夜间放风时盖上蒲包片。如湿度不够，更换湿蒲包片；如湿度过大，要适当通风。入贮后每十天左右检查一次。

也有的在筐内衬牛皮纸、筐上盖牛皮纸，也码成垛，每十天左右检查一次。

（2）单果包装用箱或筐贮藏　用包装纸或 0.015 毫米厚的聚乙烯薄膜单果包装，装箱或筐中贮藏。这种方法可延缓萎蔫，保持鲜度，但要注意通风，以免凝结水积累，导致微生物浸染。

3. 窖藏　窖深与宽均为 2.3 米，长度以贮藏量而定。窖底需晒几天再盖顶。每隔 2～3 米留一个通风孔，孔径 15 厘米，用 1 米长的塑料管或瓦管做气眼。

窖底铺一层细砂和秫秸，秫秸上再放一层纸，纸上堆甜椒，厚度为 1.2 米。刚入窖时 3～5 天倒一次堆，以后 7～10 天倒一次堆，同时要拣出不能再贮的甜椒。

4. 缸藏　缸底放 10 厘米草木灰，距草木灰 6 厘米处架上秫秸帘子，将甜椒柄朝上一层层放在帘子上，直码到距缸口5～7 厘米，缸口用结实的纸糊好，一周至半个月倒缸一次，进行检查。

5. 气调贮藏法　适用于秋季采收的甜椒贮藏。贮藏温度为 9～11℃。贮藏时使用仲丁胺（用量每升自由空间 0.03 毫升）有一定的防腐效果。北京市蔬菜贮藏加工研究所用焦炭分子筛气调机气调贮藏，在使用防腐剂的情况下，氧浓度控制在3%～6%、二氧化碳浓度控制在 2%～6% 范围内，每天换气一次，既保湿、又通风，贮藏效果较好，还可延迟果实转红的速度。

6. 运输和包装要求　甜椒是南菜北运的主要品种之一。长途运输中主要以竹箩筐作包装。运输工具以火车、汽车为主，采用适宜贮藏温度的低温运输，才能达到好的运输效果。在中短途运输时，以麻袋、编织袋为包装的最多；散装的会造

成较多的机械伤害，运输工具以汽车为主，在天气过热或过冷时，需采用适当的防护措施。

（四）上市质量标准

色泽鲜艳（红色或绿色），大小均匀，鲜嫩质脆；无病斑、无腐烂、无机械伤害，无冷害、无冻害；筐装或小包装。

（五）加工方法

甜椒可加工成速冻制品。

1. 工艺流程

原料选择→切分→清洗→烫漂→冷却→甩水→预冷→包装→整形→速冻→冷藏→成品

2. 操作方法

（1）原料选择 选择新鲜、色泽鲜绿、成熟度适中、果肉肥厚，无病虫害、机械伤、畸形、异味、横断面直径在5厘米以上的甜椒。果肉薄、有明显辣味的不适宜速冻。

（2）切分 用刀纵切成两半，切口要整齐，除净果蒂、胎座和籽种。

（3）烫漂 在沸水中烫漂30秒。

（4）甩水 用离心机正反两个方向各甩水一次，以除净果肉凹处水分。

（5）预冷 用大型冷冻设备冷冻，最好先预冷。预冷温度为0℃，而后再装入大型容量库内冷冻，较为安全。

（6）包装、整形 预冷后装袋，每袋重量要多加3%～4%，袋内甜椒要平整放好，可以轻揉以缩小体积。

（7）速冻、冷藏 速冻要求一小时内迅速降温至-25℃，在-18℃温度下冻结贮藏。

3. 产品技术要求 按照国家行业标准的规定执行。《速冻甜椒》中质量要求可参见表 28 和表 29。

表 28　速冻甜椒冻结状态

(引自 SB/T10028 - 92)

指标 等级 项目	优级	一级	二级
色　泽	绿色，色泽一致	绿色，色泽一致	绿色，色泽基本一致
形　态	形状基本一致，大小均匀，不粘连	形状基本一致，大小均匀，粘连率小于 5%	形状基本一致，大小均匀，粘连率小于 10%

表 29　速冻甜椒的杂质要求

(引自 SB/T10028 - 92)

指标 等级 项目	优级	一级	二级
有机杂质	≤0.1 克/千克	≤0.5 克/千克	≤1.0 克/千克
无机杂质	≤15 毫克/千克	≤25 毫克/千克	≤35 毫克/千克

速冻甜椒解冻后，仍具本品应具有的风味，无异味。优级品、一级品口感好，二级品口感较好。

四、辣　椒

辣椒又称海椒、番椒、秦椒、辣茄、香椒、辣子、辣角或胡椒。它是茄科、辣椒属，一年生或多年生草本或木本，茄果类蔬菜。以果实供食用。辣椒按果实特征分为长椒类、樱桃类、圆椒类和簇生类。在我国各地均有栽培。北方地区 7～9 月；长江流域 6～10 月；华南地区 4 月至来年 1 月采收上市。可鲜销也可加工。基本实现常年供应。

（一）采收要求

用做贮藏用的辣椒须选中晚熟、果实颜色深、果肉厚和皮

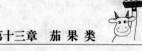

质光亮的品种。当果实已充分膨大，而且保持绿色未转红时为采收适期。采收时从果柄处切断，不要伤至果实。采后要立即置于阴凉处。

（二）贮藏特性

辣椒的适宜贮藏温度为 7～9℃；6～7℃ 以下易受冷害。辣椒采后，易失水萎蔫，所以贮藏时要求湿度较高，相对湿度为 85%～90%。

（三）贮运方法

一般在 10 月中下旬入贮。具体方法有沟藏和窖藏、缸藏及气调贮藏等，可参见甜椒。

运输和包装要求也可参见甜椒的相关部分。

（四）上市质量标准

果实鲜嫩、色泽鲜艳、大小均匀，无病虫害、无腐烂、无机械伤、无冷害、无冻害；筐或箱包装。

（五）加工方法

1．干制　选用老熟的肉质薄型的长角椒、樱桃椒或簇生椒为原料。干制采用天然干燥法，有条件的也可采用烘房干制。天然干燥时，把辣椒放在底部留有缝隙的晒盘上或摊在苇席上，在太阳下曝晒，晒干即成。烘房干制时，首先要经挑选并剔除腐烂、机械伤害、病虫害和未成熟的辣椒，选择成熟度基本一致的分别装盘，装盘量为每平方米 7～8 千克。当烘房温度达 85～90℃ 时，将装辣椒的烘盘送入，保持烘房内温度为 60～65℃、8～10 小时，视产品干燥情况，逐步降温至干燥结束。干制过程中要注意翻倒，使之干燥均匀一致，当烘房相对湿度达 70％时，要立即通风放湿，每次放风时间 10～15 分钟。

干制后的干辣椒，还可以用粉碎机或石碾制成粉末，分袋包装，贴标后即成辣椒粉成品。

2．腌制

（1）腌青辣椒

①工艺流程

原料选择→清洗→晾晒→腌制→成品

②操作方法　选择鲜青辣椒作原料，洗净后晾干、扎眼并装缸，将配制好的盐水倒入缸内。盐水的配制：将花椒（原料的 0.3％）和干姜、大料（各占原料的 0.25％）装入布袋，用盐（原料的 14％）加入水中（水用量为原料的 25％）化成盐水，把佐料袋放入，煮沸 3～5 分钟，冷却后入缸。腌制开始 3～5 天内，每天搅动一次，30 天即成成品。

③产品质量　色泽绿、味咸辣。

（2）辣椒糊（酱）

①工艺流程

原料选择→整修→清洗→粉碎→腌制→成品

②操作方法　选择鲜红辣椒为原料并去柄，洗净后加盐（盐用量为原料的 25％），粉碎成糊状入缸。每天均匀搅动一次，10 天后即成。之后封缸存。

③产品质量要求　色泽鲜红、质地细腻。

（3）泡红椒

①工艺流程

原料选择→清洗→泡制→成品

②操作方法　选择新鲜、肉厚的长角椒类型的红辣椒为原料，去除伤、烂辣椒，不需去柄，洗净晾干后与配料一起放入泡菜坛中，盖好盖，水密封经 10 天即成。配料的配制方法：

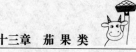

将盐（原料的 15%）和白酒（原料的 1%）、红糖（原料的 2.5%）、花椒及大料（各为原料的 0.15%）放入含盐 6%～8% 的卤水中，即得配料。

③产品质量 鲜红、甜脆，稍带辣味。

五、酸 浆

酸浆又称醋浆、寒浆、灯笼草、锦灯笼、挂金灯、洛神珠、姑娘菜或红姑娘。它是茄科、酸浆属，多年生宿根草本，茄果类蔬菜。以成熟果实供食用。果实橙红色；一次栽种多年收获，夏秋开花结果上市，直至霜降；供鲜销或加工。

（一）采收要求

绿果时苦，当浆果转红时即可采收。

（二）贮藏特性和贮运方法

酸浆不耐贮运，故以鲜销为主。可以在阴凉通风处短期贮藏。运输时宜用衬纸的筐、箱包装，严防日晒、雨淋。

（三）上市质量标准

果实整齐、色泽鲜艳，无病虫害、无腐烂；筐装。

（四）加工方法

可制果汁或糖渍。制果汁可参见制作番茄汁的相关部分。

第十四章

豆菜类

一、菜　豆

　　菜豆又称芸豆、架豆、四季豆、芸扁豆、芸架豆、豆角、泥鳅豆或龙骨豆。它是豆科、菜豆属，一年生缠绕草本，豆类蔬菜。以荚果供食用。菜豆按食用部位分为荚用类型和豆粒用类型；按豆荚质地分为硬荚和软荚两种类型。其中硬荚类型采收豆粒；软荚类型以采收嫩豆荚为主。按生长习性分为矮生、半蔓生和蔓生三种类型。菜豆在我国栽培面积广：东北和西北地区多春播矮生种和蔓生架豆，6～9月采收上市；华北地区春播矮生种和春、秋播蔓生架豆，5～10月采收上市；南方地区以春播为主，4～5月上市，秋播架豆可供应到11月；华南和西南部分地区可越冬栽培；还可在保护地栽培。菜豆是南菜北运的重要品种，目前基本可实现周年供应。除鲜销还可加工成腌渍脱水、罐藏制品。

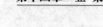

（一）采收要求

1. 采收标准 菜豆在花后 10～15 天，当荚充分长大，呈现出该品种的特点，荚皮脆嫩、无纤维化，荚果肉厚、无筋或少筋，籽粒无明显膨大时，为最适宜的采收期。采收过早时荚果过嫩，易失水萎蔫，品质下降快；采收过晚时籽粒膨大、纤维增加，荚皮硬、有筋，品质下降，从而失去贮运价值和食用性。

2. 预贮措施 采后菜豆要立即装入筐内并放在阴凉处，散去田间热。忌曝晒、雨淋。贮运前需进行挑选，将过老、过嫩、有病虫害和机械伤或畸形豆荚、带锈斑豆荚剔出，保留成熟适中、健壮的豆荚待贮运。

（二）贮藏特性

菜豆采收后，易失水萎蔫、褪绿呈革质化；因物质转移加快，会使豆粒迅速膨大、老化；果皮易产生锈斑，影响菜豆的品质，严重时会失去食用价值。

1. 温度 适宜贮藏温度为 10～12℃。贮温低于 10℃会发生冷害、产生锈斑，有的还会发生水浸状斑点，以至腐烂。

2. 湿度 贮藏环境相对湿度为 85%～90% 最适宜。

3. 气体成分 菜豆对二氧化碳敏感，当二氧化碳含量超过 2% 或接近 0% 都会刺激锈斑发生；含量过高会产生酒精味，严重时豆荚呈水渍状。菜豆贮藏时，环境中的二氧化碳含量以 1%～2% 为宜。对氧要求，含量以 6%～10% 为宜。

（三）贮运方法

1. 简易气调贮藏法 以清洗消毒的筐作包装，内衬蒲

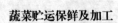

包，筐内装一半容积的菜，贮量为 10～15 千克，筐外套 0.1 毫米厚的聚乙烯薄膜袋，袋有换气孔，袋口扎紧。输入氮气，使袋内氧气降至 6%～10%。贮藏袋内二氧化碳含量超过 2% 时，需补充氧气。在适宜条件下，此法可贮藏 30～40 天。

也可以用 0.03 毫米厚的聚乙烯薄膜制成 30 厘米×40 厘米的小袋，用折口方法贮藏。在适宜的温度条件下，袋内可维持适宜的气体条件。此法可贮藏 30 天左右，商品率达 90% 左右。为减少锈斑发生，可在贮前用清水清洗，阴干后立即装袋贮藏。如果小袋内放入适量消石灰，效果会更好。

2. 农家贮藏法　天津一带用水窖在大白菜中包埋菜豆贮藏。吉林一带用早熟矮生品种进行秋播，间作于大白菜的行间，霜前收获，装筐入窖贮藏，贮藏中天天检查，陆续出售。辽宁等地将秋菜豆霜前连棵拔起，堆藏在塑料大棚中或地沟中，如加覆盖，也能保存 2 个月左右。

3. 运输包装要求　中、短途运输用筐、生丝袋包装为主；长途运输一般以圆竹筐包装为主，筐内加衬纸，中央加通风筒，以排除筐内积累的二氧化碳和水气。每筐量不超过 20 千克。长途运输的菜豆，采后 24 小时以内必须预冷，预冷温度为 9℃，时间为 24 小时。运输中要求保持 9～11℃ 的温度，还要保证通风良好，及时排除菜豆呼吸所产生的二氧化碳、热量以及多余的水分。卸车时要轻拿轻放，保证菜豆不受机械伤害。要避免日晒雨淋；卸车后要置于阴凉通风处。

（四）上市质量标准

菜豆上市质量标准应符合国家关于菜豆的行业标准的要求。详见表 30。

表30　菜豆品质规格

（引自 SB/T 10038 - 92）

等级	品　质	限　度
一等	同一品种，形状良好，色泽正常，新鲜清洁，脆嫩无筋，整齐度高 无腐烂、异味、萎蔫、杂质、冷害、冻害、病虫害、机械伤	不符合该等品质要求的不合格品重量不得超过 5%，其中烂荚不得超过 0.5%
二等	同一品种，形状较好，色泽正常，新鲜清洁，脆嫩少筋，整齐度较高 无腐烂、异味、萎蔫、杂质、冷害、冻害、病虫害、机械伤	不符合该等品质要求的不合格品重量不得超过 10%，其中烂荚不得超过 1%
三等	相似品种，形状尚好，色泽较正常，较新鲜清洁，较嫩有筋，整齐度尚可 无腐烂、异味、萎蔫、杂质、冷害、冻害、病虫害；允许有轻微伤斑、污点、锈斑	

筐、箱装，或用泡罩包装。

（五）加工方法

1．罐藏

（1）工艺流程

原料选择→整修→驱虫→预煮→冷却→装罐→密封→杀菌→成品

（2）操作方法

①原料选择　选择新鲜肥嫩、圆形、豆荚顺直、色泽青绿、种子刚形成、含糖量高的豆荚为原料。一般为花谢 5～6 天时采收的豆荚。如采收晚，豆荚含糖量下降，淀粉含量增加，不适宜制作罐头。豆荚长度一般为 80 毫米时荚内有韧膜、腹背缝没有粗纤维；组织致密多汁、未萎蔫；无机械伤害、无病虫害、无斑痕。荚豆采收后极易萎蔫，品质易下降，因此采

收后应立即运往加工厂加工，最好在8小时内完成，最迟不得超过24小时。

②整修 主要是去掉两端和切段。大型加工厂用切端机切端，但切端率低；小型加工厂一般采用人工切端。段装罐头段长30～60毫米，用切段机或人工完成。完成整修的菜豆放在振动筛上，用高压水冲洗豆荚，去掉表面附着的泥污和杂质。

③驱虫 豆荚中如有小虫，不易被识别，必须采用盐水驱虫，将豆荚放在2%的盐水中浸10～15分钟。在浸渍过程中，用笊篱翻动2～3次，豆荚中如有虫，就会浮出水面，捞出即完成驱虫。盐水在使用过程中，每两小时要更换一次，以保证有效浓度。驱虫完成后，要将豆荚放在传送带上或案子上进行复检，检出残留的不合格豆荚及操作过程中折损的豆荚以及外来杂质等。

④预煮、冷却 预煮水温95℃以上，时间一般为3～5分钟，但品种不同要有所差异。其设备一般采用螺旋式预煮机或夹层锅。为减少可容性物质的损失，可用蒸汽预煮。预煮后，豆荚要放在流动水中冷却。如果预煮温度过高或时间过长；预煮后未及时冷却或冷却不彻底，致使豆荚仍处于受热状态，都会引起组织软烂。

⑤装罐、密封、杀菌 冷却后要及时装罐，否则会使豆荚表面形成皱折。菜豆罐头有整条罐头与段装罐头，不能混装。条装的要整齐装入罐内，罐口应整齐美观；段装的要求散装在罐内。然后加满80℃、浓度为1.5%～2.0%的盐水。在真空封罐机上密封。在118℃或121℃高温下杀菌30分钟，并快速冷却至38℃左右。

⑥成品 经检验合格后贴标即为成品。

2.干制

(1) 工艺流程

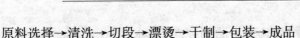

原料选择→清洗→切段→漂烫→干制→包装→成品

（2）操作要点

①原料选择 参见菜豆罐头。

②清洗、切段、漂烫 将豆荚洗净，用切段机切成20～30毫米的片段，然后在沸水中漂烫2～5分钟。

③干制 一般采用隧道式干燥设备进行干制。装载量为每平方米3～4千克，层厚2厘米。干燥温度60～70℃，干燥6～7小时。干制品含水量5%，出品率8%～15%。

3．速冻

（1）工艺流程

原料选择→切端→清洗→驱虫→漂洗→漂烫→冷却→甩水→冷冻→包装→冷藏

（2）操作方法

①原料处理 应选用采收盛期的豆荚。豆荚要求鲜嫩无筋、色泽鲜绿，无病虫害、无斑疤、无畸形，豆粒无明显膨大，荚条完整，无机械伤和锈斑。不宜选用近地面豆荚，因此处豆荚畸形多、品质较粗。

②切端、驱虫、漂洗 参见菜豆罐头。但切端不要过多，防止水分浸入豆荚；否则会在冻结时涨裂，影响质量。切端后要立即进入下步工序，以防发生褐变。驱虫后漂洗以洗掉盐分。

③漂烫、冷却、甩水 置于沸水中漂烫2分钟。其间要不断翻动，使豆荚受热均匀，待豆荚变成鲜绿色、无生豆味时，捞出冷却。冷却时需放入冰水或0～10℃的水中。冷却后需传送到振荡筛上甩水。

④冷冻 一般采用隧道式连续速冻器。冷冻温度为－25～－28℃，冷冻时间45分钟。

⑤冷藏 包装后进入冷藏库。冷藏温度为－18℃。要注意

控制库温的稳定，否则会造成失水。

（3）产品质量要求　速冻菜豆的产品质量，要符合国家标准《速冻菜豆》中的要求。详见表31。

表31　速冻菜豆质量要求

(摘自 GB8864－88)

等级 项目	优级	一级	二级
色泽	豆荚深绿，色泽一致	豆荚深绿，色泽基本一致	豆荚绿，略带黄色
形态	豆荚条形较直，粗细均匀，无擦伤，断条不得超过2％，并允许有少量轻微机械伤	豆荚条形较直，粗细基本均匀，无严重擦伤，断条不得超过3％，并允许有少量机械伤	豆荚条形完整，粗细大致均匀，断条不得超过5％，严重机械伤不超过5％
杂质	不　得　检　出		每千克小于或等于0.1克

二、蚕　豆

蚕豆又称胡豆、湖豆、湾豆、罗汉豆、南豆、佛豆、树豆、寒豆、坚豆、川豆或倭豆。它是豆科、蚕豆属（或作野豌豆属），一或二年生草本，豆类蔬菜。以嫩豆粒、嫩豆荚或老熟豆粒供食用。按豆粒大小分为小粒种、中粒种和大粒种。其中大粒种子长、宽而扁，多作菜用。按种子颜色分为红色种和白色种两种，其中红色种早熟、茎高；白色种晚熟、品质好。华南地区冬播春收；江南和西南地区秋播春收；北方地区春播秋收。

（一）采收要求

嫩豆粒、嫩豆荚需在植株中下部的豆荚表面出现光泽、种

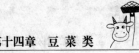

子长足未硬化前采收，一般分3~4次采收；干豆粒的采收应在植株中下部的荚果变为黑褐色，而且已经干燥时进行。

（二）贮藏特性和贮运方法

蚕豆的鲜品宜鲜销，干品耐贮藏。鲜销蚕豆运销过程中，用麻袋或筐作包装，要避雨、防晒，以免变质。

（三）上市质量标准

鲜销蚕豆要求豆荚色泽正常、饱满；不发黑、不腐烂、不着水、无病虫害。

干豆粒一般需经发泡后上市，称为芽豆。要求种皮基本干裂，芽长出，子叶不开展，豆瓣脆而不软、不烂，色白，无异味。

（四）加工方法

糖制：江南糖豆瓣。

（1）工艺流程

原料选择→去皮→清洗→油炸→糖煮→成品

（2）操作方法　将鲜蚕豆去皮、洗净，放入烧沸的菜籽油或花生油中炸，油与豆瓣的比例为4:1，不断翻动，待豆瓣中水分蒸发完，并发出声响时，捞出控油，以保持绿色为度。炸完后放入已经煮至115℃并离火的糖液中，同时加入适量糖玫瑰。糖液中糖用量为原料的8/10，水用量为糖的1/8，蜂蜜用量为糖的1/4。要迅速搅拌，完全冷却即可。

（3）质量要求　色泽嫩绿，质地酥脆。

三、扁　豆

扁豆又称藊豆、鹊豆、眉豆、面豆、藤豆、膨皮豆、布口

豆、肉豆、沿篱豆、篱巴豆、蛾眉豆、篱豆或架豆。它是豆科、扁豆属，一年生或多年生缠绕性草质藤本，豆类蔬菜。以鲜豆荚或成熟豆粒供食用。按豆荚颜色分有白扁豆及青扁豆和紫扁豆；按籽粒颜色分有白、黑和紫三种；按花的颜色分有白花扁豆和红花扁豆。其中以白花、白籽的白扁豆品质最佳。在我国各地均有栽培，夏秋采收上市，采收期达数月。北方地区在霜前采收完毕；华南地区可采收到来年的3月至4月间。

（一）采收要求

1. 嫩豆荚　当豆荚充分长大、籽粒未膨大、背腹线尚未纤维化前采收。

2. 成熟豆粒　在豆荚充分成熟时采收。

（二）贮藏特性和贮运方法

扁豆不耐贮藏，以鲜销为主，在阴凉通风处只能短贮。低于6℃易产生冷害，适宜的贮温为8～10℃，相对湿度在95%以上为佳。运销过程中，以筐或麻袋包装，要避雨、防热、防冻，忌压。

（三）上市质量要求

嫩豆荚要色泽正常、鲜嫩整齐、肥厚饱满；无病、虫害和斑点。

扁豆含有毒蛋白、凝集素以及能引起溶血症的皂素，因此食用前需撕去筋（背腹线），用冷水浸泡或用沸水稍烫，以除去毒性。

（四）加工方法

干制。参见菜豆干制部分。

四、刀　豆

刀豆又称大刀豆或关刀豆。它是豆科、刀豆属，一年生缠绕性草本，豆类蔬菜。以嫩豆荚或成熟种子供食用。包括洋刀豆和大刀豆两种。洋刀豆又称矮生刀豆、直立刀豆或立刀豆，豆荚绿色，籽粒白色。长江以南地区 7 月至 8 月开始采收，直至年底；北方地区秋季采收上市，但籽粒不易成熟。大刀豆又称高刀豆、刀鞘豆、刀铗豆、蔓生刀豆、皂荚豆或葛豆，豆荚绿色，质地脆嫩。大刀豆主要分布在我国南方，8 月至 10 月采收上市。

（一）采收要求

1. 嫩豆荚　开花后 20 天左右，豆荚充分长大、豆粒未膨大、荚皮尚未纤维化变硬前采收。

2. 成熟种子　豆荚充分老熟、荚色枯黄时采收。

（二）贮藏特性与贮运方法

刀豆不耐贮藏。在 10℃ 左右、相对湿度 85%～90% 条件下短贮。温度低于 5～7℃ 易受冷害。

运输过程中，以筐或编织袋作包装。运输期间应该避雨、防热、防冻、忌压。要放在通风阴凉处，堆积不宜过多；要防晒、防潮。

（三）上市质量标准

鲜刀豆要色泽正常，有光泽，无茸毛，鲜嫩饱满，籽粒无明显膨大；不老化，无腐烂，无冷害、冻害，无虫蛀和机械伤；筐、箱装。

（四）加工方法

干制。参见菜豆干制部分。

五、豌　　豆

豌豆又称青小豆、小寒豆、冷豆、回回豆、麦豆、丸豆、淮豆、留豆、金豆、冬豆或麻豆。它是豆科、豌豆属，一年生或二年生攀缘草本，豆类蔬菜。以嫩荚或豆粒供食用。豌豆分粮用豌豆和菜用豌豆。菜用豌豆包括硬荚和软荚两种。硬荚种为矮豌豆（白花豌豆），以青嫩籽粒供蔬食；软荚种为软荚豌豆（甜荚豌豆），以嫩荚和豆粒供蔬食。豌豆在我国南北方都有种植，北方地区春播夏收；长江流域冬播春收或秋播春收，上海等地一年可三熟；华南地区夏播，11 月至来年 3 月采收上市。地域的差异，为全国范围内开展大流通提供了条件，是南菜北运的重要品种。可供鲜销或加工。

（一）采收要求

豌豆用途不同采收期不同。食用嫩荚，在花后 12~14 天、嫩荚充分长大而柔软，籽粒未充分膨大时为适宜采收期；食用嫩粒，籽粒需充分膨大、饱满，荚色由深绿变淡绿、荚面露出网状纤维时为适宜采收期，一般在开花后 15~18 天。采收过迟，豆粒中糖分下降，淀粉增加，风味差；采收早，虽品质好，但产量低。按标准采收，必须分期进行，软荚种分 2~3 次完成，硬荚种分 1~2 次完成。

（二）贮藏特性与贮运方法

豌豆的适宜贮藏温度为 0℃，相对湿度以 95%~100% 为佳，在低温和高湿条件下可贮藏 7～14 天。贮藏中可采用聚乙烯薄膜包装。

豌豆采后和运输前需经预冷，温度 0℃为宜，运输中以塑料泡沫箱做包装，包装内放入简易蓄冷器，以保证包装内的豌豆有适宜的贮藏温度。如果用冷藏车或冷藏集装箱运输，可用筐做包装，车箱内必须保证适宜的贮藏条件。短途运输使用筐或麻袋做包装均可，要防止雨淋、日晒。

（三）上市质量标准

嫩荚色泽正常，丰满、鲜嫩、整齐；无病虫害、腐烂或机械伤；无冷害或冻害。嫩豆粒色泽鲜绿、籽粒饱满，无机械损伤及病虫害；可带荚或不带荚。

（四）加工方法

1. 速冻嫩豆粒

（1）工艺流程

原料选择→去荚→分级→漂洗→漂烫→冷却→沥干→速冻→包装→冷藏

（2）操作方法

①原料选择　应选早中期采收的豆荚。豆粒要求鲜嫩饱满、鲜绿，色泽一致，豆粒清洁；无虫蛀、病害、斑痕、锈斑、黄皮、老豆或瘪豆。

②去荚　可用人工去荚或用脱粒去壳机。

③分级　用盐水浮选分级。将豆粒放入 16 度盐水中，捞出上浮豌豆，为正品；下沉豌豆为老豆粒，列为次品。每批浮选时间为 3 分钟。浮选 2～3 次，盐水浓度应随时调整。

④漂洗　用清水漂洗，洗去盐分。

⑤漂烫　在沸水中漂烫 1.5～3 分钟,适当翻动,使之受热

均匀。漂烫时间以豆粒无生豆味为度,过度漂烫会使豆粒变色。

⑥冷却、沥干 用清水冷却后必须沥干,借以保证在冻结后仍保持单体。

⑦速冻、包装、冷藏 速冻温度 -25～ -30℃,以塑料袋做包装,热合封口。冷藏温度 -18℃。

(3)产品质量要求 应符合国家标准《速冻豌豆》中所列的要求。详见表32。

表32 速冻豌豆质量要求

(引自 GB 8865 - 88)

等级 项目	优级	一级	二级
色泽	豆粒鲜绿	豆粒鲜绿,色泽基本一致	豆粒基本鲜绿,黄及灰褐色豆粒不得超过10%
形态	豆粒大小均匀,无破碎擦伤	豆粒大小均匀,无严重擦伤,轻微破裂豆不得超过3%	豆粒大小基本均匀,破碎豆不得超过8%
杂质	不得检出		每千克小于或等于0.1克

2.罐藏嫩豆粒

(1)工艺流程

原料选择→去荚→分级→盐水浮选→预煮→复检→装罐→密封→杀菌→成品

(2)操作方法

①原料选择 选择产量高、收获期长、豆粒大小均匀、含糖量高、风味好、组织柔嫩、绿色而且表面具有光泽的品种。一般白花种豌豆最适宜。花后 16～18 天采收,豆粒直径0.6～1.0厘米。采收过早,豆粒小,含糖量低,质地柔软,处理过程中易破碎;采收过迟,豆粒过分成熟,表面粗糙,淀粉含量

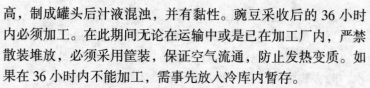

高，制成罐头后汁液混浊，并有黏性。豌豆采收后的 36 小时内必须加工。在此期间无论在运输中或是已在加工厂内，严禁散装堆放，必须采用筐装，保证空气流通，防止发热变质。如果在 36 小时内不能加工，需事先放入冷库内暂存。

②去荚 参见速冻豌豆。用脱粒去壳机时可依豆粒成熟度调整刮板转速，提高出豆率。

③分级 用滚筒式分级机进行分级。分级后不得有碎荚或其他杂质，而且要求及时进入下步工序，以免豆粒老化。

④盐水浮选 浮选用盐水需先配制四个浓度：4%、10%、13%、16%，分别盛在四个水池中，盐水占水池的 2/3。加入豆粒量为盐水的 1/2，底部放一个密眼网，捞下沉的豆粒。

浮选程序和方法，详见图 40。

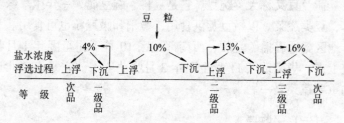

图 40 豌豆豆粒盐水浮选示意图

(引自《蔬菜加工新技术》)

豆粒在盐水中不得超过 3 分钟。1 分钟时上浮或下沉已能分清楚。先捞上浮的，后捞下沉的。豆粒离盐水后，应立即放入清水漂洗，以除盐分。

⑤预煮 用螺旋式预煮器或夹层锅预煮。温度为 100℃。预煮时间一般为 6～9 分钟，豆粒大小或成熟度不同应有所差异。预煮时要用软水。预煮时不可使豆粒表皮破裂。预煮后要立即放入流动水的水槽中冷却。

⑥复检 经冷却的豌豆豆粒按等级顺序分别摊在拣豆的传

送带上，不宜过厚。用人工方法剔除失去天然绿色的豆粒（如花斑豆、黄白豆、灰褐色豆）；表面破损、受病虫侵害豆粒以及豆皮、豆荚、杂豆等杂质。经复检后的豆粒仍需流动水漂洗，除去残留的豆皮，沥去水分后供装罐用。

⑦装罐、密封、杀菌　先用自动装罐机装罐，再用加汁机自动加入温度为80℃以上、浓度为1.5%～2%的热盐水；经真空封罐机密封或经加热排气后密封，在116℃或121℃的高温下杀菌35～40分钟，再用流动水快速冷却至38℃左右，贴标后即制成成品。

六、荷 兰 豆

荷兰豆又称大荚豌豆。它是豆科、豌豆属，一年生攀缘草本，豆类蔬菜。以嫩豆荚供食用，嫩梢和嫩豆粒也可食用。北方地区露地春播、夏收；西南部地区10月下旬至翌年1月收获上市；华南地区11月至翌年3月收获上市。它是南菜北运的重要蔬菜之一。

（一）采收要求

1. 采收标准

（1）嫩梢　当幼苗长出8～10片叶、株高16～20厘米时，用剪刀剪割下顶梢10～15厘米。

（2）嫩豆荚　花开后12～14天、豆荚停止生长时采收。

（3）嫩豆粒的豆荚　应在花开后14～18天、当籽粒饱满鲜嫩、豆荚绿色或略变黄色时采收。

2. 预贮措施

采收的嫩梢以鲜销为主，采后应放在阴凉或冷凉处；采收的嫩豆荚、嫩豆粒（带荚或不带荚）因极易老化变质，应及时预冷，温度以接近0℃为宜。

（二）贮藏特性和贮运方法

参见豌豆的相关部分。

（三）上市质量标准

1．嫩梢 鲜嫩、色泽正常；无机械伤及病虫害，无泥土和异味；用铭带捆扎，也可采用泡罩或贴体包装。

2．嫩豆荚 色泽良好、脆嫩无筋、豆荚整齐；无腐烂、异味、萎蔫、杂质；无冷害、冻害、病虫害、机械伤；分级包装，包装物可用纸袋、塑料袋、泡罩等。

3．嫩豆粒 分为带荚或不带荚两种。豆粒鲜嫩、色绿、饱满或接近饱满、清洁；无腐烂、异味，无机械伤、冷害、冻害；鲜豆粒必须用纸袋、塑料袋或泡罩包装。

（四）加工方法

1．干制
（1）工艺流程
原料→去荚→漂烫→冷却→烘干→成品
（2）操作方法 先将原料去荚，剥出鲜豆粒；在沸水中漂烫 4～5 分钟；捞出冷却、沥水，放入烘盘，进入烘干机，先以 35～40℃干燥，后升至 55～60℃，烘干即可，一般时间为 72 小时。
2．速冻 参见菜豆和豌豆的相关部分。
3．罐藏 参见菜豆和豌豆的相关部分。

七、豇　豆

豇豆又称带豆、角豆、腰豆、筷豆、羹豆、或裙带豆。它是豆科、豇豆属，一年生缠绕性草本，豆类蔬菜。以嫩豆荚供食用。豇豆按豆荚颜色分为青绿色、浅青白色和紫红色等三种；按生长习性分为蔓性、半蔓性和矮生等三种；按用途分为普通豇豆、长豇豆和饭豇豆等三种，其中长豇豆肉质肥厚，以嫩荚作菜用。豇豆在南北各地都有栽培。北方地区夏秋都有上市，秋播的可延续到早霜前；长江流域 5 月至 11 月上市；华南地区春、夏、秋三季均有栽培和上市。

（一）采收要求

长豇豆在开花后 11～13 天是嫩荚采收的最适时期，此时豆荚的鲜重与维生素含量最高，蛋白质含量也较多。

（二）贮藏特性与贮运方法

长豇豆不耐贮藏，在 1～3℃、相对湿度 85%～90% 条件下仅能贮存 3～5 天。在运销或贮藏过程中，可用铭带捆扎，每捆 0.5～1 千克为宜，捆扎后用筐或编织袋做包装。运销中要防热、防雨，顺序摆放，忌折压。若长途运输时，需具备接近适宜贮藏的条件，才有较好运输效果。

（三）上市质量标准

豆荚色泽正常，新鲜而充实饱满，籽粒无明显膨大，豆荚不卷曲；无锈斑、虫蛀，无机械伤，无冷害、冻害和腐烂，无附着水；捆扎、筐装。

（四）加工方法

1. 速冻　必须选择条形顺直、粗细均匀、脆嫩饱满、鲜绿、色泽一致，无虫蛀、锈斑和病害、无烂梢的原料，切成段。速冻方法参见豌豆的相关部分。

产品质量要求：应符合我国颁布的行业标准《速冻豇豆》中的规定。详见表33。

表33　速冻豇豆质量要求

(摘自 SB/T10165 - 95)

指标等级 项目	优级	一级	二级
色　泽	呈鲜绿色，色泽一致	呈鲜绿色，色泽基本一致	基本鲜绿，浅黄绿色不得超过10%
形　态	条形圆直，粗细均匀，段长一致，无破裂条、擦伤、断条	条形圆直，粗细基本均匀，段长基本一致，破裂条不得超过5%，擦伤不得超过5%，头与尾与断条不得超过3%	条形基本圆直，粗细基本均匀，段长不得低于3厘米。破裂条不得超过10%，擦伤不得超过10%，头与尾和断条不得超过5%
杂　质	不得检出	不得检出	每千克不得超过0.1克

解冻后应具有本品应有的风味，无纤维感、无异味。

2．腌制

（1）工艺流程

原料选择→整修→清洗→腌制→成品

（2）操作方法　将挑好的豇豆切去蒂梗，洗净，控干，用16度盐水蘸一下，放入腌制容器中，两层豇豆一层盐，顶部用盐封，上压石块。盐用量为原料的1/10。第二天取出豇豆，倒出盐水，重新入缸，一层豇豆一层盐，盐用量为原料1/10。第三天取出豇豆，切成3厘米长小段，再投入缸中腌制，每隔2~3天翻动一次。20天即制成成品。

咸豇豆脱盐后，还可酱制（10天酱成）成酱豇豆。

3．泡制

（1）工艺流程

原料选择→清洗→晾干→泡制→成品

（2）制作方法　将挑选好的豇豆洗净，晾干，与各种调料混合装入泡菜坛中，盖坛盖，用水密封。泡制 3 天即制成成品。

配制比例：与原料的重量相比，干辣椒为 2%，精盐为 15%，白酒为 1%，红糖为 2%，花椒为 0.15%，八角为 0.15%。此外还需与原料同重量、含盐为 8% 浓度的卤水。

（3）产品质量要求　色青黄、味香脆。久泡还会略带甜味。

八、莱　豆

莱豆又称棉豆或洋扁豆。它是豆科、莱豆属，一年生缠绕性草本，豆类蔬菜。以嫩荚和豆粒供食用。因种子含糖苷，在苦杏仁酶的影响下，可降解产生有剧毒的氢氰酸，必须用水泡、煮沸，排除氢氰酸后才可食用。莱豆分为大莱豆和小莱豆两种，每种均有矮生种和蔓生种。其中大莱豆又称利马豆，在我国长江以南地区有栽培和销售，夏秋和初冬采收上市，在华南地区初冬至初春都有上市；小莱豆又称金甲豆、雪豆或季豆，在我国华南、华中和华北地区均有栽培，夏秋采收上市。

（一）采收要求

荚内籽粒饱满时，豆荚仍很柔软、脆嫩。当豆荚和种子开始失绿时，开始采收青荚。青荚剥去荚皮便是食用的嫩豆粒。当种子完全成熟，即豆荚 3/4 变黄或变干时，收获干种子。

（二）贮藏特性和贮运方法

采收后，在 0~4℃ 条件下，青荚贮藏 7 天豆粒在荚内仍

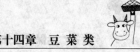

保持绿色。如贮藏时间过长，荚色变褐，品质下降。若贮藏在0℃、相对湿度为90%的条件下，青荚可保存10～14天。

（三）上市质量标准

嫩荚要求鲜嫩，籽粒饱满，色泽正常，无病虫害、机械伤，无冷害、冻害。嫩豆粒要色正、鲜嫩、饱满。干豆粒要饱满、成熟。

（四）加工方法

菜豆可干制、罐藏或速冻。加工制品原料必须在种子已有3%～5%变白时采收最适宜。加工方法参见豌豆的相关部分。

九、毛　豆

毛豆又称菜用大豆、青豆或枝豆。它是豆科、大豆属，一年生草本，豆类蔬菜。以鲜嫩豆粒供食用。毛豆按成熟度分为早、中和晚熟等三种；按种子色泽分为黄、青、黑褐和双色等四种。毛豆应市鲜销，也可加工速冻或制罐头，老熟豆粒还可生产豆芽菜。华北地区一般8月至霜降前采收上市；长江流域6～9月均有上市。

（一）采收要求

鲜嫩豆粒的适宜采收期为种子充分长大、饱满，种皮仍为绿色时。采收时间应在早晨或傍晚，以保持新鲜。

（二）贮藏特性与贮运方法

毛豆不耐贮运，只适宜鲜销。出售时应带荚出售，还可带枝一起出售，故又称枝豆。运销中要避雨、防晒。着水后易发热变质，应在阴凉通风处短贮。

（三）上市质量标准

豆荚色绿，无黄荚，籽粒饱满；无虫蛀，不腐烂，清洁，不着水。

（四）加工方法

毛豆可速冻、罐藏，方法可参见豌豆的相关部分。

十、藜　豆

藜豆又称猫猫豆、狸豆、八升豆、龙爪豆、狗爪豆或毛狗豆。它是豆科、藜豆属，一年生缠绕性草本，豆类蔬菜。以肥厚的嫩荚和老熟的豆粒供食用。因藜豆含微量毒素，食用前需在沸水中烫煮15~30分钟，趁热撕去茸毛外皮，沿背缝线掰开，放入清水浸泡、漂洗2~3日，以不现黑色为止。豆粒需浸泡2~3日或更长时间。目前可作蔬菜用的有黄毛藜豆、茸毛藜豆、藜豆和白毛藜豆等四个种。在我国西南和华南地区栽培较为普遍。春季播种，8月中、下旬开始采收上市，可连续采收2个月以上，直至11月上旬。

（一）采收要求

嫩荚在花后30天是适宜采收期，至种子老熟需50天。

（二）贮藏特性与贮运方法

藜豆只能鲜销，不耐贮藏。运销过程中以筐箱包装；要避雨、防热，置于阴凉通风处，防止霉烂。

（三）上市质量标准

嫩荚色泽正常，豆荚丰满，籽粒繁多；无病虫害、腐烂；筐装。

十一、多花菜豆

多花菜豆又称红花菜豆、赤花菜豆或龙爪豆。它是豆科、菜豆属，多年生作一年生栽培、草本，豆类蔬菜。以嫩荚以及种子供食用。分矮生和蔓生两种类型。产于西南地区。夏秋应市。

（一）采收要求

1. 嫩荚　播后 80～90 天就可采收。采收时不要伤及茎秆，以免影响植株生长。采收后应及时销售、加工或置于冷凉处，以防腐烂。

2. 种子　从植株底部叶片凋落、下部豆荚变成黄色或黄褐色时开始，按照成熟的先后次序分期采收。

（二）贮藏特性与贮运方法

豆荚适宜的贮藏温度为 8～10℃、相对湿度以 95% 为佳。贮藏方法有以下两种：

1. 气调小包装贮藏　选择生长良好、成熟度适中的多花菜豆 10 千克，装入内衬蒲席的筐中，再用 0.1 毫米的聚乙烯薄膜套在筐外；添加入 0.5 千克的消石灰（装入敞口或多孔的小袋中）后密封袋口。若豆荚较少，可直接装入聚乙烯薄膜袋中。袋内的氧和二氧化碳含量为 2%～3% 左右。每隔 10 天检查一次。此法可贮 30 天。

2. 简易窖藏　短时间内的贮藏，可采用窖藏或通风窖贮藏。

干豆荚采收后，应及时连荚晾晒干，并连荚贮藏，这样才能保证干豆粒的色泽美观又无皱皮破裂，必要时再行脱粒，以供内运外销。

嫩豆荚在运销过程中多以筐或编织袋作包装，要避雨、防冻、防热、忌挤压。

（三）上市质量标准

嫩荚色泽正常、鲜嫩饱满、肥厚，无折断，无病虫害和斑点；种子色泽正常、美观，种皮无皱缩、破裂，无虫咬或机械伤；筐装。

（四）加工方法

1. 干制

（1）工艺流程

原料→清洗→切分→漂烫→冷却→烘干→成品

（2）操作方法　将豆荚清洗后切段，放入沸水中漂烫5分钟，捞出后在清水中冷却，沥干水，放入烘盘，送入烘箱内烘干。温度60～70℃，烘烤6～7小时即可。

2. 罐藏

（1）工艺流程

原料选择→清洗→切分→驱虫→清洗→预煮→冷却→装罐→排气→密封→杀菌→成品

（2）操作方法　把挑选好的嫩豆荚清洗后，切成一定长度，放入2.5%的食盐水中浸泡10～15分钟（盐水与豆荚比例为2:1）驱虫；之后用清水冲洗，放入沸水中预煮3～5分钟，至色泽变青绿时捞出；再放入冷水中冷却，装罐；同时注

入2.3%～2.4%浓度的盐水，经预封、排气、密封、杀菌，即制得成品。

3.速冻

（1）工艺流程

原料→清洗→护色→清洗→漂烫→冷却→沥干→速冻→成品

（2）操作方法　原料经清洗后，放入淡盐水中护色，再清洗放在沸水中漂烫2～3分钟，用冷水冷却，沥干，在-30℃下速冻，然后在-18℃下冷藏。

十二、四棱豆

四棱豆又称翼豆、四稔豆、杨桃豆、四角豆或热带大豆。它是豆科、四棱豆属，一年生或多年生缠绕性草本，豆类蔬菜。以嫩荚及种子和嫩梢供食用。在我国海南、广东、广西、云南和四川等地有分布。嫩荚一般在8月至11月，分期采收上市，冬季温暖的地区采收期可延续到来年春季。

（一）采收要求

1.嫩荚　一般在花后15～20天（南方有的地区在花后12～15天），当荚果长宽定型但未鼓粒、嫩荚革质膜未出现、尚未纤维化；色泽黄绿，手感柔软时，是最佳采收期。过早，荚果未定型；过晚，豆荚纤维化，荚壁粗硬，品质变劣。

2.嫩茎叶　在枝叶生长过旺时，可采收枝条最顶端约20厘米三节上最嫩茎叶做菜用。尤其是生长中期以后，枝尖嫩绿、光滑，幼叶未展开，其上着生一串花蕾，这时采收品质更佳。

（二）贮藏特性与贮运方法

采后立即置于阴凉处，堆积不宜过多，要防雨淋、日晒。在 10℃ 左右、相对湿度为 85%～90% 的条件下，可短贮。低于 5～7℃ 易受冷害。

运销过程中，需用筐或编织袋作包装，防雨、防热、防冻，忌挤压，否则会造成伤害。

（三）上市质量标准

嫩荚色泽正常，鲜嫩饱满，肉质肥厚，种子未膨大，不老化；无虫蛀，无腐烂、冷害、冻害和机械伤；筐装。

（四）加工方法

嫩荚可罐藏。加工方法参见菜豆的相关部分。

第十五章

水生菜类

一、莲　藕

莲藕又称菜藕。它是睡莲科、莲属,多年生草本,水生菜类蔬菜。以地下根状茎供食用。莲藕按淀粉含量划分成粉质和黏质两类,粉质藕的淀粉含量高,适宜于蒸煮熟食;黏质藕质地脆嫩,生熟食用均可。生长在水田和池塘里的浅水藕多属早熟品种,如苏州花藕、湖北六月报等,不耐贮藏;属于中晚熟品种的深水藕较耐藏,其中包括江苏美人红、湖南泡子等。每年夏季可采收嫩藕上市,8月到翌年春季随时都可采收成藕供应市场。

(一)采收要求

当终止叶出现,叶背微红时即可采收。结藕位置在后把叶与终止叶所在直线的下方。愈老熟的藕愈耐藏。采收时力求藕体完整、藕身尽量带泥。

（二）贮藏特性

藕喜阴凉，对湿度适应范围较广，采后藕处于休眠期，便于贮运。但出土后藕的表皮易出现褐变或萎蔫。试验证明最适温度为 8～15℃；相对湿度为 90%～95%，有些品种低于 7℃ 会产生冷害。

（三）贮运方法

贮运方法很多，兹介绍三种农户实用的方法：

1. 泥土埋藏法　在室内外均可。一层泥土覆盖一层藕，泥土要湿潮，藕要按顺序排码。上面用泥封盖严实。贮藏期间要维持高于 7℃ 以上的低温。

2. 泥浆涂布法　泥土除杂后调成泥糊，充分均匀地涂布于藕体上，然后装入箱体或草包中，捆牢。在低温下，避光、保湿运销各地。

3. 薄膜袋装法　将藕洗净用特克多防腐剂浸泡 1 分钟后取出晾干，装入聚乙烯塑料薄膜袋中扎紧口，放到常温或高于 7℃ 的低温下贮藏。大量藕如欲进行短期贮藏也可用塑料薄膜覆盖。

（四）上市质量标准

色正、完整、饱满；无锈斑、无淤泥；多汁、味甜、清香；筐装。

（五）加工方法

藕可切片腌渍或速冻加工。

1. 甜酱腌渍　藕清洗后切成厚约 2 厘米的藕片，经热烫、冷却，先加食盐腌渍，再用甜面酱酱渍。酱渍时避免曝晒。商品名称：水晶藕。产品质量要求：色正、味纯；鲜艳透明、质地脆嫩、咸甜适度。

2. 速冻 经清洗、去皮、切片后速冻而成。用塑料袋密封，外加纸箱包装。需放在 −18℃ 条件下避光通风保存。产品质量要求：色正味纯，形状整齐，厚薄均匀、无锈斑。

二、荸 荠

荸荠又称马蹄或地栗。它是莎草科、荸荠属，多年生宿根性草本，水生菜类蔬菜。以脆嫩多汁的地下球茎供食用。主产于江南地区。黄河中下游及其以南地区从霜降至立冬期间都可采收。经贮藏运输可在春节及春季供应北方市场。荸荠有两种类型：一种类型为顶芽尖、脐平的富含淀粉，如产于江苏苏州的苏荠，此类耐贮藏，适于熟食或加工制取淀粉。另一种类型是顶芽钝、脐凹陷的含水量多，肉质甜嫩，如产于广西桂林的马蹄，此类不耐贮藏，适于生食或速冻加工。

（一）采收要求及贮藏特性

早期采收虽可鲜销但不耐藏。冬至前后采收皮色深、脐部深、充实、老熟的荸荠较耐贮藏。如在越冬后再采挖，品质常下降。荸荠贮藏的适宜条件是：温度，0～2℃；相对湿度，98%～100%。

（二）贮运方法

1. 窖藏法 采收后放在阴凉处阴干，按一层荸荠一层干土的次序藏入窖内，封口；也可堆放在阴凉处，上盖稻草，周围草席，再用泥浆封顶贮藏。

2. 筐藏法 采收后装筐藏于阴凉通风处，每天用清水冲

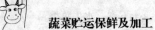

洗，经常倒筐，可贮藏半月。

3．药物处理法 采收后清除泥土，立即浸入用冷水配成 0.1%浓度的次氯酸钠（NaOCl）溶液中。药液浓度应在三、五天内减至零，然后置于 0~5℃ 条件下，可贮藏 8~10 个月。

4．运输法 应在用筐、箱、袋包装后实施低温防振运输。

（三）上市质量标准

球茎充实肥大，皮色红黑，顶芽完整；无损伤、无腐烂、无泥沙；网袋、筐或塑料袋包装。

（四）加工方法

1．速冻
（1）工艺流程

分级→清洗→去皮→热烫→冷却→沥水→速冻→定量→包装→冻藏

（2）操作要点

①浸水 去皮后应立即浸入水中以防氧化褐变。

②热烫、冷却 速冻和冻藏的温度应分别控制在 100℃、10℃、－30℃ 和－18℃。运销温度低于－10℃。

（3）产品质量标准 色正、均匀，去皮干净，无异味；无病、锈斑，无杂质。

2．罐藏
（1）工艺流程

清洗→去皮→浸水→漂烫→洗涤→选料→装罐→注水→排气、封盖→杀菌→冷却→成品

（2）操作要点 经清洗削皮后，需浸水 10 多个小时，以清除削皮后的杂物。然后放到夹层锅中用沸水漂烫 15~30 分钟，以使其外侧的淀粉糊化溶出，保持汁液澄清。漂烫后立即

移入水槽用流动水冷却。仔细洗净后选择果径大于 1.9 厘米的荸荠装罐。注满水后加热排气、封口，中心温度需达到 85℃。经高压灭菌后冷却到 38～40℃ 即制成成品。

（3）产品质量要求　球茎色白、质脆；去皮干净；汁液澄清；无杂质。

三、慈　姑

慈姑又称白地栗。它是泽泻科、慈姑属，多年生草本，水生菜类蔬菜。以地下球茎供食用。北方地区冬前一次性采收，经过贮藏分批上市；南方从 11 月到第二年三月可以陆续采挖，供应冬春市场。按成熟期分类：早熟品种质优，如产于广东广州的沙姑；中晚熟品种如产于江苏苏州的苏州黄，耐藏性强。产于广西梧州的马蹄姑，富含淀粉，适于作加工原料。慈姑主要以鲜品应市。

（一）采收要求和贮藏特性

霜降以后植株茎叶枯黄，球茎充分成熟，即可采挖。也可贮于田间越冬。慈姑采后即进入休眠期，应保持低温和高湿的贮藏环境，如在 1～3℃ 的条件下可以冷藏数月。入春以后还可以通过控制温湿度以及抑制顶芽发育等办法延长贮藏期。

（二）贮运方法

1. 田间贮藏法　慈姑球茎成熟后，清除茎叶，在田间的原地贮存。每隔 3～5 行在行间挖一条 30 厘米宽的深沟，并把土壤覆盖到两边。开沟便于排水，防止腐烂变质；覆土可以避免受冻。南方地区采用此法随时可以采挖上市。

2. 泥藏法　在室内或露天场地上，用砖垒砌成池；一层慈姑一层泥土相间放入池内，上面覆盖 10 厘米厚的泥土。清明节前打开翻倒，并切去萌发的顶芽，然后继续在低温条件下泥藏。在室外用泥藏时应注意开沟排水。

3. 沙藏法　在室外用湿沙埋藏。注意经常用喷壶喷水加湿。春节以后如注意切去顶芽，仍可继续贮藏。

4. 水控贮藏法　利用流水降温、保湿，堆藏室内。上面覆盖草包，每 4～5 天浇一次清水。气温降至 0℃ 以下时，上面更换干草包覆盖防冻。

5. 运销法　以筐包装覆盖、加衬围，并需铺垫草包，低温运输，注意经常洒水保湿。

（三）上市质量标准

球茎周正、肥大，表皮光滑，肉质洁白，无病虫害，无泥沙；加衬草包筐装。

四、菱　　角

菱角又称菱米、菱肉或水栗。它是菱科、菱属，一年生草本，水生菜类蔬菜。以坚果的果肉即种仁（主要成分为子叶）供食用。按果实的形态分有四角菱、两角菱和圆角菱等三类。按成熟度和商品特性分有嫩菱和老菱两种。嫩菱果皮较软，果肉脆嫩多汁，7 月至 9 月采收上市，供鲜销食用；老菱果壳坚硬，果肉较老，10 月至 11 月采收。经贮藏加工后上市，可供生熟食用。

（一）采收要求和贮藏特性

嫩菱在萼片初落、果皮还没充分硬化时采收；老菱在果实已成熟但又没脱落前采收。采收时嫩菱应修短果柄；老菱应剥去果柄。菱角采后应漂洗干净，不带泥沙。如在水中贮藏，适宜的温度为 2～10℃。

（二）贮运方法

1. 水藏法　采用聚乙烯薄膜袋扎口包装，浸入清水中进行周转性贮藏 1～2 天，或装入筐篓中放到活水河流中吊贮，20 天左右检查一次，防热、防冻。

2. 盐藏法　用 1% 的食盐（氯化钠）溶液浸泡，可以收到保色的贮藏效果。

3. 浆菱贮藏法　霜降前后把老菱堆在地上，上面加盖菱蔓，每天用清水冲透，一周内任其自然发酵，使外种皮烂掉，贮藏半月以后即成带有一层黑色黏液的浆菱。

4. 栈菱贮藏法　在硬底活水的河道，用竹帘围成栈囤，霜降前后把老菱藏入囤内，一个月后即成栈菱。可继续贮存到第二年的三、四月间，风味可比板栗。

5. 运销方法　嫩菱用蒲包包装，捆扎成件，低温运输；老菱可以散装运输，但需加通风设施。

（三）上市质量标准

嫩菱形态端正，皮色鲜艳，果壳易剥，肉质白净、质地脆嫩、味甜、清香、无病虫害；老菱果壳坚硬，肉质饱满，无异味；筐装。

（四）加工方法

1. 干制　把老菱放在上下架空的竹帘上，任风吹、阴干成风菱，脆美可口，可经年不坏。

2. 制粉　先把老菱去壳清洗后浸泡，再把菱肉粉碎成糊状；榨出粉水过滤去渣，放入布袋中进行多次沉淀；清除上清液，最后把湿淀粉晾晒或烘干，就成了菱粉。

五、芡　实

芡实又叫芡米或鸡头米。它是睡莲科、芡属，多年生作一年生栽培，草本，水生菜类蔬菜。主要以种仁供食用。按产地分类：北芡品质差；南芡品质佳。按成熟期分类：早熟品种 8 月开始采收，10 月以前陆续上市；晚熟品种 9 月才能采收。干制品可常年供应。

（一）采收要求和贮藏特性

当新叶收缩，果柄变软，果实光滑呈红色时便可用竹刀采收。北芡宜在成熟盛期一次采收完毕；南芡宜分次采收。采收后剥开果皮取出种子。保持种皮的芡实种子称壳芡，耐贮藏；除去种皮的种仁（主要是胚乳）称芡米。适宜的贮藏条件为低温、高湿。

（二）贮藏方法

新鲜的芡实宜浸泡在清水中鲜销。经常换水保持清洁。也可用蒲包等包装鲜品，埋藏在泥土中。

（三）加工方法

芡实采后经脱粒、踏籽、脱壳、晾晒、分级，包装成为干制品，其加工方法是：

采收芡实果实后，剥开果皮，取出种子，放入木桶中用脚踏去假种皮；冲洗后再踏种子，使其由黄转为微白色；冲洗后除去种子外皮，剥出完整的鲜芡米；洗净后曝晒到种脐凹下去即成。如遇阴雨天气可用火加热烘干。出品率约为 45%。

（四）贮运方法

用塑料袋或木、纸箱包装，运输时注意防湿潮，忌挤压。壳芡在凉爽的库内可贮藏一年。

（五）上市质量标准

1. 鲜芡实　颗粒饱满、色白形圆、有清香味，粉性足。
2. 壳芡实　颗粒完整、饱满、干燥；色泽清新、无杂质、无霉烂、无僵粒。
3. 芡实米　色泽白净或淡红、干松完整；无虫蛀、无僵粒、无粉屑。

筐、箱或塑料袋包装。

六、茭　白

茭白又称茭瓜或茭笋，我国台湾省俗称脚白笋。它是禾本科、菰属，多年生宿根草本，水生菜类蔬菜。菰的花茎被黑穗菌寄生所分泌的吲哚乙酸刺激可形成变态的肉质嫩茎，以变态嫩茎供食用。按采收和上市季节分成两个类型：每年只在秋季采收上市的叫一熟茭；当年秋季和第二年夏季均可采收上市的叫两熟茭。一般夏季的产量较高，晚熟的耐贮。茭白以贮运销鲜为主，一般不宜加工。

（一）采收要求

茭白的嫩茎由叶鞘抱合成的假茎所包裹，当叶片与叶鞘交界处（即"茭白眼"）收束成蜂腰状；肉质茎肥大细嫩时便可采收。采收时保持二、三片"紧身"的叶鞘；它连同食用部位统称"水壳"。如不及时采收上壳开裂茭肉接触阳光后容易变青。

（二）贮藏特性

茭白娇嫩忌阳光，喜凉爽湿润的环境。贮温过高黑穗菌过度浸染茭肉易变成灰、黑色，从而降低食用价值；过分失水还易导致糠心。茭白采后尽快预冷至 5℃ 以下，较为适宜的环境条件：温度，0～2℃；相对湿度，95%～100%。

（三）贮运方法

1. 堆藏法　先把茭白放在室外阴凉通风的地方摊晾，然后扎成小捆堆藏于仓、室内。在常温下可进行周转性短期贮藏。

2. 冷藏法　带水壳贮入 0～1℃ 的冷库内，可保鲜 15～20 天，还可延长贮藏至 2 个月。如去水壳密封在 0.04 毫米厚的聚乙烯塑料薄膜袋中再冷藏保鲜效果更好。冷藏法适宜于夏、秋季贮藏。

3. 浸泡法　把去掉水壳的茭肉放到缸、池等容器中，注入清凉的洁净水；还可以加入天然冰降温，压上重石，把茭肉浸入水中贮藏，以后经常换水；或用 1%～2% 的明矾水浸泡茭肉，注意清除泡沫并经常加冰、换水。

4. 运输法　需用筐和编织袋等外包装，在低温条件下运输。注意通风，严防日光照射。

（四）上市质量标准

外壳光滑；嫩茎肥嫩、洁白、完整；无灰茭、无锈斑、无糠心；筐或编织袋包装。

七、水　芹

水芹又称沟芹、白芹或蜀芹。它是伞形科、水芹属，多年

生宿根草本，水生菜类蔬菜。以嫩茎和叶柄供食用。

按栽培方式分水、旱以及软化栽培。在南方主要供应 11 月至翌年 4 月的冬春淡季市场；通过春栽也可供应秋季市场。

（一）采收要求

水芹定植以后 80～90 天即可采收。摘去黄叶和须根用清水洗净捆扎或装筐即可上市。

（二）贮藏特性及贮运方法

水芹不耐久贮。宜在低温下快速运输、鲜销。适宜的贮藏条件：温度 0～1.5℃；相对湿度 90%～95%。

（三）上市质量标准

鲜嫩洁净、气味辛香；无抽薹、无黄叶；捆扎或筐装。

（四）加工方法

参见绿叶菜类芹菜的相关部分。

八、莼 菜

莼菜又称蓴菜或莼头。它是莼菜科、莼菜属，多年生宿根草本，水生菜类蔬菜。以嫩茎叶供食用。莼菜分红梗和绿梗两类。红色种的叶背、嫩梢和卷叶呈暗红色，抗逆性较强，主要品种有著名的西湖莼菜和太湖莼菜；绿色种的嫩梢和卷叶呈绿色。每年从 4 月下旬到 10 月下旬采摘上市。早春和初夏的嫩茎品质柔嫩；晚秋的较粗硬。

（一）采收要求

供鲜食的在卷叶长成，尚未展开时应连同叶柄一同采摘。供加工或贮存的应采摘带有卷叶的嫩梢。

（二）贮藏特性和贮运方法

莼菜极不耐贮运，采后必须立即浸入水中，一般只能在低温和高湿条件下短贮 2～3 天。主要供鲜销，也可装瓶罐藏。

（三）上市质量标准

色正、茎叶肥嫩、胶质较黏厚。根据卷叶长度和芽的重量可分成三级。装筐。分级情况详见表 34。

表 34　莼菜的质量要求

级　别	卷叶长度（厘米）	叶柄长度（厘米）	芽单重（克）
一　级	1～2	0.5	0.5
二　级	2～3	1.5	1.0
三　级	3～5	2.0	1.4

九、豆 瓣 菜

豆瓣菜又称西洋菜，各地又叫水田芥、水生菜、水薄菜、荷兰芥或凉菜。它是十字花科、豆瓣菜属，一二年生草本，水生菜类蔬菜。以嫩茎叶供食用。豆瓣菜忌炎热，在常温条件下定植 20 天左右就可收获。各地常年鲜销。华南地区从 10 月到第二年 2 至 3 月多作渡淡蔬菜供应冬春市场。

（一）采收要求

豆瓣菜茎高 25～30 厘米就可采收，否则容易导致纤维化，除去黄叶洗净即可上市。

（二）贮藏特性和贮运方法

豆瓣菜很容易失水凋萎，可适当洒水或在高湿条件下进行短期低温贮藏。宜快运鲜销。

（三）上市质量标准

茎叶挺拔、鲜嫩，色深绿或紫色，有辛香气味；无枯叶、无病虫害；捆扎或筐装。

十、蒲菜、草芽和席草笋

蒲菜又称蒲儿菜；草芽又称象牙菜；席草笋又称面疙瘩或野茭白。它们都是香蒲科，香蒲属，多年生宿根草本，水生菜类、特产蔬菜。分别以假茎、地下匍匐茎以及短缩茎供食用。

（一）采收要求

蒲菜主产于山东和江苏，栽植 2 个月后成熟，一般在 4 月至 6 月抽薹前采收，或把老根挖出软化栽培 4 至 6 周后修整上市。

草芽主产于云南建水和石屏等地，栽植成活后 20～30 天即可采收匍匐茎，过迟采收易老化，可周年供应，以 4 月至 8 月为供应旺季。

席草笋主产于云南元谋，主要在夏季采收应市。

（二）贮藏特性和贮运方法

蒲菜类蔬菜不耐贮藏，宜快运鲜销。其中草芽尤其娇嫩，尽量当天采收、食用。可浸泡在清水中或用湿毛巾包裹，即在低温、高湿条件下短贮2~3天。

（三）上市质量标准

质地鲜嫩、完整无损；无病虫害、无抽薹；分级捆扎或筐装。

第十六章

多年生菜类

一、香　椿

　　香椿又称香椿芽或香椿头，简称椿芽。它是楝科、香椿属，木本，多年生类蔬菜。以嫩芽、嫩叶供食用。按其产品的颜色分有紫、绿两类：紫香椿的香味浓、油脂多、纤维少，主要品种有黑油椿和红油椿；绿香椿的品质稍差，主要品种有青油椿。此外还有抗冻香椿。除采用传统方式，在早春采集上市以外，还可采用露地矮化密植或保护地假植等栽培方式集约化经营。结合贮运和加工等手段，可分别供应4月至11月以及冬春市场，基本做到常年供应。

（一）采收要求

　　当嫩芽长到5～10厘米就可采摘，先摘顶芽后采侧芽。

（二）贮藏特性

萎蔫、腐烂以及叶片脱落是保鲜的关键课题。适宜的低温、高湿、低氧、高二氧化碳以及脱除乙烯等措施，都能延长贮藏期。但过低的贮温（−2～−3℃）会引起冻害；浸水或洒水不当易导致脱叶。适宜贮温为0℃，相对湿度95%。

（三）贮运方法

1. 临时性贮藏　如等待运销，可放到0～20℃的温度下保湿、避光贮藏。还可捆把后放进竹篮内系到水井中贮藏，放置高度以距水面30厘米为宜。

2. 塑料袋藏　为防止脱水萎蔫可用塑料薄膜袋保存。用聚乙烯袋扎口包装，在0℃下主芽可贮20～30天。可在采用纸箱衬垫塑料薄膜包装后运输。如有条件，还可加入乙烯脱除剂，它用过饱和的高锰酸钾（$KMnO_4$）溶液浸泡碎泡沫砖块制成，然后封入双层纱布包中放入箱内，每箱应放置1～2包。

（四）上市质量标准

色正、柔嫩；无腐烂、无脱叶；香味浓郁；扎成小捆、筐装。

（五）加工方法

腌制：

1. 工艺流程

选料→清洗→预腌→揉搓→腌渍→倒缸→晾晒→封存

2. 操作要点　采收应从芽痕处用手掰开。选取10～15厘米、色正叶肥的嫩芽，去杂去劣后用清水洗净。摊开晾干后按照原、辅料4～5:1的比例在缸内以一层椿芽加一层盐的方式预腌。等到芽体变软后用手搓揉，使盐分充分渗入芽内，再继续腌渍，并注意经常倒缸。腌毕晾干即成半成品，逐层码放到缸内再撒大盐，用塑料薄膜和牛皮纸封缸，置于阴凉处可保存一年。

二、竹 笋

竹笋又称菜竹，简称笋；其干制加工制品叫玉兰片，或称笋干。它是禾本科、竹亚科、常绿木本，多年生类蔬菜。以初生嫩芽或地下匍匐茎的嫩梢供食用。竹笋的种类繁多，按采收和上市季节分为春笋、夏笋、秋笋和冬笋等四大类，分别在早春 2～4 月，夏季、秋季以及 11 月至翌年 2 月供应市场。此外由地下匍匐茎形成的鞭笋每年 8 月可采收上市。除鲜品以外，干制、腌渍或罐藏加工制品也可常年供应市场。

（一）采收要求

采收嫩芽，以刚要出土时的为最佳，过迟采挖组织易纤维化，还会带有苦味。采后应按质分级并立即预冷。

（二）贮藏特性

竹笋有竹箨（俗称笋壳）保护，较耐贮运。但笋体细嫩，极易产生褐变或纤维硬化，应尽量在低温和高湿条件下贮运。在一天以内的贮运活动须保持 15℃ 以下的环境；长期贮藏的适宜条件是 0℃ 和 95%～100% 的相对湿度。高温会因无氧呼吸而产生异味，忌用塑料袋密封贮藏。

（三）贮运方法

1.堆藏　采后用冷水预冷后，取出堆藏。温度应保持在

0～5℃的范围。切忌泼水或淋雨。

2．水藏　把竹笋剥开切片，浸入清水中，贮温保持在0～5℃也可短贮1～2天。

3．沙藏　一层竹笋覆盖一层沙土，上面再盖上草席。严防日晒、雨淋。

4．埋藏　室外或田间挖坑，把竹笋和沙土相间埋藏，上面覆盖稻草。注意防寒、防冻。

（四）上市质量标准

商品要整齐、鲜嫩，色味纯正；无机械伤、无病虫害；筐装。

（五）加工方法

1．干制　干制法可加工成玉兰片和笋干。

（1）玉兰片制作法　选取带笋箨的冬笋或春笋，用急火煮沸2～3小时；闻到香气后取出摊晾；剥开竹笋修整干净后剖成两片；曝晒或烘干。烘干温度初期控制到70℃，后期可降到60℃左右，一般需烘烤48小时。干燥率为5∶1。有的还要用硫磺熏制。产品质量要求：椭圆形、片状，玉白或黄色，表面光滑、质地脆嫩；无杂色、无斑点；内衬防潮纸，箱装、密封。

（2）笋干制作法　选取春笋剥去外壳修光刮平；先用沸水煮透（约需2～3小时），发出香气后再用流动冷水漂洗；控干凉透平放到压榨器（如大榨床）内，榨干水分、压平笋体；最后摊晒或烘干。干燥率因原料而异，一般为9～20∶1。包装可就地取材，一般用竹篾捆扎，内衬竹叶，外套竹篓，捆紧篓口。注意防潮、防雨。产品质量要求：笋干形体整齐，淡黄或褐黄色，有光泽；竹香清新。

2. 腌制 选取春笋弃去老根和竹箨,切分成 4~6 条,然后按 50∶1 的比例加食盐蒸煮 6~10 小时,煮到笋色发黄,香气溢出时出锅,淋去卤汁即制成半干性腌制品。如烘干即为咸笋干。产品质量要求:色味纯正、笋体扁平。

3. 罐藏 选取嫩笋去壳洗净,除去老根,切成块状;加辅料后下锅煮沸,再加少量安息香酸钠继续煮沸 1 小时,随时注意搅拌;装罐封口后放到杀菌锅中在 105℃ 下加热灭菌 30 分钟,降温冷却后即为成品。其中每 100 千克净笋和辅料的配比是:花生油 2.5 千克;酱油 20 千克;食盐 1.8 千克;白糖 1.6 千克;水 40 千克。

三、芦 笋

芦笋即石刁柏,又称芦笋芽、芦笋尖、露笋或龙须菜。它是百合科、天门冬属,宿根草本,多年生类蔬菜。以嫩茎供食用。按食用部位的外观形态分为白芦笋、紫芦笋和绿芦笋等三个商品品种,分别为我国、法国和意大利等国所欢迎;按嫩茎抽生的时期分为早、中和晚熟等三种类型。鲜品春秋两季采收;加工制品可常年供应。

(一) 采收要求

采收前不应打药。采收白芦笋和紫芦笋需在冬前先培土软化;采收应在黎明时进行,发现土面龟裂才能扒开表土,用特制的圆口掘笋刀切割。采后应立即装入容器内盖严,或用黑色湿毛巾包裹,严防光照、脱水,然后迅速放到 1~5℃ 的条件下预冷。采收绿芦笋应在嫩茎出土长到 25 厘米左右,顶部鳞片未散开时进行。

（二）贮藏特性

芦笋在 5℃ 以上条件下易伸长；同时呼吸强度增高，维生素 C 和糖分等营养成分损失，粗纤维迅速形成，从而降低品质，所以应采用高湿、低温贮藏。适宜条件为 0℃ 和 90%～95% 的相对湿度。

（三）贮运方法

1. 冷库贮藏法　芦笋采后应先在 1～5℃ 的条件下预冷；也可用冷水冲洗，使温度降至 2～6℃，淋干后用聚乙烯薄膜或可透气的衬纸包装。在冷库中贮藏。库温应控制在 0～1℃ 之间，相对湿度保持 90%～95%。一般可冷藏 2～3 周。贮温低于 0℃ 容易产生冻害（冰点为 −0.6℃）。贮藏期间注意通风换气。

2. 气调贮藏法　温度、二氧化碳和氧气的含量应分别控制在 0～3℃、12%±2% 和 10%。

3. 贮运条件　宜采用保温车在 0～5℃ 的条件下运输。

（四）上市质量标准

芦笋上市应按照部颁的鲜芦笋质量等级标准执行。详见表 35。

表 35　鲜芦笋质量等级规格

等别	品质要求	级别	长度（厘米）	横径（厘米）	限度
一等	同一品种，笋尖紧实，形态完好，颜色正常，不含有硬化粗纤维组织；无腐烂、空心、开裂、锈斑、异味、畸形、病虫害及机械伤	1	≥21	≤2	不合格品按重量计，不得超过总量的 5%，其中腐烂者不得超过 0.5%；长度、横径在分级中不合格的不得超过 10%
		2	≥16	≤1.2	
		3	≥10	≤0.8	

（续）

等别	品　质　要　求	级别	长度（厘米）	横径（厘米）	限　度
二等	同一品种，笋尖较紧实，形态良好，颜色正常。其余要求与一等品相同	1	≥21	≤2	上述三项指标分别不得超过 10%、1%和10%
		2	≥16	≤1.2	
		3	≥10	≤0.8	
三等	同一品种，笋尖欠紧实，形态尚好，颜色正常。其余要求与一、二等品相同	1	≥21	≤2	上述三项指标分别不得超过 10%、1%和10%
		2	≥16	≤1.2	
		3	≥10	≤0.8	

宜采用铭带捆扎，箱或筐装。

（五）加工方法

1. **速冻**　芦笋经清洗、整理、分级后在100℃的沸水中漂烫1分钟；用冷水冷却后甩干，随即在-35℃的低温下进行速冻。包装后需放在-18℃的冷库中贮藏。多用于绿芦笋。

2. **罐藏**

（1）工艺流程

选料→清洗→切段→分级→预煮→冷却→装罐→排气→密封→杀菌→冷却→成品

（2）操作要点　芦笋洗净后按等级的要求把整条芦笋切段，去掉基部；分别把笋身、边料和笋尖装罐后置于蒸笼中，先用软化水在90～95℃的温度下预煮1～3分钟，冷水喷淋1分钟，冲洗10分钟；取出再按部位、直径长短以及色泽等因素分级二次装罐；注入的汤汁由2%浓度的食盐和2%浓度的砂糖组成，还可适量加入0.03%～0.05%浓度的柠檬酸；经排气、密封，放入高温灭菌设备中在121℃条件下经15～17分钟杀菌，快速冷却后即加工为成品。白芦笋多采用此法加工。

（3）产品质量要求　芦笋罐头分级标准详见表36。

表36　芦笋罐头分级标准

级　别	品　质　要　求	长度（厘米）	直径（厘米）	限　　度
一级	芦笋鲜嫩，条形完好；笋尖紧密，色泽正常；不得有硬化粗纤维；无空心、开裂、畸形、锈斑和病虫害	12～17	1.0～2.7	芦笋可偶有空心，其空心的直径不得超过2毫米
二级	芦笋鲜嫩，条形基本完好，笋尖紧密，色泽尚正常；不得有硬化粗纤维	6～11	1.0～2.7	笋条可有轻微弯曲，裂纹或可出现直径超过2毫米的小空洞；笋尖端4厘米以下可有轻度损伤；白芦笋的笋尖可出现绿紫等杂色，但其长度不得超过4厘米
三级	芦笋鲜嫩，条形基本完好；笋尖紧密，色泽尚正常；不得有硬化粗纤维	≤5	0.8～0.9	

四、黄花菜

黄花菜又称金针菜。它是百合科、萱草属，宿根草本，多年生类蔬菜。以肥嫩的花蕾供食用。其早、中、晚熟品种分别从5～7月开始采收，一般可采收30～80天。由于鲜品有毒，多进行干制加工，然后常年供应市场。

（一）采收要求

黄花菜在开花前的4小时以内品质最佳。过早采摘产量偏低，加工后还会出现黑色；过晚采摘，花蕾开放则会影响产品质量。采收标准应掌握在：花蕾饱满，颜色黄绿；花苞上的纵沟已明显，蜜汁也显著减少时。

（二）贮藏特性

鲜品不耐贮藏。在 0～5℃ 和 95% 以上的相对湿度条件下可贮藏 1 周。由于鲜品含秋水仙碱，一般需经干制加工后再食用。

（三）加工方法

黄花菜采后应立即进行干制加工。其工艺流程是先经热烫杀灭细胞活性，然后脱水干制。为了保证消费者的健康，不宜采用硫磺熏制。其干制方法有两种：

1. 人工干制　鲜品用蒸笼蒸 10～30 分钟；也可在沸水中煮，当花蕾变软，其上密布细小水球，颜色由黄绿变成淡黄时取出摊开，冷却后，再放进烘房或电烤房中干燥。烘房始温为 90℃，终温为 50～60℃，约需维持 18 小时，最后用塑料薄膜袋密封包装。干燥率为 6～8:1。

2. 自然干制　鲜品经热烫后先放到通风处摊晾数小时，然后放到草席上曝晒 2～3 天，当含水量降至 15%～16% 时收起，用塑料薄膜袋密封包装。

3. 产品质量要求　花蕾完整、干燥，色泽黄亮；无霉变，无虫蛀、无杂质；箱、筐、袋包装。

五、百　合

百合又称百合蒜、夜合或中蓬花。它是百合科、百合属，宿根草本，多年生类蔬菜。以鳞茎供食用。百合种类繁多，以食用为目的的有三种。川百合，鳞茎近圆形，风味甜美，品质最佳，四川、甘肃、陕西、云南等地栽培，著名的有产于甘肃兰州的兰州百合；卷丹百合，鳞茎扁圆形，略带苦味，各地均有栽培，著名的有产于江浙太湖流域的宜兴百合；麝香百合，又称龙牙百合，鳞茎球形，味淡而不苦，湖南、湖北、河南、浙江等地栽培，著名的有产于湖南邵阳的龙牙百合。采用无性繁殖，一般需经二、三年培育才能形成商品，秋末采收上市。宜鲜销或干制加工，常年供应。

（一）采收要求

秋末百合地上部枯死即可采收。北方为了增加甜度，多在立冬前后再采挖。采后清除泥土、剪去须根，注意防晒、保湿。

（二）贮藏特性

百合鳞茎耐低温，在 - 5.5℃ 的土层中能安全越冬。适宜在相对湿度为 90%、温度在 15℃ 以下的条件下贮藏。

（三）贮运方法

堆藏：需先在室内或仓库内铺好 5～8 厘米厚的湿土，再把鳞茎码放整齐，然后覆土 3～4 厘米厚再逐层码放，总的堆积高度为 1～1.5 米，最后在顶部及其四周覆土 30 厘米。可以贮藏到第二年的 3 月。如在冷库贮藏，贮温保持 0℃ 还可久贮。运输时严防日晒、雨淋，忌挤压。

（四）上市质量标准

鳞茎完整、色味纯正；无腐烂、无损伤、无病虫害、无泥土；筐、箱或袋包装。

（五）加工方法

干制：

1. 工艺流程

选料→剥离鳞片→清洗→热烫→冷却→干燥→回软→包装→成品

2. 操作要点

（1）热烫　在沸水中热烫5分钟，随时用木棒搅拌，使鳞片均匀受热。捞出立即用冷水冷却。

（2）干燥　自然干燥需摊放在竹帘或苇席上曝晒。人工干燥采用火炕或烘室，加热15～16小时，保持60℃。

（3）包装　干燥后放在室内堆放2～3天回软后用塑料袋包装。

（4）成品率　每100千克鲜品可加工制成30～40千克百合干。

六、朝鲜蓟

朝鲜蓟又称菊蓟、洋蓟、荷花百合、法国百合或洋百合。它是菊科、菜蓟属，草本，多年生类蔬菜。以花蕾期的幼嫩总苞和花托供食用。此外软化后的叶柄也可入蔬。上海、北京、云南、浙江和山东等地均有栽培。采用种子或分株繁殖，栽培第二年以后每年5～6月在现蕾期采收。供鲜销或罐藏。

（一）采收要求

当花蕾的萼片具青绿色光泽、基部外层萼片欲开而未放时采收最佳。单重在100克以上的供鲜销，50～100克的适宜加工罐藏。

（二）贮藏特性和贮运方法

朝鲜蓟适宜在 0℃ 和相对湿度为 90%～95% 的条件下在冷库贮藏；在 0～6℃ 条件下运输。

（三）上市质量标准

花蕾球形完整，肉质苞片鲜绿、抱合紧实，具有特殊清香；无腐烂、无虫蛀；筐、箱或塑料袋包装。

（四）加工方法

罐藏：可做冷盘菜肴。

1. 工艺流程

选料→清洗→醋渍→罐藏→成品

2. 操作要点　选择苞片较多，排列紧密、质地鲜嫩以及单重在 50～100 克的小型花苞，经清洗，醋渍后罐藏。操作方法参见第四章蔬菜加工的相关部分。其中食醋的用量约占原料重量的 10%。

第十七章

杂 菜 类

一、黄 秋 葵

黄秋葵又称秋葵、羊角菜或羊角豆。它是锦葵科，黄葵属（或作木槿属），一年生草本，杂果类蔬菜。主要以嫩荚果供食用。此外嫩叶、芽和花也能作蔬菜。黄秋葵从夏季到冬前都能采收，其中上市旺季为5～9月，可供炒煮或腌渍食用。通过鲜销结合速冻、干制等手段可以周年供应市场。

（一）采收要求

黄秋葵花谢1周以后，当嫩果长达6～10厘米时即应带果柄采收。如过晚容易因纤维硬化而失去商品价值。

（二）贮藏特性

黄秋葵喜冷凉、高湿环境，不耐贮运，宜快运鲜销。擦伤后又易变黑。在较高温度下就会衰老、黄化以致腐败变质。当温度保持在 7～10℃，相对湿度保持 85%～95%时（可采用喷水法加大湿度）大约可以贮藏 10 天。适当充入二氧化碳还可延长贮藏期限。应注意在 7℃ 以下因冷害会产生色变和斑点。

（三）贮运方法

1. 低温贮藏法　用打洞的塑料薄膜包装，放到 7～10℃ 的低温库中可贮藏十来天。

2. 气调贮藏法　在贮温为 7～10℃ 的冷库中充入 5%～10% 的二氧化碳(CO_2)可延长贮期一周。如浓度过浓易产生异味。

3. 冻藏法　把果实的整体或切成薄片放到沸水中煮 1 分钟，然后冷冻贮藏或速冻。

（四）上市质量标准

鲜嫩、色正、完整、无机械损伤、无腐烂、无病虫害;筐装。

（五）加工方法

1. 干制法　先把嫩果在沸水中烫煮 3 分钟，然后晒干或放入烘箱在 50～60℃ 的温度下烘 3～6 小时，装袋保存。

2. 罐藏法　整果或切片放到沸水中煮 1 分钟，然后装罐，加汁液密封后在压力锅中用 10 磅压力保持 30 分钟。

3. 酱渍法　嫩果整体或切片加醋或酱腌渍。

以上各种干制、罐藏和腌渍制品的质量标准同常规要求。

二、甜玉米和玉米笋

甜玉米又叫菜玉米；玉米笋又叫笋玉米。它们是禾本科、玉米属，一年生草本，杂菜类蔬菜。分别以幼嫩的甜质籽粒或幼嫩的果穗供食用。甜玉米含糖量在 10% 以上，分普通甜、超甜和加强甜三类。普通甜糖分少，适宜加工；超甜，糖分多，宜鲜食；加强甜，兼有上述两类的优点，适于熟食、速冻或罐藏。玉米笋有的每株可结多个果穗。利用不同纬度或海拔高度的菜田搭配，可以做到四季栽培、周年供应。`

（一）采收要求

1. 甜玉米　当果穗吐丝 20 多天，花丝呈黑褐色，果穗开始向外倾斜时，即充分灌浆、达到乳熟时，在清晨带苞叶采收。如采收过迟籽粒皮变厚，甜度会降低。

2. 玉米笋　在果穗吐丝的当天，长度不超过 2～3 厘米时，小心剖开苞片，完整地取出嫩果穗，去掉须丝和穗梗，分级包装。如等到授粉后幼穗鼓粒则不宜加工，只能鲜销。

（二）贮藏特性

甜玉米极不耐贮运，温度较高时易失水并因可溶性糖转化成淀粉而降低甜度。玉米笋脆嫩易折，还会因褐变而变质。它们的适宜贮藏条件：温度为 0℃；相对湿度为 95%～98%。

（三）贮运方法

1. 冷藏贮运法　采后可分别采取冰、水或风冷等手段进行预冷。预冷温度以 5～10℃ 为宜，然后放到 0℃ 的冷库中贮藏，冷链运输、销售，贮期一般可维持 10 天。

2. 包装贮藏法　采用保鲜膜包装，放在冷库中贮藏，但应注意通气，以免产生异味。

（四）上市质量标准

1. 甜玉米　质地鲜嫩，籽粒饱满，色正味甜，无霉变；

筐、箱或编织袋包装。

2．玉米笋（供鲜销）　鲜嫩周正，色泽乳黄；无畸型、无折损、无花丝、无霉变，并按长度、基部直径和单重分级：一级品分别为 5～7 厘米，1.0～1.4 厘米和 5～7 克；二级品分别为 7.1～10 厘米，1.4～1.8 厘米和 7.1～10 克。加衬筐装或箱装。

（五）加工方法

1．速冻甜玉米　选饱满整齐的甜玉米，除去苞叶、缨须，在沸水中漂烫 3～4 分钟，取出迅速冷却到 10℃ 以下，放到 −30℃ 环境中速冻 10～20 分钟，用塑料袋包装，在 −18℃ 条件下贮存。也可不经漂烫直接速冻。

产品质量要求：色味纯正，质地鲜嫩；无异味、无杂质。

2．玉米笋罐头　清除苞叶、穗须后，在 98～100℃ 水中漂烫 5～8 分钟，冷却后装罐密封，在 120℃ 条件下杀菌 25 分钟，冷却、风干后入库。

产品质量要求：色泽淡黄，风味纯正，形态完整，大小均匀；无异味、无异物。

第十八章

野生菜类

野生蔬菜是指在自然环境下生长而未经人工栽培的蔬菜。由于它生长在未受到污染的山坡、林地、荒漠或沟溪间，被视为无公害的"绿色食品"，因而受到国内外消费者的喜爱。我国野生蔬菜的资源极为丰富，常见的有 100 多种，分属于 40 多个科。现在从中择要遴选 10 种加以介绍。

一、蕨　菜

蕨菜又称拳菜或如意菜。它是凤尾蕨科、蕨属，多年生草本，蕨类植物。可在春、夏、秋三季采集嫩叶，供鲜销或经腌渍、干制、罐藏加工应市。

二、黄瓜香

黄瓜香又称荚果蕨。它是球子蕨科、荚果蕨属，多年生草本，蕨类植物。可在春季采集嫩叶或嫩芽，供鲜销或经腌渍加工应市。

三、紫萁

紫萁又称水骨菜或薇菜。它是紫萁科、紫萁属，多年生草本，蕨类植物。可在早春采集嫩叶，供鲜销或经腌渍、干制加工应市。

四、刺嫩芽

刺嫩芽又称龙牙楤木或刺龙芽。它是五加科、楤木属，落叶木本植物。可在春、夏两季采集嫩芽，供鲜销或经腌渍、罐藏加工应市。

五、蕺菜

蕺菜又称鱼腥草或鱼鳞草。它是三白草科、蕺菜属，多年生草本植物。可在春、秋两季和夏、冬两季分别采收嫩茎叶或地下根茎，供鲜销或经漂烫干制、腌制加工应市。

六、野苋菜

野苋菜包括西风古（又称反枝苋）以及凹头苋。它们都是苋科、苋属，一年生草本植物。可在春季采集嫩茎叶，供鲜销或经干制加工应市。

七、马齿苋

马齿苋又称马齿菜、长命菜或马苋菜。它是马齿苋科、马

齿苋属，一年生肉质草本植物。可在夏、秋两季采集幼苗或嫩茎叶，供鲜销或经腌渍、干制、罐藏加工应市。

八、马兰头

马兰头又称马兰菜、泥鳅菜或路边菊。它是菊科、马兰属，多年生草本植物。可在早春采集嫩苗或嫩茎叶，供鲜销或经腌渍、干制、罐藏加工应市。

九、蒌　蒿

蒌蒿又称柳蒿菜或水蒿。它是菊科、蒿属，多年生草本植物。可在夏季采集嫩茎叶，供鲜销或经腌渍、干制加工应市。

十、蔊　菜

蔊菜又称山芥菜、塘葛菜或野油菜。它是十字花科、蔊菜属，一年生草本植物。可在夏季采集幼苗，供鲜销或经腌渍、干制、罐藏加工应市。

十一、野生蔬菜的贮运与加工技术

（一）采收要求和贮藏特性

应严格掌握适时采集。如刺嫩芽应在叶未展开时采集，过早采集质地坚硬不能供食；过迟采集组织老化不堪食用。如紫萁就应采集卷曲、尚未伸展的嫩叶。

采收时一般须从其食用部位的下端掐断，尽量保持其鲜嫩

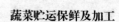

状态。采集嫩芽时须从其基部掰断。以嫩苗、嫩芽或嫩茎叶供食的野生蔬菜都不耐贮运。采集以后应尽快预冷或放到低温、避光的环境下，也可用塑料袋保湿。

（二）贮运方法

鲜销野生蔬菜应捆扎后在低温保湿的条件下进行贮运。贮运方法可参见绿叶菜类蔬菜。

（三）鲜品上市质量标准

色正、整齐、鲜嫩；无腐烂、无枯叶、无病虫害、无杂质；捆扎后用筐、箱或塑料袋包装。

（四）加工方法

1.腌渍法　其工艺流程为：

选料→分级→清洗→腌制→倒缸→后处理→封缸

腌制用的总盐量，冬、春季比夏季稍少一些，一般约占原料重量的 10%～30%。适当提高盐的浓度或加入小苏打等碱性物质，可以收到保持绿色和脆性的效果。如分批加盐或适量添加生姜、芥末或丁香等调味香料，还可以改进产品品质。

以刺嫩芽腌制为例：选初生的嫩芽洗净，晾成半干，分层、分批加入 20% 的食盐在缸中腌制，也可经常用手揉搓，20 天就可制成成品。

2.干制法　其工艺流程为：

选料→清选→漂烫→干燥→后处理→包装→成品

其中漂烫既可防止组织老化，还可清除某些野菜所含的酸味或苦味等嫌忌成分。后处理包括回软、压缩和杀虫等措施。当采用自然晾晒干燥时容易受害虫产卵等危害。可采用 -15℃

以下的低温、热力或杀虫剂处理杀灭虫卵。干制品除应用塑料袋密封作内包装外，还应有外包装。注意通风、避光、防潮。贮温以 0～2℃ 为宜，最高不超过 15℃，相对湿度应保持在 65% 以下。

以紫萁干制为例：把选好的嫩叶洗净，用沸水漂烫 4 分钟后立即用凉水冷却。捞出沥去附着水后放到草席上自然晾晒，或在烘干设备中烘烤。晾晒时需要多次揉搓，借以防止纤维老化；烘干后须经回软、包装后制成成品。

3. **速冻法** 其工艺流程为：

选料→分级→预冷→清洗→切分→漂烫→冷却→沥水→布料→速冻→包装→冷藏

其中预冷可采用水冷。布料可使菜品冻结均匀。速冻一般需时 10～30 分钟。为防止破碎，叶菜可在速冻前包装。带外包装一般单重 20 千克。贮温应在 −18℃ 以下。

以蕺菜速冻为例：把选好的幼苗、嫩茎叶或根茎分别分级、洗净后，用沸水漂烫 1 分钟，迅速取出用 10℃ 以下的凉水冷却。沥干水分后送入速冻设备中在 −35℃ 的条件下速冻。等到菜品中心温度降至 −18℃ 时包装移入冷库贮藏。

4. **罐藏法** 其工艺流程为：

选料→清洗→预煮→漂烫→分级→调味→装罐→排气→杀菌→冷却→成品

其中调味汤料的基本配比分别为精盐 2%～4%、食糖 2%～4%、味精 1%～3%、辣椒粉 2%～3%。可用上述调料调配成咸味、甜咸、酸辣、麻辣等多种风味。

以蕨菜罐藏为例：把选好的嫩叶洗净，用 0.1% 的柠檬酸和 0.5% 的氧化钙溶液与蕨菜一起煮沸 3～5 分钟，用流动水快速冷却，漂去酸味和苦味，凉透后按叶柄的粗细程度分级分别装罐，然后还要添满调味汤料。调味汤料的剂型：咸味的，食盐占 2~4 份，然后加水至 100；甜咸味的，食盐和白糖各占 2~4 份。放入排气箱排气，等到中心温度到达 75℃ 时立即封罐。经杀菌、冷却后即制成成品。

第十九章

食用菌类

一、蘑　菇

蘑菇又称双孢蘑菇、双孢菇、白蘑菇或洋蘑菇，它是伞菌科、蘑菇属，人工栽培的食用菌类蔬菜。以子实体（由菌伞、菌褶、菌环和菌柄组成）供食用。主产于长江以南地区。播种后 30～40 天即开始采收，其后可连续采收，分期供市。长江流域及北方地区也有栽培，一般在秋季和第二年春季两次采收应市。

（一）采收要求

采收前应停止喷水，以免采时破菇。采收标准应掌握在菌伞未开、菌褶未破时。可根据用途分为：鲜销，一般菌伞直径为 2～6 厘米采收；加工制罐头，采收 2～3 厘米的小菇为宜。采收过早产量低，过迟影响品质，还会抑制下一批菇的生长。新鲜蘑菇质地脆嫩，如有了机械伤害，在空气中极易褐变，使品质下降。所以，采收时要小心轻采，采后及时整修、削根、去杂，分级放入有衬垫物的筐或纸箱内，做好低温预贮工作。

（二）贮藏特性和贮运方法

蘑菇对温、湿度较敏感，采后温度稍高易开伞，不宜长期贮藏，短期贮藏适宜温度为0℃，相对湿度95％以上为佳。同时对二氧化碳（CO_2）有较强忍耐能力，在适宜的温、湿度条件下，降低贮藏环境中的氧气含量，同时也适当提高二氧化碳的含量则会有助于延缓衰老和防止褐变，从而延长贮期。蘑菇在0~2℃的冷库中可贮一周左右。蘑菇运输的温、湿度条件与贮藏相同，用保温车作中短途运输。需先预冷至0℃，使用瓦楞纸箱或带盖的泡沫塑料筐包装。运输中忌挤压、摩擦。

（三）上市质量标准

子实体较完整、色正味纯、鲜嫩；无杂质、无腐烂和异味；采用塑料袋分级包装。分级标准详见表37。

表37　新鲜蘑菇分级标准

等级	质　　量　　标　　准
一级	菌伞完整，直径2~4厘米，色洁白、肉厚、富有弹性；无泥根、无空心、白心菇，无病虫害和虫斑，无损伤、无异味、无薄皮菇；菌柄长不超过1厘米，切削处平整
二级	菌伞完整，直径2~4厘米，色洁白、富有弹性；无泥根、无异味、无虫斑及病害，无严重空心、白心和损伤，允许有轻度薄皮菇；菌柄长不超过1厘米，切削处平整
等外	菇色洁白，无异味、无泥根、无病虫害；菌伞直径不超过6厘米；菌柄长不超过1厘米，切削处平整；允许有削去的各种斑点，允许有空心、白心、薄皮和畸形菇

（四）加工方法

1. 盐水浸泡　这是简易加工短期保鲜的方法，用0.6%的食盐水浸泡鲜蘑10分钟后捞出控干，再装入塑料袋中，在10～25℃下经4～6小时后，袋内蘑菇发亮，可保鲜3～5天。

2. 干制　脱水蘑菇片。

（1）工艺流程

选料→清杂→切分→烘烤→包袋贮藏

（2）操作要点

①选料　采后选择优质菇。

②清杂　清除泥土、杂质等异物。

③切分　将蘑菇纵切为2.5～3毫米的薄片，单层薄薄地摊放在竹筛上备烘。

④烘烤　始温控制在30～35℃，随后逐渐上升至50～60℃，慢慢烘烤，当切片边角不卷起、指甲捏不动，翻动可沙沙作响时，即达到干燥要求，烘烤时间约为3～4小时，产品含水量在13%左右。

⑤包装及贮藏　干菇片吸潮，应趁热放进防潮的容器中，冷却后及时分级包装、封严袋口，再装入纸箱，存放在干燥、通风的常温库内。如果包装袋破损，菇片吸潮容易发生色变、霉变或虫害而失去商品价值。

⑥干菇片分级　一级品：片型完整、色泽白、灰白；二级品：色淡黄，片稍有残缺。

3. 腌制

（1）工艺流程

选料→漂洗→煮制→腌制→包装

（2）操作要点

①选料　选择新鲜、大小均匀的蘑菇，去杂并削去菇柄。

②漂洗　用 0.6% 食盐水漂洗（有护色作用）。

③煮制　将洗净的蘑菇投入 10% 的食盐水中（投菇量占盐水量的 40% 左右），经大火煮，用竹竿等轻轻搅动，煮沸 10～12 分钟，煮熟后及时用清水冷却。煮制设备不要用铁制品，以免菇色发黑。

④腌制　冷却后沥去清水，用 15%～16% 的食盐水在缸中浸泡腌制，菇在盐水中逐渐变成黄白色。要求气温低于 18℃，过高菇色易变成乌黑。初腌 3～4 天后，捞出控干，移入 23%～25% 的盐水缸中继续腌制一周。开始最好每天转缸 1 次，如发现盐水浓度低于 20%，要及时调整。

⑤包袋　把腌制的蘑菇捞出，装入清洁的塑料桶内，然后灌入新制浓度为 20% 的食盐溶液，使菇体浸没在溶液中，并用 0.2% 柠檬酸调节酸碱度，控制在 pH3.5 以下，使溶液呈微酸型，液面再撒一些精盐，以防菇体变为红褐色，加盖封存。置于阴凉通风处，可保存 3～5 个月。

盐水蘑菇产品，颜色洁白、盐度在 18% 以上，汤水清、色泽黄亮、无沉淀物。

4. 罐藏

（1）工艺流程

选料→清洗护色→加热→冷却分级→装罐→排气→灭菌→检验贮藏

（2）操作要点

①选料　选择新鲜菌伞直径约 4 厘米、菌柄 1 厘米、无褐斑、伤痕的蘑菇为原料。

②清洗护色　用 0.2% 的亚硫酸钠（$Na_2S_2O_3 \cdot 7H_2O$ 即结晶亚硫酸钠）溶液漂洗护色 1～2 小时；再用 0.2% 的焦亚硫酸钠（$Na_2S_2O_5$）溶液浸泡 1 小时，清水中冲洗 1～2 小时。漂白护色时间不能超过 3 小时，以菇色变白即可，也可用

0.6%～0.8%的盐液浸泡护色，时间以4～6小时为宜。

③加热　水煮沸后将菇投入，水与菇重量比为3：2，经15～18分钟煮熟。如用夹层锅则需6～8分钟。

④冷却分级　及时放入清洁流动的冷水中冷却1～2小时，捞出控干；分级，一级品菌盖直径在1.5厘米以下、二级品为1.5～2.5厘米、三级品为2.5～3.5厘米、四级品为3.5～4厘米。

⑤装罐　可用玻璃瓶或马口铁罐，分级装罐。装量如是玻璃瓶应离瓶口的高度为13毫米；马口铁罐以6毫米为宜。注入浓度为2.3%～2.5%食盐溶液（溶液中通常要加入0.05%～0.1%柠檬酸）。所加溶液温度应高于80℃。

⑥排气　密封真空度为46.7～53.3千帕，抽空时罐内中心温度应超过80℃。

⑦灭菌冷却　在121℃的高温高压条件下灭菌，灭菌时间应根据罐装容量多少而定。净重198克的需20分钟，净重850克需30分钟，净重2 800克～3 000克需40分钟。起罐后，置室内冷却至60℃，再放入冷水中冷却到40℃。

⑧检验贮藏　冷却后的罐头擦干，放入35℃室内，经检验合格后贴标签，装箱入库。

二、口　蘑

口蘑又称内蒙古口蘑、白蘑或虎皮香蕈。它是口蘑科、口蘑属，野生的食用菌类名特蔬菜。以子实体供食用。口蘑大致可分为白蘑、青蘑、黑蘑和杂蘑等四大类，其中以白蘑的品质最佳。野生于内蒙古、西北和东北等草地，人工拣拾、集中加工，因以张家口为集散、加工地而得名为"口蘑"。每年6～9月逢雨大量出现，夏秋季采拾供应市场或分等加工成干制品而常年供应。

（一）采收要求、贮藏特性和贮运方法

参见蘑菇的相关部分。

（二）上市质量标准

子实体完整，色正味纯；无杂物，无霉变、异味；用衬垫箱、筐或塑料袋包装。

（三）加工方法

以干制为主，参见蘑菇的相关部分。

三、香　菇

香菇又称香蕈、香菰、香信、香菌、香皮、栎菌或冬菇。它是口蘑科、香菇属，人工栽培的食用菌类蔬菜。以肥厚的子实体供食用。按菌盖大小分为大叶、中叶和小叶等品系。大叶种菌盖直径为 10～14 厘米，适于制干菇；中叶种菌盖为 6～9 厘米，鲜干食皆宜；小叶种菌盖为 5～6 厘米以鲜食为佳。按生产季节以及生产条件分为"春秋出"、"中温型"；"夏秋出"、"高温型"以及"冬春出"、"低温型"等品系。中温及高温型便于人工控制，低温型冬季在室内培植。利用不同季节，选择不同品系可延长采收上市时间。鲜品风味独特，也可加工干制。

（一）采收要求

采收过早影响香味和产量，晚了又会影响品质。当菌盖未完全张开，菌盖边缘向内卷，俗称"铜锣边"，菌褶已全伸直时采收为最佳。应晴天采收，采时所用盛装容器不宜过大，可用小竹篮等，内衬软纸或塑料薄膜。轻采轻放，严防多装挤压，尽量保持菌体鲜嫩完整。收后放置低温阴凉处。

（二）贮藏特性

香菇适宜的贮藏温度为 0℃，相对湿度在 95% 以上。采后呼吸强度要比一般蔬菜高出数倍至十几倍；在温度较高的环境中尤为明显，不仅菇体自身的营养被大量消耗，而且随着乙烯的积累，还会促使菌体衰老、菌幕破裂，菌褶由粉红色变为褐色，最终导致品质劣化。所以采后应及时控制温度，一般要求在 5℃ 以下低温中暂存。

（三）贮运方法

1. 气调贮藏法

（1）人工气调法　在适宜的温、湿度条件下，将包装容器中的氧和二氧化碳气含量分别控制在 2%～5% 和 10%～15%。可有效地抑制菌盖的开伞、延缓衰老。可贮藏 2～3 周。具体方法参见第二章第二节气调贮藏部分。

（2）自发气调法　选用透气性能好、厚度为 0.01～0.03 毫米聚乙烯或醋酸乙烯树脂薄膜袋包装，每袋重 0.5 千克。在适温下贮藏，依靠菇体的呼吸作用，可自发调节袋内氧和二氧化碳组成。此法简单易行，短期贮存效果较好。

2. 运输包装　基本与蘑菇相同。此外还可采取用塑料筐装，袋口不密封，再装入支撑性能强的筐内，但容量不宜过多。

（四）上市质量标准

子实体完整，色正味纯；不带泥土、杂质，无霉烂异味；

加衬垫用小筐或塑料薄膜袋包装。

（五）加工方法

1. 晒干法 采收前2～3天停止向菇体直接喷水。晴天采后及时除去泥土、杂物，削去菌柄基部，按菌盖大小、厚薄分级。菌柄向上摊放在竹帘或竹筛上，在阳光下晒制，晴天2～3天即可晒干。此法简单、成本低廉，但在晒制前期菇体内的酶未能及时失活，尚有一定"后熟"作用而影响品质，香味不及烘菇浓郁。

2. 烘干法

（1）炭火烘干 这是民间传统的干制法。采后及时整修分级，然后把菌柄向下摊放在烘盘中。晴天可先晒数小时，阴雨天可在无烟的明火上（20～30℃）稍烘，以后烘焙至干燥。一般在地面挖坑放炭盘生火，炭火上覆盖些灰，把需烘的菇体架在其上。始温控制在30～40℃，半干后升温至50～60℃（不超过65℃）继续烘烤。当菌盖与菌柄连接处变硬时温度可降到45℃，约1～2小时后有香气溢出，菌褶呈淡黄色，菇柄可折断即可。干制品含水量约为13%。此法适用于小量干制。

（2）热风烘干法 产品质优，加工量大，是目前我国常用的干制法。其烘前的预处理及分级摊放同炭火烘制法。

烘烤前需试机，使热风中无烟气，先预热至25℃左右，再进箱烘烤。箱式烘干机的热风流向由下向上，下层温度比上层高。菇体大而厚，含水量多的放下层，最小而薄、含水量少的放最上层。烘干过程可分三个阶段：干燥阶段，进炉始温为25℃，这时排风量最大，温度应控制在26℃左右。共需4小时；菇体内部干燥阶段，温度逐渐上升到50℃左右，使菇体的水分大量排出，共需9小时左右；菇体水分干燥阶段，随水分排出，温度保持稳定（不超过 65℃），使菇体内及表面的剩余水分全部蒸发出去，当温度超过 65℃ 时，应立刻取出烘菇即成干制产品。干香菇的包装及贮藏参见干制蘑菇片。其分级标准详见表 38。

表 38　干香菇分级标准

分级	质量标准
一级	即花菇。菇盖卷边褐色，直径在 2.5 厘米以上，肉肥厚、菇褶浅黄色、中部白色，花纹明显，但纹不到边；菇柄短、干；无焦味、霉味、虫蛀，无杂质，无破损
二级	即厚菇。菇盖卷边、褐色，直径在 2.5 厘米以上，肉肥厚；菇褶淡黄色，菇柄短、干；无霉变、无虫蛀、无杂质，无破损
三级	即薄菇。菇盖平展、褐色，直径 2.5 厘米，肉薄，褶淡黄色；菇柄稍长、干；无霉变、无虫蛀
等外	即丁菇。菇盖直径在 2.5 厘米以下；菇柄稍长、干；无霉变、无虫蛀

四、平 菇

平菇又称白平菇、侧耳、北风菌、无花蕈或冻蘑。它是口蘑科、侧耳属，人工栽培的食用菌类蔬菜。以肥大的子实体供食用。按其出菇期对温度的不同要求分为高温型、中温型、低温型、中偏高温型、中偏低温型及广温型等六种类型。各地按照不同季节，选用适宜温型的菌株，可周年栽培，常年供市。

（一）采收要求

当子实体成熟度八成期，菌盖平展、盖缘变薄，孢子成熟即将弹射时即为适宜采收期。应及时采收，过迟易腐烂变质。采收时手捏菌柄，扭转摘下，对丛生的子实体可用小刀从基部整体割下。随即装入有衬垫的包装筐或箱内，尽量减少机械伤害。

（二）贮藏特性及贮运方法

平菇较耐低温，适宜贮藏温度为 0～2℃，相对湿度为90%～95%。一般以鲜食为佳。需短期保鲜贮藏，可采用0.025 毫米厚的聚乙烯薄膜袋包装，在较低的室温下可存 4～6天，放入冰箱（1～4℃）中可存放 10～12 天。

运输及包装方法可参见蘑菇的相关部分。

（三）上市质量标准

子实体完整、新鲜、色正味纯；无霉变及异味，无杂质；分级包装。分级标准详见表 39。

表 39　鲜平菇分级标准

等　级	质　量　标　准
一　级	菌盖直径为 5 厘米左右，自然色泽；无霉烂、杂质；破碎率小于 5%
二　级	菌盖直径为 5～10 厘米，其余同一级品
等　外	菌盖直径大于 10 厘米，其余同一级品

（四）加工方法

1. 干制

（1）晒干　制作晒干的平菇、采收前控制喷水，采较嫩的为好。晒干后菇香味浓，质好。一般经 2 个晴天即可晒干。

（2）烘干　与蘑菇干燥法基本相同。

清杂整修时应注意将菇丛分成单朵菇，剪去老菇基根，适当留些菌柄。菌盖过大的可适当切分；烘烤时应按菇大小和厚薄分别摊放；烘房（或烘干机）预热至 40℃后将烘干架推入，小薄菇放在上层。始温调控在 35℃ 左右，连续焙烤 1～2 小时即成。温度如高于 75℃，菌盖破裂、卷曲品质下降；排气不良还会使菇色发黑，影响外观。上等干制品菌褶金黄色、香味浓郁。出品率约为 8%～10%。

2．腌制 选择新鲜平菇，清杂洗净，捞出后再浸入浓度为 16%～18% 的食盐溶液中，经腌制菇体逐渐脱水变软，半个月后菇体因脱水减重至 25% 左右。此种方法可用于短期保藏。

五、金针菇

金针菇又名金针菌、毛柄金钱菌、朴菇、朴蕈、冻菌或构菌。它是口蘑科、金线菌属，人工栽培的食用菌类蔬菜。以柔嫩的子实体供食用。按株丛生长形态分为细密型和粗稀型两类；按色泽分为金黄色、乳白色和淡黄色三种。金针菇多数品种适于秋、冬栽种，冬、春季采收供市，也有少数品种可在春、夏季栽培，秋季采收应市。

（一）采收要求

采收标准应掌握在子实体呈半球形；菌盖边缘开始离开菌柄、直径达 1～1.5 厘米；菌柄长 15 厘米左右，每丛 50～150 株时为适期。如待菌盖展开，甚至往上翘起时采收，品质会下降。采收时整丛拔出，剪去菌柄基部，扎把成捆、装袋，置于阴凉低温处。

（二）贮藏特性

贮藏适宜温度为 0℃，相对湿度 95% 以上为适。采后呼吸作用旺盛，极易褐变，应及时置于低温处贮存。

（三）贮运方法

金针菇不宜久贮，但短期作周转性贮藏，可采取冷藏法：用厚为 0.02 毫米的聚乙烯薄膜袋分级包装（每袋重量在250～500 克），再装筐入冷库贮藏。在 0～1℃环境中能保鲜贮藏 10～12 天；在 5～10℃能贮 5～7 天。

运输及包装技术可参见蘑菇相关部分。

（四）上市质量标准

要求分级上市，一般分为一、二、三及等外品四级。其分级标准详见表40。

表 40　鲜金针菇分级标准

等级	质量标准
一级	菌盖未开，直径小于 1.3 厘米；菌柄长 15 厘米；子实体色正、新鲜，无腐败变质
二级	菌盖未开，直径小于 1.5 厘米；菌柄长 13 厘米，下部1/3 为黄色或茶褐色；新鲜，无腐烂变质
三级	菌盖未开，直径小于 2.5 厘米；菌柄长小于 11 厘米，下部1/2 茶色、褐色；无腐烂变质
等外	不具备 1～3 级标准的为等外品

（五）加工方法

1. 干制　金针菇采收后就应烘制，如果未能当日即烘，必须将其摊开，不能堆放过夜。鲜菇在烘烤前先在开水中热烫或在蒸屉内蒸 10 分钟后摊放在烘筛上。烘前烘房需预热至 40～45℃，烘烤始温为 35℃；物料较湿时为 30℃。随着菇体内水分逐渐蒸发，温度缓慢上升，直至 60～65℃，但升温不宜过快、幅度也不可过大，一般每隔 1 小时上升 3℃左右为宜。含水量达到 10%～13% 时即制成干品。密封包装，低温贮藏。

2. 罐藏

（1）工艺流程

选料→整修清洗→热烫→冷却→装罐→灭菌→检验→成品

（2）操作要点

①选料　选择菇体完整、菌盖直径为 1.5 厘米左右、菌柄长 15 厘米，色泽白或乳黄的鲜菇。

②整修清洗　剔除畸形菇，剪去菇根，去杂，用清水洗净。

③热烫　在 100℃ 沸水中煮 3～5 分钟使其中心熟透为止。

④冷却　热处理后捞出投入清水中冷却后沥去水分。

⑤装罐　分级装罐后，将浓度为 1%～2% 的食盐溶液加入罐中，距罐口 0.1～1 厘米为准。经排气，使罐中心温度达 70～80℃，封盖。

⑥灭菌　放入灭菌锅内，在 100 千帕下保持 30 分钟后取出，迅速冷却，使罐中心温度降至 40℃ 左右。

⑦检验贮藏　擦去罐外水分，放入 35℃ 的培养室内检验；把合格产品贴商标，装入大包装箱存放在低温阴凉处。

六、猴头菇

猴头菇又称猴头蘑、猴头菌或刺猬菌。它是齿菌科、猴头菌属，野生或人工栽培的食用菌类，名特蔬菜。以子实体供食用。常见的有猴头菌、假猴头菌和珊瑚状猴头菌等三种。产于黑龙江、吉林、内蒙古以及河南、云南、贵州和湖北等地。野生在每年 6 月至 9 月采摘，供干制或鲜销。人工栽培的四季均可上市供应。

（一）采收要求

当子实体进入菌刺形成期，菌丝体充满球蕊；子实体肉质坚实，外布满短小菌刺；菌刺长度达 0.5 厘米时，即在子实体生理成熟之前为采收适期。采收时菌柄不可残留过长或过短，不能连基部一起拔起，以免影响后期采收。

（二）贮藏特性和贮运方法

适宜的贮藏温度为 0～6℃，相对湿度 95% 左右。因对乙烯很敏感，故不能与其他果蔬混贮，以免因贮藏环境中乙烯积累过多而使菌体褐变、衰老。又因猴头蘑的整体都布满柔嫩的菌刺，所以在贮运包装时需先放一些柔软的充填物；装筐、箱也不能过满，装载高度不应超过 15 厘米，重量在 10 千克之内，这对运输件更有必要，有利减少振动、碰撞的伤害。贮运方法参见蘑菇的相关部分。

（三）上市质量标准

菇体完整、色泽金黄；无杂质、异物；无霉烂、无异味；用筐、箱、袋包装。分级标准一般只分正品和次品两级即：

1. 正品　菇体完整，菌刺齐全，色金黄，体大干爽；无霉烂、无异味。

2. 次品　菇体小，无菌刺，色发黑，黏湿并附有杂质。

（四）加工方法

1. 干制

（1）工艺流程

选料→整修→烘烤→包装贮藏

（2）操作要点

①选料　选择菇体完整，菌刺齐全的新鲜猴头蘑。

②整修　去掉杂、异物，削去菌柄基部老根。如天气晴好可先晾晒数小时。

③烘烤　干制前烘房预热至40℃，进入烘房在30℃温度下焙烤1小时，使体内多酚氧化酶、过氧化物酶等的活动受到抑制，如始温过高，会促使酶的活性增强，导致褐变，使菇色变深。以后每隔1小时左右，使温度上升2～3℃。烘房内温度缓慢上升，菇体表面不易形成硬壳，有利于体内水分逐渐往外迁移、蒸发。经7～8小时烘烤到五、六成干时，上下层烘筛要换位；达到七、八成干时取出菇体待均湿后复烘，其他继续烘烤。由于猴头蘑个体大，又呈圆球体，不易一次烘干，通常表面已干而其内部的含水量并未能降至应有水平，易在贮藏中回潮、霉变，所以需将取出的菇体放入衬有塑料薄膜的箱内并加盖密闭，放置1天，使其内外层潮湿度趋于平衡，这一过程称谓均湿。均湿后再次进入烘房复烘，二次干燥的温度控制在55℃左右，最高不可超过60℃，一般3～4小时后即可成干菇。

④包装贮藏　优质干制品应个体大而饱满，菌刺完整，色泽淡黄或金黄，含水量在12%左右；无伤痕、无霉变。及时用聚乙烯薄膜包装封严袋口。有条件时可采用真空小包装，然后再装入纸箱等大包装，置于阴凉处，贮温以0～2℃为宜，不应超过15℃；相对湿度保持在65%以下贮藏为佳。

2.腌制　选择新鲜菇体，去杂洗净后在0.1%柠檬酸水中煮沸10分钟；再用清水冲洗，冷却控去水分，放入缸中腌制。食盐用量为总菇量的25%。

七、木　耳

木耳又名黑木耳、黑菜、细木耳、木耳菇、云耳、光木耳、木茸或木菌。它是木耳科、木耳属，人工栽培的食用菌类蔬菜。以胶质的子实体供食用。常见的木耳有两种：一种是外表光滑、黑褐色、半透明的光木耳，它体轻、质优；另一种是背面有毛、灰褐色的毛木耳，它质粗体重，口感硬、脆。春、夏、秋三季均可采收上市，分别称为春耳、伏耳和秋耳。

（一）采收要求

当耳片展开，子实体腹面已有白色孢子粉出现即为采收适期。采收时要求勤采、细采。"春耳"和"秋耳"采大留小，让小的长大些再采；而"伏耳"则要求大小一齐采。采收时间以晴天早晨或雨后初晴，在耳子还处于潮软状态时最好。采摘时不留耳根，注意不应伤及耳芽。新鲜木耳含水多，采后要摊放于竹帘或席子上，置于阴凉通风处。

（二）贮藏特性

木耳贮藏适温为0℃，相对湿度95%以上为宜。因它是胶质食用菌，质地柔软，易发黏成僵块，需适时通风换气，以免霉烂。

（三）贮运方法

木耳贮藏保鲜的难度较大，即使在适宜的温、湿度环境条件下，也只能贮藏2～3周，故不宜久贮，只作周转运输性的短期保鲜运贮。需采用筐、箱或塑料袋包装。

（四）上市质量标准

朵大厚实，色泽乌黑发亮；不卷耳、无僵块、无杂质；分级包装。分级标准详见表41。

表 41　鲜木耳分级标准

等　级	质　量　标　准
一　级	色纯黑、朵大而均匀、干爽、体轻质细；无碎屑杂物、无小耳、无僵块、无霉烂
二　级	色黑、朵略小、干爽、体轻质细；无僵块、无霉烂；耳根、碎屑等杂质不超过 1%
三　级	黑色而略带灰白或褐灰色，朵大而有碎屑、肉薄、体重；无霉烂、耳根、棒皮、灰屑等杂物不超过 3%

（五）加工方法

加工以干制为主，干木耳不失风味，易保存，便于调运和销售。

1. 晒干　把采摘的鲜木耳及时摊放在竹帘或草席上晾晒，未达到一定干度不要翻动，以免耳片破碎或卷缩成拳耳。天晴朗、空气干燥时一般两天即可晒干。"伏耳"耳内害虫较多，应多翻晒几次，杀死害虫后再包装存放。

2. 烘干　遇阴雨天，可采取烘烤法干制，烘烤温度一般在 40～50℃；过高耳片易被烤焦或自融。温度由低而高逐渐上升，最高不得超过 60℃；待烘至半干时可上下翻动一次。当含水量降至 13% 左右时即成。干燥率为 10%～15%。

如鲜木耳未能及时加工，发生耳片粘连形成"糖耳"，可用 5%～10% 的食盐水（其中加少量明矾）浸泡一下，再捞出晒制或烘制。

干木耳用食品袋包装封口，应放在通风、干燥、灭菌、灭虫的库内贮藏。

八、银　耳

银耳又称白木耳、雪耳或白耳子。它是银耳科、银耳属，人工栽培的食用菌类蔬菜。以胶质子实体供食用。按生态型分有鸡冠型和菊花型；按形态分有粗花品种和细花品种。主要采收期为 6 月至 10 月。

（一）采收要求

耳片完全展开，呈现出色白、半透明、柔软而富有弹性时为适采期。此时不管朵子大小均要采摘；如采收过迟，耳片发黄变软，耳根发黑腐烂。采收时间以上午为好，应从基部采收干净。采后及时摊于竹席等铺垫物上晾晒。

（二）贮藏特性和贮运方法

银耳贮藏特性与木耳相似，短贮时可参见木耳部分。周转调运中须采用有衬垫物的筐和纸箱等包装物。

（三）上市质量标准

鲜销银耳要求子实体大而完整，色泽洁白、光亮，味清香；耳根除净，无杂质；箱、袋包装。

（四）加工方法

1．晒干　此法经济实惠、简便易行。如遇晴天，将采下的银耳，剪除耳根，用清水漂洗干净，置于垫有干净纱布的竹筛上，在阳光下曝晒。注意勤翻动、小心操作、以防破损。一般天晴时有 2 天即可晒干。晒干品的含水量要比烤干略高些，不耐久藏，只适合小规模生产。

2．烘干　不受气候影响，可大量加工。烘房预热至 40～45℃，将已整修、洗净的银耳送入烘房；始温为 30℃，待耳片含水量降到 30% 左右后再使温度逐渐上升到 50～60℃，焙烤 6～10 小时，当耳片接近干燥（耳基部未干透）时，再将温度降到30～40℃，直至烘干（含水量为10％～13％）。如果采收是晴天，可先晒至半干后再行烘烤。晒与烘结合干制的银耳色泽好，香味浓郁。加工后立刻分级密封包装，贮于低温、干燥、通风处。随时注意检查，严防回潮、霉变或虫蛀。干制银耳分级标准详见表42。

表 42　干制银耳分级标准

等　级	质　量　标　准
一　级	整朵圆形，直径4厘米以上，色白或略带米黄色、干透（含水量在12％以下），肉厚；无耳脚、无杂质
二　级	整朵圆形，直径3厘米以上，色白或略带米黄色，干（含水量在12％以下），肉略薄；略带耳脚，无杂质
三　级	整朵直径2厘米以上，色白或米黄，肉略薄，干（含水量在12％以下），略带耳脚，无杂质
四　级	整朵大小不一，色米黄或黄色，有一定斑点；有耳脚，无杂质
等　外	干透，耳形大小不一，肉薄；无杂质、无泥沙，尚有食用价值

第二十章

芽 菜 类

一、绿 豆 芽

绿豆芽是豆科、菜豆属,一年生草本作物绿豆的嫩芽,芽菜类蔬菜。以下胚轴和子叶供食用。可随时培育供鲜销。不耐贮运。可在 0℃ 低温、相对湿度 95％ 的高湿条件下进行周转性贮运,不宜加工。

二、黄 豆 芽

黄豆芽是豆科、大豆属,一年生草本作物大豆的嫩芽,芽菜类蔬菜。以下胚轴和子叶供食用。可随时培育供鲜销。不宜加工。贮运特性及方法参见绿豆芽。

三、豌 豆 苗

豌豆苗是豆科、豌豆属,一年生草本作物豌豆的嫩苗，芽菜类蔬菜。以嫩苗供食用。可随时培育供鲜销。当豆苗长到10厘米左右、顶部真叶刚展开时采收。采收时可从根部1~2厘米以上处剪下，用铭带捆扎后销售；也可齐地面处铲起，抖去沙土，用铭带捆扎上市；播种于盘中的可带盘销售。上市时要求嫩苗鲜嫩。不耐贮运，不宜加工。装入保鲜袋内封口后置于0~2℃冷库中，可贮藏20~25天；在5℃下可鲜贮10~15天。

四、红豆芽

红豆芽是豆科、菜豆属，一年生草本作物红小豆的芽苗，芽菜类蔬菜。以上胚轴或嫩苗供食用。嫩苗在苗长到15厘米、子叶尚未展开时采收。可随时培育供鲜销。不宜加工。贮运特性和方法参见绿豆芽。

五、萝卜芽

萝卜芽又称娃娃萝卜菜或贝壳芽菜。它是十字花科、萝卜属，二年生草本作物萝卜种子萌发形成的幼苗，芽菜类蔬菜。以嫩苗供食用。苗长到10~12厘米时采收，去根、清洗、用铭带捆扎上市。可随时培育供鲜销。不宜加工。贮运特性和方法参见绿豆芽。

六、芥菜芽

芥菜芽是十字花科、芸薹属，一二年生草本作物叶用芥菜种子的幼芽，芽菜类蔬菜。以幼芽供食用。可随时培育供鲜销。不宜加工。贮运特性和方法参见绿豆芽。

七、苜蓿芽

　　紫花苜蓿是豆科、苜蓿属，一二年生草本作物紫苜蓿种子的幼芽，芽菜类蔬菜。以幼芽供食用。可随时培育供鲜销。不宜加工。贮运特性及方法参见绿豆芽。

八、荞麦芽

　　荞麦芽是蓼科、荞麦属，一年生草本作物荞麦种子的幼芽，芽菜类蔬菜。以幼芽供食用。可随时培育供鲜销。不宜加工。贮运特性和方法参见绿豆芽。

附 录

1. 各种蔬菜的适宜贮藏条件一览表

序 号	蔬菜名称	贮藏温度（℃）	相对湿度（%）
一	白菜类		
1.	大白菜	0~1	95 左右
2.	小白菜	0	95 左右
3.	乌塌菜	0	95 左右
4.	菜薹	0	95 左右
5.	紫菜薹	0	95 左右
6.	薹菜	0	95 左右
二	甘蓝类		
1.	洋白菜	-0.5~0	90~95
2.	菜花	0~1	95 左右
3.	绿菜花	0	95 左右
4.	苤蓝	0	95 左右
5.	抱子甘蓝	0	90~95
6.	芥蓝	0	95 左右
三	芥菜类		
1.	叶用芥菜	0	95 左右
2.	根用芥菜	0	90~95
3.	青菜头	0	95 左右
四	绿叶菜类		
1.	菠菜	0	95 左右
2.	根达菜	0	95 左右
3.	落葵	5~8	95 左右

（续）

序　号	蔬菜名称	贮藏温度（℃）	相对湿度（%）
4.	冬寒菜	0	95 左右
5.	菜苜蓿	0	95 左右
6.	芫荽	0	95 左右
7.	芹菜	0	95 左右
8.	茴香	0	95 左右
9.	蕹菜	5～8	98 左右
10.	莴笋	0～3	95 左右
11.	茼蒿	0	95 左右
12.	荠菜	0	95 左右
13.	生菜	0～3	98 左右
14.	苋菜	7～10	95 左右
五	根菜类		
1.	萝卜	0～3	95 左右
2.	四季萝卜	0～3	95 左右
3.	胡萝卜	-1～0	95 左右
4.	根荠菜	0	90
5.	根芹菜	0～1	95 以上
6.	蔓菁	0～3	95 左右
7.	芜菁甘蓝	0～2	98 左右
8.	牛蒡	0～3	95 以上
9.	辣根	-2～0	95 左右
10.	菊牛蒡	0	90～95
11.	婆罗门参	0	95～98
12.	美洲防风	0	98
六	薯芋类		
1.	马铃薯	3～5	80～85
2.	山药	10～25	75～85
3.	芋头	8～15	85 左右
4.	魔芋	8～10	70～80
5.	生姜	13～15	90～95
6.	菊芋	-0.5～0	90～95
7.	草石蚕	低温	高湿

（续）

序　号	蔬菜名称	贮藏温度（℃）	相对湿度（%）
8.	银苗	低温	高湿
七	葱蒜类		
1.	薤	低温	高湿
2.	大葱	0	85～90
3.	韭菜	0	90 左右
4.	洋葱	0	65～70
5.	大蒜	0	70 左右
6.	蒜薹	0	85～95
7.	韭葱	0	80～95
8.	分葱	0	95 以上
9.	胡葱	0	95 以上
10.	韭黄	0	95 以上
11.	韭菜薹	0	95 以上
12.	韭菜花	0	95 以上
13.	青蒜和蒜黄	0	95 左右
八	瓜菜类		
1.	黄瓜	10～13	90～95
2.	丝瓜	8～10	95 以上
3.	冬瓜	10～15	70 左右
4.	节瓜	10～15	70 左右
5.	苦瓜	10～15	85～90
6.	蛇瓜	常温	高湿
7.	越瓜	10～13	95 左右
8.	菜瓜	10～13	95 左右
9.	南瓜	5～10	70 左右
10.	西葫芦	10～15	70 左右
11.	笋瓜	5～10	70 左右
12.	金瓜	10～15	70～75
13.	佛手瓜	10～12	80～90
14.	瓠瓜	8～10	95
15.	甜瓜	2～3	85～90
九	茄果类		

（续）

序　号	蔬菜名称	贮藏温度（℃）	相对湿度（%）
1.	番茄（绿）	10～13	85～90
	番茄（红）	0～2	85～90
2.	茄子	10～12	90 左右
3.	甜椒	9～11	90～95
4.	辣椒	7～9	85～90
5.	酸浆	低温	中湿
十	豆菜类		
1.	菜豆	10～12	90 左右
2.	蚕豆	2	95
3.	扁豆	8～10	95 以上
4.	刀豆	10	85～90
5.	豌豆	0	95 左右
6.	荷兰豆	0	95 左右
7.	豇豆	1～3	85～90
8.	莱豆	0	90
9.	毛豆	1～2	85～90
10.	藜豆	低温	高湿
11.	多花菜豆	8～10	95
12.	四棱豆	10	85～90
十一	水生菜类		
1.	莲藕	8～15	90～95
2.	荸荠	0～2	98 以上
3.	慈姑	1～3	高湿
4.	菱角	2～10	高湿
5.	芡实	低温	高湿
6.	茭白	0～2	95 左右
7.	水芹	0～1.5	90～95
8.	莼菜	低温	高湿
9.	豆瓣菜	0	高湿
10.	蒲菜、草芽和席草笋	低温	高湿
十二	多年生菜类		
1.	香椿	0	95 左右
2.	竹笋	0	95 以上
3.	芦笋	0	90～95

（续）

序　号	蔬菜名称	贮藏温度（℃）	相对湿度（%）
4.	黄花菜（鲜）	0～5	95以上
5.	百合	0～15	90
6.	朝鲜蓟	0	90～95
十三	杂菜类		
1.	黄秋葵	7～10	95
2.	甜玉米和玉米笋	0	95以上
十四	野生菜类		
1.	蕨菜	低温	高湿
2.	黄瓜香	低温	高湿
3.	紫萁	低温	高湿
4.	刺嫩芽	低温	高湿
5.	蕺菜	低温	高湿
6.	野苋菜	低温	高湿
7.	马齿苋	低温	高湿
8.	马兰头	低温	高湿
9.	蒌蒿	低温	高湿
10.	薸菜	低温	高湿
十五	食用菌类		
1.	蘑菇	0	95
2.	口蘑	0	95
3.	香菇	0	95
4.	平菇	0～2	90～95
5.	金针菇	0	95以上
6.	猴头菇	0～6	95
7.	木耳	0	95以上
8.	银耳	0	95以上
十六	芽菜类		
1.	绿豆芽	0	95以上
2.	黄豆芽	0	95以上
3.	豌豆苗	0	95以上
4.	红豆芽	0	95以上
5.	萝卜芽	0	95以上
6.	芥菜芽	0	95以上
7.	苜蓿芽	0	95以上
8.	荞麦芽	0	95以上

2. 化学试剂名称、用途一览表

名 称	又 称	化学式或化学名	用 途	备 注
多菌灵	苯并咪唑44号	$C_9H_9N_3O_2$；2-（甲氧基羰基氨基）-苯并咪唑	防腐、杀菌	用于采后贮藏
苯菌灵	苯来特、苯诺米尔	1-（丁基氨甲酰）-2-苯并咪唑氨基甲酸酯	防腐、杀菌	用于采后贮藏
噻菌灵	特克多、噻苯唑、TBZ、涕必灵	2-（噻唑-4-基）苯并咪唑	防腐、杀菌	用于采后贮藏
硫菌灵	甲基硫菌灵、甲基托布津、甲基统扑净	4，4'-（1，2-亚苯基）双（3-硫代脲基甲酸甲酯）	防腐、杀菌	用于采后贮藏
托布津	统扑净、乙基托布津、土布散、4432	$C_{14}H_{18}N_4O_2S_2$；1，2-双-（3'-乙氧甲酰-2'-硫脲基）苯	防腐、杀菌	用于采后贮藏
双胍盐	别腐烂	二-（8-胍基-辛基）胺乙酸酯	防腐、杀菌	用于采后贮藏
乙磷铝	霜霉净、疫霉灵	三乙磷基磷酸铝	防腐、杀菌	用于采后贮藏
抑霉唑		1-[2-(2,4-二氯苯基)-2-(2-烯丙氧基)乙基]-1H-咪唑	防腐、杀菌	用于采后贮藏
异菌脲	抑菌脲、扑海因	3-(3,5-二氯苯基)-N-异丙基-2,4-二氧咪唑烷-1-羧酰胺	防腐、杀菌	用于采后贮藏
甲霜灵	瑞毒霉	甲基-N-(2-甲氧乙酰)-N-(2-甲氧乙酰)-N-(2,6-二甲基苯基)-DL-丙氨酸甲酯	防腐、杀菌	用于采后贮藏
仲丁胺	克霉灵、洁腐净、2-AB	2-氨基丁烷	防腐、杀菌	用于采后贮藏
次氯酸		HOCl	防腐	用于贮藏和加工

（续）

名　称	又　称	化学式或化学名	用　途	备　注
次氯酸钠		NaOCl	防腐、漂白	用于贮藏和加工
氨		NH₃	防腐	用于贮藏和加工
氯		Cl₂	杀菌、防腐	用于贮藏和加工
硫磺	硫	S	杀菌、防腐	用于贮藏和加工
二氧化硫	亚硫酸酐	SO₂	防腐	用于贮藏和加工
亚硫酸钠	结晶亚硫酸钠	Na₂SO₃·7H₂O	防腐、护色	用于贮藏和加工
亚硫酸氢钠		NaHSO₃	防腐、护色	用于贮藏和加工
焦亚硫酸钠	偏重亚硫酸钠	Na₂S₂O₅	防腐、漂白	用于贮藏和加工
亚硫酸		H₂SO₃	漂白	用于贮藏和加工
漂白粉	氢氧化钙、氯化钙和次氯酸钙的混合物	Ca（OH）₂；CaCl₂；Ca（OCl）₂·4H₂O	漂白、防腐	用于加工
盐酸		HCl	防腐、消毒	用于加工

（续）

名　称	又　称	化学式或化学名	用　途	备　注
次氯酸钠		$NaOCl$	防腐、漂白	用于贮藏和加工
氨		NH_3	防腐	用于贮藏和加工
氯		Cl_2	杀菌、防腐	用于贮藏和加工
硫磺	硫	S	杀菌、防腐	用于贮藏和加工
二氧化硫	亚硫酸酐	SO_2	防腐	用于贮藏和加工
亚硫酸钠	结晶亚硫酸钠	$Na_2SO_3 \cdot 7H_2O$	防腐、护色	用于贮藏和加工
亚硫酸氢钠		$NaHSO_3$	防腐、护色	用于贮藏和加工
焦亚硫酸钠	偏重亚硫酸钠	$Na_2S_2O_5$	防腐、漂白	用于贮藏和加工
亚硫酸		H_2SO_3	漂白	用于贮藏和加工
漂白粉	氢氧化钙、氯化钙和次氯酸钙的混合物	$Ca(OH)_2$；$CaCl_2$；$Ca(OCl)_2 \cdot 4H_2O$	漂白、防腐	用于加工
盐酸		HCl	防腐、消毒	用于加工

（续）

名　称	又　称	化学式或化学名	用　途	备　注
食醋	醋酸、乙酸	CH_3COOH	防腐、防凝、醋渍、调味	用于加工
食盐	盐、氯化钠	$NaCl$	防腐、消毒、腌制、调味	用于加工
高锰酸钾	灰锰氧	$KMnO_4$	杀菌、吸收乙烯	用于加工
苯甲酸	安息香酸	C_6H_5COOH	防腐	用于加工
苯甲酸钠	安息香酸钠	$C_6H_5COON_a$	防腐	用于加工
山梨酸	花楸酸	$C_6H_8O_2$；2，4-己二烯酸	防腐	用于加工
山梨酸钾		$KC_6H_7O_2$	防腐	用于加工
碳酸钙		$CaCO_3$	保脆	用于加工
碳酸钠	苏打粉、苏打、纯碱	Na_2CO_3；$Na_2CO_3 \cdot H_2O$	护色、漂白、调节酸碱度	用于加工
小苏打	碳酸氢钠	$NaHCO_3$	调节酸碱度	用于加工
碳酸镁		$MgCO_3$	保绿	用于加工
氯化钙		$CaCl_2 \cdot 6H_2O$	保脆、凝固	用于加工
硫酸钙	石膏	$CaSO_4 \cdot 2H_2O$	保脆、凝固	用于加工
柠檬酸	枸橼酸	$C_6H_8O_7 \cdot H_2O$；3-羟基-3羧酸戊二酸	调节酸碱度、调味	用于加工
酒石酸		$C_4H_6O_6$；二羟基琥珀酸	调味、防晶析	用于加工

（续）

名 称	又 称	化学式或化学名	用 途	备 注
苹果酸		$C_4H_6O_5$	调味	用于加工
乳酸		$C_3H_6O_3$	调味	用于加工
苋菜红	酸性红、蓝光酸性红	$C_{20}H_{11}O_{10}N_2S_3Na_3$	着色	用于加工
食糖	蔗糖、糖	$C_{12}H_{22}O_{11}$	调味、防腐、糖制	用于加工
抗坏血酸	维生素 C	$C_6H_8O_6$	还原剂	用于加工
青鲜素	抑芽丹、马拉酰肼、MH	$C_4H_4O_2N_2$；顺丁烯二酸酰肼	抑芽	收获前使用
萘乙酸甲酯	α-萘乙酸甲酯	$C_{10}H_{17}CH_2COOCH_3$	抑芽	用于采后贮藏
2，4-D	2，4-滴	2，4-二氯苯氧乙酸	抗衰老、抑制脱帮	用于采后贮藏
消石灰	氢氧化钙、熟石灰 石灰乳	$Ca(OH)_2$	保绿、去皮、吸收二氧化碳	用于加工和贮藏
氢氧化钠	苛性钠、火碱	$NaOH$	去皮	用于加工
重铬酸钠		$Na_2Cr_2O_7 \cdot 2H_2O$	钝化剂	用于加工
淀粉酶	淀粉酶制剂		分解淀粉	用于加工
果胶酶	果胶酶制剂		澄清果汁	用于加工
纤维素酶	纤维素酶制剂		澄清果汁	用于加工
半纤维素酶	半纤维素酶制剂		澄清果汁	用于加工
虫胶		$C_{60}H_{90}O_{15}$	涂膜	用于贮藏

（续）

名　称	又　称	化学式或化学名	用　途	备　注
阿拉伯胶	阿拉伯树胶	阿拉伯胶木树脂	涂膜、粘合	用于贮藏
酪朊	酪朊塑料	酪蛋白-甲醛	涂膜	用于贮藏
蜜蜡	蔗蜡		涂膜	用于贮藏
蔗糖脂肪酸酯	脂肪酸蔗糖酯		涂膜	用于贮藏
氯化苦	硝基氯仿、三氯硝基甲烷	CCl_3NO_2	杀虫	有剧毒、用于加工
生石灰		CaO；氧化钙	消毒、吸湿	用于贮藏
明矾	钾明矾	$AlK(SO_4)_2 \cdot 12H_2O$；硫酸铝钾	清洁剂	用于贮藏
赤霉素	GA、九二〇		延缓后熟	用于贮藏
过氧乙酸	过乙酸	CH_3COOH	防腐、灭菌	用于贮藏
糖精		$C_6H_4COSO_2NH$	调味	用于加工
冰醋酸	纯乙酸	CH_3COOH	调味	用于加工
芥子油	烯丙基芥子油	$CH_2:CHCH_2NCS$；异硫氰酸烯丙酯	杀菌、调味	用于加工
石蜡	硬石蜡	C_nH_{2n+2}	防水、润滑	用于加工

3. 食盐水浓度和相应的食盐用量对照表

（引自《南北酱菜荟萃》，1988）

食盐 （%）	波美表读数 （波美度）	每千克盐水中 加食盐量（克）	食盐 （%）	波美表读数 （波美度）	每千克盐水中 加食盐量（克）
1	1	1.01	15	15	17.65
2	2	2.04	16	16	19.05
3	3	3.09	17	17	20.48
4	4	4.17	18	18	21.95
5	5	5.26	19	19	23.46
6	6	6.38	20	20	25.00
7	7	7.53	21	21	26.58
8	8	8.70	22	22	28.21
9	9	9.89	23	23	29.87
10	10	11.11	24	24	31.58
11	11	12.36	25	25	33.33
12	12	13.64	26	26	35.14
13	13	14.94	26.5	26.5	36.05
14	14	16.23			

注：表内食盐用量按纯氯化钠计算。如使用普通食盐时，用量应适当增加

4. 食糖液浓度和相应的食糖用量对照表

(引自《南北酱菜荟萃》，1988)

食糖 （%，20℃）	波美 （波美度）	每千克水中加入 食糖量（克）	食糖 （%，20℃）	波美 （波美度）	每千克水中加 入食糖量（克）
1	0.56	1.01	36	19.87	56.25
2	1.12	2.04	37	20.35	58.73
3	1.63	3.09	38	20.89	61.29
4	2.24	4.17	39	21.43	63.93
5	2.79	5.26	40	21.97	66.67
6	3.35	6.38	41	22.50	69.49
7	3.91	7.53	42	23.04	72.41
8	4.46	8.70	43	23.57	75.44
9	5.02	8.89	44	24.00	78.57
10	5.57	11.11	45	24.63	81.82
11	6.13	12.36	46	25.17	85.19
12	6.68	13.64	47	25.70	88.68
13	7.24	14.94	48	26.23	92.31
14	7.79	16.28	49	26.75	96.08
15	8.34	17.65	50	27.28	100.00
16	8.89	19.05	51	27.81	101.08
17	9.45	20.40	52	28.33	103.33
18	10.00	21.95	53	28.86	112.77
19	10.55	23.46	54	29.38	117.39
20	11.10	25.00	55	29.90	122.22
21	11.65	26.58	56	30.42	127.27
22	12.20	28.21	57	30.94	132.56
23	12.74	29.87	58	31.46	138.10
24	13.29	31.58	59	31.97	143.96
25	13.84	33.33	60	32.49	150.00
26	14.39	35.14	61	33.00	156.41
27	14.93	36.99	62	33.56	163.16
28	15.43	38.89	63	34.02	170.27
29	16.02	40.85	64	34.53	177.78
30	16.59	42.86	65	35.04	185.71
31	17.11	44.93	66	35.55	194.12
32	17.65	47.06	67	36.05	203.03
33	18.19	49.25	68	36.55	212.50
34	18.73	51.52	69	37.06	222.58
35	19.28	53.85	70	37.56	233.33

5. 蔬菜食品中六六六、滴滴涕残留量标准（国家标准）

（摘自 GB2763 - 81）

项 目	指 标
六六六（毫克/千克）	≤0.2
滴滴涕（毫克/千克）	≤0.1

6. 酱腌菜卫生标准（国家标准）

（摘自 GB2714 - 81）

项 目	指 标
理化指标	
砷（毫克/千克，以砷计）	≤0.5
铅（毫克/千克，以铅计）	≤1.0
食品添加剂	按 GB2760 - 81 规定
细菌指标	
大肠菌群（个/每百克）	≤30
致病菌	不得检出

7. 干、鲜食用菌卫生标准（国家标准）

（摘自 GB7096 - 86 和 GB7097 - 86）

项 目	指 标	
	干品	鲜品
砷（毫克/千克，以砷干重计）	≤1.0	≤0.5
铅（毫克/千克，以铅干重计）	≤2.0	≤1.0
汞（毫克/千克，以汞计）	≤0.2	≤0.1
六六六（毫克/千克，以干重计）	≤0.2	≤0.1
滴滴涕（毫克/千克，以干重计）	≤0.1	≤0.1

8. 蘑菇罐头卫生标准（国家标准）

（摘自 GB7098 - 86）

项　　目	指　　标
理化指标	
砷（毫克／千克，以砷计）	≤0.5
铅（毫克／千克，以铅计）	≤1.0
汞（毫克／千克，以汞计）	≤0.1
铜（毫克／千克，以铜计）	≤10
锡（毫克／千克，以锡计）	≤200
六六六（毫克／千克）	≤0.1
滴滴涕（毫克／千克）	≤0.1
细菌指标	
致病菌	不得检出